Markus Friedrich

Produktentwicklung in der Informationstechnik

Markus Friedrich

Produktentwicklung in der Informationstechnik

Funktionsorientiertes Konzept zur Unterstützung früher Phasen

Südwestdeutscher Verlag für Hochschulschriften

Impressum/Imprint (nur für Deutschland/ only for Germany)
Bibliografische Information der Deutschen Nationalbibliothek: Die Deutsche Nationalbibliothek verzeichnet diese Publikation in der Deutschen Nationalbibliografie; detaillierte bibliografische Daten sind im Internet über http://dnb.d-nb.de abrufbar.

Alle in diesem Buch genannten Marken und Produktnamen unterliegen warenzeichen-, marken- oder patentrechtlichem Schutz bzw. sind Warenzeichen oder eingetragene Warenzeichen der jeweiligen Inhaber. Die Wiedergabe von Marken, Produktnamen, Gebrauchsnamen, Handelsnamen, Warenbezeichnungen u.s.w. in diesem Werk berechtigt auch ohne besondere Kennzeichnung nicht zu der Annahme, dass solche Namen im Sinne der Warenzeichen- und Markenschutzgesetzgebung als frei zu betrachten wären und daher von jedermann benutzt werden dürften.

Verlag: Südwestdeutscher Verlag für Hochschulschriften GmbH & Co. KG
Dudweiler Landstr. 99, 66123 Saarbrücken, Deutschland
Telefon +49 681 37 20 271-1, Telefax +49 681 37 20 271-0
Email: info@svh-verlag.de
Zugl.: München, Technische Universität München, Diss., 2011

Herstellung in Deutschland:
Schaltungsdienst Lange o.H.G., Berlin
Books on Demand GmbH, Norderstedt
Reha GmbH, Saarbrücken
Amazon Distribution GmbH, Leipzig
ISBN: 978-3-8381-2543-5

Imprint (only for USA, GB)
Bibliographic information published by the Deutsche Nationalbibliothek: The Deutsche Nationalbibliothek lists this publication in the Deutsche Nationalbibliografie; detailed bibliographic data are available in the Internet at http://dnb.d-nb.de.

Any brand names and product names mentioned in this book are subject to trademark, brand or patent protection and are trademarks or registered trademarks of their respective holders. The use of brand names, product names, common names, trade names, product descriptions etc. even without a particular marking in this works is in no way to be construed to mean that such names may be regarded as unrestricted in respect of trademark and brand protection legislation and could thus be used by anyone.

Publisher: Südwestdeutscher Verlag für Hochschulschriften GmbH & Co. KG
Dudweiler Landstr. 99, 66123 Saarbrücken, Germany
Phone +49 681 37 20 271-1, Fax +49 681 37 20 271-0
Email: info@svh-verlag.de

Printed in the U.S.A.
Printed in the U.K. by (see last page)
ISBN: 978-3-8381-2543-5

Copyright © 2011 by the author and Südwestdeutscher Verlag für Hochschulschriften GmbH & Co. KG and licensors
All rights reserved. Saarbrücken 2011

TECHNISCHE UNIVERSITÄT MÜNCHEN

Lehrstuhl für Informationstechnik im Maschinenwesen

Funktionsorientiertes Konzept zur Unterstützung früher Phasen der Produktentwicklung in der Informationstechnik

Markus Oliver Friedrich

Vollständiger Abdruck der von der Fakultät für Maschinenwesen der Technischen Universität München zur Erlangung des akademischen Grades eines

Doktor-Ingenieurs (Dr.-Ing.)

genehmigten Dissertation.

Vorsitzende: Univ.-Prof. Dr. rer. nat. Sonja Berensmeier
Prüfer der Dissertation:

1. Univ.-Prof. Dr.-Ing. Birgit Vogel-Heuser
2. Univ.-Prof. Dr.-Ing. Roland Jochem,
   Technische Universität Berlin

Die Dissertation wurde am 04.11.2010 bei der Technischen Universität München eingereicht und durch die Fakultät für Maschinenwesen am 10.01.2011 angenommen.

Vorwort

Diese Dissertation stellt das Ergebnis meiner wissenschaftlichen Arbeit am Lehrstuhl für Informationstechnik im Maschinenwesen der Technischen Universität München dar. Nach dem Studium des allgemeinen Maschinenbaus mit den Schwerpunkten Fahrzeug- und Informationstechnik räumte mir Herr Prof. Bender die Möglichkeit ein, an seinem Lehrstuhl wissenschaftlich tätig zu werden. Nach seinem Ruhestand im Jahr 2009 gewährte mir seine Nachfolgerin, Frau Prof. Vogel-Heuser, weiterhin den Freiraum, meine Arbeit abzuschließen, und übernahm die Hauptbetreuung. In verschiedenen Forschungsprojekten und Projektstudien hatte ich die Gelegenheit, vielfältige Aspekte der Informationstechnik und der mechatronischen Entwicklung industrienah kennen zu lernen und ein entsprechendes Fachwissen, insbesondere im Umfeld des Software- und Systems- Engineering aufzubauen. Eine große Herausforderung stellte für mich schon immer das Zusammenwirken unterschiedlicher Ingenieursdisziplinen sowie der Informatik dar, das allzu oft von unausgesprochenen Missverständnissen geprägt ist. Dieses Interesse hat einen Niederschlag in der vorliegenden Arbeit gefunden. Mein Dank gilt allen, die durch ihre wohlwollende Unterstützung zum Gelingen dieser Arbeit und zu einem erfolgreichen Abschluss beigetragen haben. Besonderer Dank gilt Frau Prof. Vogel-Heuser, die als Erstprüferin meine Dissertation begleitet und mir wertvolle Hinweise gegeben hat. Weiterhin gilt mein besonderer Dank Herrn Prof. Jochem. Sein Interesse am Thema dieser Dissertation, sein Diskussionsangebot und seine Bereitschaft, ein Gutachten für diese Arbeit zu erstellen, hat mich sehr gefreut. Herrn Prof. Schiller danke ich hiermit für zahlreiche Fachgespräche im Rahmen von Projekt- und Lehraufgaben. Dank schulde ich meinen Kollegen für verlässliche gegenseitige Unterstützung und eine freundschaftliche Arbeitsatmosphäre. Namentlich ist hier vor allem Benjamin Kormann für unsere gemeinsame Schaffenszeit im Büro $2^7 - 1$ zu nennen. Dank gilt auch allen Studenten, die im Rahmen von Studien- und Diplomarbeiten über die Jahre zu meiner Forschungsarbeit beigetragen haben. Nicht zuletzt gilt mein Dank meiner ganzen Familie für ihren Zuspruch und insbesondere meiner Frau, für viel Geduld und Verständnis.

Augsburg, 12. Oktober 2010

Markus Friedrich

Man kann ein Problem nicht mit der Denkweise lösen, die es erschaffen hat.

(Albert Einstein)

Inhaltsverzeichnis

Vorwort i

Abkürzungsverzeichnis vii

Glossar ix

1 Einführung und Überblick 1
   1.1 Motivation und Problemstellung 1
   1.2 Gliederung der Arbeit 4

2 Problemanalyse – Komplexität des interdisziplinären Systementwurfs 7
   2.1 Mechatronik, Informationstechnik und informationstechnische Produktentwicklung 8
      2.1.1 Wandlung traditioneller technischer Produkte 8
      2.1.2 Informationstechnik und Mechatronik 9
   2.2 Statische Komplexität 17
      2.2.1 Produktkomplexität 17
      2.2.2 Interdisziplinäre Zusammenarbeit 19
   2.3 Dynamische Komplexität 21
      2.3.1 Herausforderungen durch Veränderung 21
      2.3.2 Herausforderungen durch Wiederverwendung 23
   2.4 Anforderungen und Lösungsansatz 23
      2.4.1 Zusammenfassung und Schlussfolgerungen 23
      2.4.2 Lösungsanforderungen und Aufgabenstellung 25

3 Stand der Technik 29
   3.1 Auswahl- und Bewertungskriterien 31
      3.1.1 Disziplinäre und phasenbezogene Eignung 31
      3.1.2 Formale Basis und Modell 32
      3.1.3 Darstellung und Strukturierung 33
      3.1.4 Anwendbarkeit und Methoden 33
   3.2 Übertragbare disziplinspezifische Ansätze 34
      3.2.1 Unified Modeling Language (UML) 34

		3.2.2	Systems Modeling Language (SysML)	35

        3.2.2   Systems Modeling Language (SysML) 35
        3.2.3   Entity Relationship Diagram (ER) 36
        3.2.4   Structured Analysis and Design Technique (SADT) 37
        3.2.5   Petri-Netze (PN) 37
        3.2.6   Matrix-basiertes Komplexitätsmanagement 39
   3.3   Explizit disziplinübergreifende Ansätze 41
        3.3.1   Zustandsautomaten und STATEMATE-Ansatz 41
        3.3.2   Domänenspezifische Modellierung mittels SysML 42
        3.3.3   Axiomatic Design 43
        3.3.4   Funktionsorientierte Spezifikation nach Huang 45
        3.3.5   Funktionsorientierte Spezifikation nach Buur 46
        3.3.6   METUS 48
        3.3.7   Methode zur Modellierung prinzipieller Lösungen mechatronischer Systeme 49
        3.3.8   MECHASOFT und Mechasoft Modeller (MeSoMod) 49
        3.3.9   Spezifikation der Prinziplösung selbstoptimierender Systeme 52
        3.3.10   Computational Design Synthesis based on Function-Behavior-Structure 53
        3.3.11   Modell zur anforderungsgerechten Produktgestaltung (DeCoDe) . . 55
        3.3.12   Funktionsorientiertes Entwerfen (FOD) 57
        3.3.13   Entwurf mechatronischer Systeme auf Basis von Funktionshierarchien und Systemstrukturen 58
        3.3.14   Variability Modeling 60
   3.4   Fazit und Handlungsbedarf 62

4 Entwicklung eines funktionsorientierten Konzepts   **65**
   4.1   Grundidee und Modellentwurf 66
        4.1.1   Modellierungsziel 68
        4.1.2   Sichten auf das Produkt 75
        4.1.3   Logische Beziehungen im Produkt 80
        4.1.4   Funktionsorientierte Kopplung der Sichten 82
        4.1.5   Änderungsmanagement 86
   4.2   Modellimplementierung als Beschreibungsmittel 90
        4.2.1   Datenmodell 90
        4.2.2   Datendarstellung 102
        4.2.3   Datenversionierung 114
   4.3   Methode der Modellierung 122
   4.4   Zusammenfassung 125

5 Realisierung eines Softwareprototyps   **127**
   5.1   Werkzeugarchitektur 128
        5.1.1   Eingesetzte Technologien 129

		5.1.2 Architektur und Basiskomponenten 131
	5.2	Werkzeugimplementierung 132
		5.2.1 Implementierung des Datenmodells 132
		5.2.2 Implementierung der graphischen Darstellung und Interaktion . . . 135
		5.2.3 Implementierung von Versionsmanagement und Auswertung 137
		5.2.4 Implementierung der Auswirkungsanalyse 138
	5.3	Zusammenfassung 141

6 Bewertung des Konzepts und der prototypischen Umsetzung 143
   6.1 Evaluierung anhand des Beispiels Weiche 144
      6.1.1 Beschreibung des Praxisbeispiels 144
      6.1.2 Anwendung des Beschreibungsmittels 145
      6.1.3 Analyse von Veränderungen und Auswirkungen 147
      6.1.4 Ergebnisbewertung 148
   6.2 Evaluierung anhand des Beispiels Smartphone 150
      6.2.1 Beschreibung des Praxisbeispiels 150
      6.2.2 Anwendung des Beschreibungsmittels 151
      6.2.3 Ergebnisbewertung 152
   6.3 Zusammenfassung 153

7 Zusammenfassung und Ausblick 155
   7.1 Erreichte Ziele 155
   7.2 Weiterführende Arbeiten 157
      7.2.1 Evaluierung der Benutzerfreundlichkeit und Anwendbarkeit 157
      7.2.2 Schnittstelle Produktanforderungen 158
      7.2.3 Versionierung und Differenzanzeige 158
      7.2.4 Layout des Graphen 159

Anhang A – Abbildungen 161

Literaturverzeichnis 169

Abbildungsverzeichnis 183

Abkürzungsverzeichnis

bzgl.	bezüglich
bzw.	beziehungsweise
ca.	circa
d. h.	das heißt
evtl.	eventuell
engl.	englisch
i. d. R.	in der Regel
sog.	sogenannt
u. a.	unter anderem
u. U.	unter Umständen
v. a.	vor allem
vgl.	vergleiche
z. B.	zum Beispiel
ABS	Anti-Blockier-System
BMBF	Bundesministerium für Bildung und Forschung
CAD	Computer Aided Design
CASE	Computer Aided Software–/Systems–Engineering
DSL	Domänenspezifische Sprache
DSML	Domänenspezifische Modellierungssprache
ID	Identifikationsnummer
OMG	Object Management Group
SysML	Systems Modeling Language
UML	Unified Modeling Language
XML	Extensible Markup Language
XMI	XML Metadata Exchange
XSLT	Extended Stylesheet Transformation Language

Glossar

Adjazenz Existiert eine Verbindung $\varepsilon = \overline{uv}$ zweier Ecken u und v, so werden die Ecken auch als adjazent (benachbart) bezeichnet [SS07], [Die06]. Zwei Kanten sind hingegen benachbart, wenn sie eine gemeinsame Ecke aufweisen [Die06].

Baum Ein Graph G heißt zusammenhängend, wenn je zwei Ecken aus G durch einen Pfad verbunden werden können. Von einem Pfad wird gesprochen, wenn ein Kantenzug, also eine endliche Menge von Kanten, als Verbindung der betrachteten Ecken vorliegt. Die Ecken des Wegs sind dabei paarweise verschieden. Besitzt ein Graph die gleiche Anzahl Ecken und Kanten $|E| = |V|$ und ist dieser Graph für alle Ecken zusammenhängend, so handelt es sich um einen Kreis (engl. Cycle). Ein Baum ist ein zusammenhängender Graph, der keinerlei Kreise aufweist [SS07]. Die Länge eines Pfades k hierin entspricht der Anzahl seiner Kanten [Die06].

Beschreibungsmittel Beschreibungsmittel beschreiben in graphischer Form bestimmte Sachverhalte zur visuellen Wahrnehmung und Speicherung. Sie umfassen dabei alphanumerische Zeichen, Symbole oder sonstige Darstellungselemente (Semiotik). Die Konvention der Kombination der Symbole wird als Syntax bezeichnet. Den einzelnen Elementen und ihren Kombinationen sind Konzepte eines bestimmten Kontextes zugeordnet (Semantik) [Sch99], [SCJ98]. Ein geläufiges Synonym für das Repräsentationskonzept ist Notation.

Domäne Eine Domäne besteht aus Objekten und Beziehungen zwischen diesen Objekten. Sie umfasst weiterhin Konzepte. Die ontologische Betrachtungsweise der Domäne wird als Konzeptionalisierung (oder konzeptionelle Modellierung) bezeichnet [Oli07].

Eingebette Software Software, die in einem mechatronischen Produkt bzw. eingebetteten System die Automatisierungsaufgabe realisiert [SFB+00]. Eingebettete Software ist Software die auf einem eingebetteten System läuft [BDK+05].

Eingebettetes System Ein eingebettetes System ist ein Rechner (Software-/Hardware-Einheit), der als integrierter Teil einer Maschine oder eines Geräts nach außen nicht als Rechner, sondern nur als Träger intelligenter Systemfunktionen erkennbar ist. Es ist über Sensoren und Aktoren mit einem Gesamtsystem verbunden und übernimmt darin Überwachungs-, Steuerungs- bzw.Regelungsaufgaben [BDK+05], [SFB+00].

Funktion Für die vorliegende Arbeit ist die Funktion eine zu realisierende, zunächst lösungsneutrale, abstrakte Beschreibung des angestrebten Verhaltens des Systems[1]. Funktionen werden durch unterschiedliche technologische Komponenten realisiert. Komponenten erfüllen dementsprechend Funktionen. Eine 1 : 1 Beziehung liegt hierbei nicht zwangsläufig vor. Eine unterschiedliche Anzahl von Komponenten kann eine verschiedene Anzahl von Funktionen erfüllen ($n : m$) und umgekehrt. Je stärker die Sichten dekomponiert werden, desto lösungsbezogener werden die Funktionen [Jan09], [BME+07].

Graph Ein Graph **G=(E, K)** besteht aus einer nicht-leeren endlichen Menge von Ecken (engl. Vertex) **E** und einer endlichen Menge von Kanten (engl. Edge) **K** [SS07], [Die06]. Sobald ein Transfer aus der mathematisch formalen Darstellung des Graphen in eine Rechnerimplementierung erfolgt, spricht man zur Differenzierung hingegen i. d. R. von Knoten (engl. Node) und Verbindungen (engl. Link) [SS07]. Eine Kante α als Verbindung der nicht-identischen Ecken u und v wird dargestellt als $\alpha = \overline{uv} = \overline{vu}$. Bildlich ist dies vorstellbar als eine Linie zwischen den Punkten [Die06].

Informationssystem Ein Informationssystem dient im Verständnis der Informatik der rechnergestützten Erfassung, Speicherung, Verarbeitung, Pflege, Analyse, Benutzung, Disposition, Übertragung und Anzeige von Informationen [DUD88].

Informationstechnik In der vorliegenden Arbeit wird der Begriff Informationstechnik nicht ausschließlich auf Softwaretechnologien und softwarenahe technische Komponenten beschränkt. Er wird vielmehr als Synonym für die Betrachtung der Schnittstellen zwischen den beteiligten Disziplinen und der gemeinsamen Funktionserbringung bei hohem Informatikanteil, aus der Sicht des Maschinenbaus, verstanden und ist infolgedessen weniger stark auf eine komponentenorientierte Sichtweise fokussiert. Der Begriff Informationstechnik ist somit als eine Spezialisierung des allgemeinen Begriffs Mechatronik zu verstehen.

Innovation Innovation, lat. Neuerung, ist nach Hauschildt [Hau04] wie folgt definiert: *Innovationen sind im Ergebnis qualitativ neuartige Produkte oder Verfahren, die sich gegenüber dem vorangehenden Zustand merklich unterscheiden. Die Neuartigkeit muss wahrgenommen werden, muss bewusst werden. (...) Das reine Hervorbringen der Idee genügt nicht, Verkauf oder Nutzung unterscheidet Innovation von Invention.*

---

1 Nach [Hub84] eine von bestimmten Bedingungen abstrahierte Eigenschaft mit hoher Relevanz für technische Systeme.

Inzidenz Zwei Ecken u und v werden als inzident zu der Kante ε bezeichnet, wenn $\varepsilon = \overline{uv}$ gilt [SS07]. Eine Ecke v und eine Kante β inzidieren miteinander, wenn $v \in \beta$ gilt[Die06].

Mechatronik Der ursprüngliche Begriff Mechatronik (engl. Mechatronics) ist ein Kunstwort, bestehend aus Mechanik und Elektronik. Mechatronik ist ein interdisziplinäres Gebiet der Ingenieurwissenschaften, das auf Maschinenbau, Elektrotechnik und Informatik aufbaut. Ihr Ziel ist die Verbesserung der Funktionalität und die räumliche Integration eines technischen Systems durch eine enge Verknüpfung/-Verzahnung und synergetische Integration von mechanischen, elektronischen und informationsverarbeitenden Komponenten [VDI04], [BDK+05], [Rus07], [HGP98].

Metamodell Ein Metamodell verfolgt das Ziel, die Merkmale eines Modells, das es beschreibt, hinsichtlich ihrer Syntax und Semantik zu erfassen und mittels einer Metamodellierungssprache zu spezifizieren. Es ist dabei stets Teil einer Modell–Architektur [Völ00], [OMG05], [OMG06]. Ein Metamodell ist folglich ein Konzeptmodell eines oder mehrerer Modelle [Ste05].

Modell Ein Modell ist gemäß Claus und Engesser [CE93] ein Ausdrucksmittel mit formal festgelegten Symbolen und Regeln, um den Rahmen abzustecken, um einen Gegenstandsbereich zu beschreiben. Thalheim [Tha09] führt weiter aus, dass ein Modell Subjekte oder Objekte darstellt und auf einer Analogie beruht. Ein Modell verfolgt weiterhin einen bestimmten Zweck und stellt eine einfachere Handhabung der betrachteten Gegenstände zur Verfügung. Es sollte darüber hinaus das Verständnis des Originals, die Darstellung von Eigenschaften sowie Modifikationen gestatten und unterstützen [Tha09]. Ein Modell ist außerdem die Abbildung eines Systems oder Prozesses in ein anderes begriffliches oder gegenständliches System, das aufgrund der Anwendung bekannter Gesetzmäßigkeiten, einer Identifikation oder auch getroffener Annahmen gewonnen wird und das System oder den Prozess bezüglich ausgewählter Fragestellungen hinreichend genau abbildet [DIN54].

Modellierung In Anlehnung an Thalheim [Tha09] ist Modellierung das Erstellen von Modellen. Dies umfasst eine zweckangepasste und kontextabhängige Auswahl eines Modells und somit auch einer Modellierungssprache. Des Weiteren das Ableiten von Gemeinsamkeiten bzw. das Aufstellen von Analogien zwischen angestrebtem Modell und der Realität sowie die Vorbereitung des Modells für eine Verwendung in Systemen, zur Bearbeitung und Veränderung.

Schlichter Graph Ein Graph G heißt schlicht, wenn er weder Schlingen noch parallele Kanten besitzt. Eine Schlinge liegt vor, wenn Anfangs- und Endecke einer Kante identisch sind ($u = v$). Im Fall paralleler Kanten existieren mehrere Kanten zwischen dem gleichen Paar Ecken.

Sichten Sichten auf ein mechatronisches Produkt spiegeln auf der Ebene eines qualitativen Systemmodells sowohl Produktaufgaben (auf der Basis der Produktanforderungen), also Produktfunktionen, als auch die mit Komponenten aus unterschiedlichen Disziplinen realisierte und detaillierte Systemstruktur wider.

System Ein System ist ein in einem betrachteten Zusammenhang gegebene Anordnung von Gebilden die miteinander in Beziehung stehen. Diese Anordnung wird aufgrund bestimmter Vorgaben gegenüber ihrer Umgebung abgegrenzt [DIN54]. Unter einem System ist im allgemeinen Falle eine endliche Menge von Objekten mit den zugehörigen Relationen zu verstehen, die zusammen eine Gesamtheit bilden. Das System und das Objekt sind dabei relative Begriffe. Das System kann wiederum ein Objekt eines Supersystems sein, das Objekt der Menge kann selbst wieder als System betrachtet werden. Durch die Zerlegung eines Systems in Subsysteme unterschiedlicher Komplexität, kann es auf verschiedenen Unterscheidungsebenen untersucht werden [Rus07].

Variante Für die vorliegende Arbeit sind Varianten zeitlich parallel existierende, vergleichbare Ausprägungen eines Ergebnisses und somit potenziell gegeneinander austauschbar. Eine Variante des Modells ist mit der Variante des Produkts verbunden. Bei einer grundlegenden Ausdifferenzierung der wesentlichen Produktfunktionen oder -eigenschaften liegt eine Variante des Produkts und damit des verknüpften Entwurfsmodells vor.

Version Als Version wird in der vorliegenden Arbeit ein diskreter Entwicklungszustand des Entwurfsmodells für ein dediziertes Produkt verstanden. Dieses kann und wird sich über die Zeit weiterentwickeln. Dabei sind unterschiedliche Arten der Veränderung möglich. Die unterschiedlichen zeitdiskreten Momentaufnahmen des Produkts sind Versionen.

Wald Ein Graph, dessen Zusammenhangskomponenten Bäume sind, wird als Wald bezeichnet. Eine Zusammenhangskomponente ist als zusammenhängender Teilgraph von **G** gekennzeichnet [SS07]. Im Umkehrschluss bedingt dies weiterhin, dass keine nicht-verbundenen (also isolierten) Ecken existieren.

Zyklus Der Begriff Zyklus wird als wiederholte Aufeinanderfolge gleichartiger Ereignisse und der daraus resultierenden Ergebnisse (etwa Teilprozesse, Artefakte, Vorgehen, Entwicklungen, etc.) bzw. eine Aufeinanderfolge unterschiedlicher Ereignisse innerhalb eines Ablaufs definiert [SFB07].

KAPITEL 1

Einführung und Überblick

Die vorliegende Arbeit widmet sich dem Konzept einer interdisziplinären Beschreibung der technischen und logischen Strukturen während des Produktentwurfs, auf der Basis einer Kopplung mittels der erfüllten Produktfunktionen, um diese frühen kommunikationsintensiven Phasen durch einen pragmatischen, intuitiven Ansatz zielgerichtet zu unterstützen, der gleichzeitig so formal gehalten ist, dass eine Weiterverwendung des entstehenden Produktmodells ermöglicht wird. Dieses Kapitel skizziert die prinzipielle Motivation hinter dieser Arbeit sowie ihre Strukturierung.

1.1 Motivation und Problemstellung

Moderne Erzeugnisse der Konsum- und Investitionsgüterindustrie sind durch das eng verzahnte Zusammenwirken mechanischer, elektrischer und durch den zunehmenden Einsatz informationstechnischer Komponenten geprägt. Unter dem Begriff *Informationstechnik* sind dabei zunächst sowohl Software als auch softwarenahe elektronische Teile (z. B. Prozessor, Speicher) zu verstehen (eine Definition erfolgt in Kapitel 2.1.2). Solche Erzeugnisse werden im Allgemeinen als mechatronische Produkte oder Systeme bezeichnet. Im Rahmen dieser Arbeit werden beide Begriffe synonym verwendet und die Systemgrenze auf das Produkt gelegt. Dies deckt sich mit der Definition des Systembegriffs in VDI 3681 [VDI05]. Die Software wird in diesem Umfeld zur grundsätzlichen Funktionserbringung [BDK$^+$05], [DI04] oder aber zur Bereitstellung neuartiger oder ergänzender, zumeist innovativer, Produktfunktionen eingesetzt. Bei Komponenten und Anlagen der Automatisierungstechnik liegt Software i. d. R. als Programmierung der Steuerung[1] vor, bei anderen Produkten hardwarenahe als eingebettete Software (Betriebssysteme und Applikationen).

Gerade im Kontext innovativer Produktfunktionen kommt der Software zunehmend eine bedeutende Rolle zu, da ihre Entwicklungszyklen nach vorherrschender Meinung potentiell rascher abgeschlossen werden können als die der weiteren Systemkomponenten. Kleinere Änderungen an der Software sind in der Regel rückwirkungsfrei, das heißt, eine Anpassung

---

[1] Speicherprogrammierbare Steuerung – SPS

physikalischer Produktbestandteile ist in erster Instanz nicht erforderlich. Der Aufwand und die Kosten zur Umsetzung einer Neuerung werden dadurch häufig als geringer wahrgenommen als vergleichbare Kosten für mechanische, elektrische oder elektronische Veränderungen. Die Gegenüberstellung des Aufwands und der Kosten sprechen nach vorherrschender Meinung dafür, eine Überarbeitung der Software anzustreben, bevor andere Elemente oder Komponenten des mechatronischen Produkts neu- oder weiterentwickelt werden [Wol09].

Die Funktionalität und vergleichsweise hohe Flexibilität sowie Veränderbarkeit eines modernen Produkts ist jedoch keine per se vorhandene Nutzfunktion des Einsatzes von Mechatronik, v. a. Softwaretechnologien. Grundvoraussetzung ist ein strukturiertes, zielgerichtetes und ingenieurmäßiges Vorgehen, um die strukturellen Zusammenhänge und Abhängigkeiten zu verstehen und die angestrebte Funktionalität zielgerichtet umzusetzen. Um effizient zu einem Produkt zu gelangen, müssen hierbei alle Disziplinen berücksichtigt werden und im Konsens muss eine funktionale Lösung geschaffen werden. Dieses gemeinsame Verständnis muss bereits in den frühen Entwurfsphasen beginnen, da alle weiteren Entwicklungsschritte auf dieser Phase aufbauen und auf einen (effizienten) lösungsorientierten Konsens angewiesen sind [PBFG05], [Ehr07].

Der Begriff *Entwurfsphase* wird in der Literatur unterschiedlich weit gefasst. Bei Schnieder [Sch99] und in VDI/VDE 3681 [VDI05] ist die gesamte Produktentstehung als Entwurfsphase beschrieben. In hierarchischen, entwicklungsbegleitenden Vorgehensmodellen (z. B. VDI 2206 [VDI04], 3-Ebenen-Modell nach Bender [BDK+05]) wird die Phase des Entwurfs, wie sie im Rahmen dieser Arbeit aufgefasst wird, i. d. R. zu Beginn der Entwicklung, nach der grundsätzlichen Anforderungserhebung, eingeordnet und mit dem Begriff *Systementwurf* belegt. Der Systementwurf mündet hierbei letztlich in den detaillierteren, disziplinspezifischen Entwurf. Eine analoge Unterteilung des Produktlebenszyklus findet sich ebenfalls bei Lindemann et al. [L+07] im Rahmen des SFB 768[1].

Diese Konsensbildung wird durch individuelle Denkmodelle bzw. Weltbilder[2] der Entwickler erschwert [Bro98]. Brodbeck beschreibt dies wie folgt: *„Sie formen das Denken, geben ihm Richtung und Gestalt, noch bevor eine Beobachtung, eine Anschauung zu ihrer Bestätigung herangezogen wird. Denkmodelle bestimmen in sozialer Resonanz feststehende Überzeugungen."* [Bro98]. Im Rahmen der Kommunikation sind Missverständnisse und fachliche Konflikte leicht vorstellbar, insbesondere bei Beteiligung nicht-technischer Fachbereiche wie Vertrieb oder Controlling. Fuest [Fue04] beschreibt zur Frage des disziplinspezifischen Verständnisses Merkmale wie Methoden, Erkenntnisinteressen, wissenschaftliche Theorien oder Arbeitsstile, die jeweils unterschiedlich ausgeprägt sowie kombiniert vorliegen können. Auf der Basis dessen, dass gleiche Begriffe in den unterschiedlichen Disziplinen unterschiedlich eingesetzt werden und disziplinspezifische Beschreibungen bei anderen nicht ausreichend verstanden werden [Fra06], erscheint es logisch, dass bei den an einer Entwicklung Beteiligten

---

[1] SFB 768: Sonderforschungsbereich 768 *„Zyklenmanagement von Innovationsprozessen – verzahnte Entwicklung von Leistungsbündeln auf Basis technischer Produkte"* der Deutschen Forschungsgemeinschaft (DFG).
[2] bei Fuest [Fue04] auch *implizite Prämissen* genannt.

1.1 Motivation und Problemstellung

kein ganzheitliches Bild der Systemzusammenhänge entstehen kann. Erschwerend kommt hinzu, dass jede Disziplin nachvollziehbar nur jeweils eigene Sachzusammenhänge besonders detailliert berücksichtigt. Manche Aspekte des Systems können somit unterrepräsentiert oder mehrfach dargestellt sein oder gänzlich fehlen.

Viele Veränderungen in technischen Produkten sind mit einer Komplexitätssteigerung der Strukturen verbunden. Nach Wagner und Patzak [WP07] sowie Ahlemeyer und Königswieser [AK97] ist der Begriff *Komplexität* unter verschiedenen Aspekten zu betrachten. Komplexität steht zum einen in Verbindung zu der Vielfalt der Elemente eines Systems (Varietät): *„Ein System ist umso komplexer, je mehr Elemente es aufweist, je größer die Zahl der Beziehungen zwischen diesen Elementen ist, je verschiedenartiger die Beziehungen sind und je ungewisser es ist, wie sich die Zahl der Elemente, die Zahl der Beziehungen und die Verschiedenartigkeit der Beziehungen im Zeitablauf verändert."* [AK97]. Diese aus der Soziologie stammende Definition ist sehr anschaulich auf die vorliegende Arbeit übertragbar: Zum einen umfasst sie die Akteure der interdisziplinären Entwicklung sowie ihre Rollen und zum anderen (übertragen) die Elemente der verschiedenen Modelle oder Beschreibungsmittel.

Komplexität steht zum anderen in Verbindung mit der Verknüpfungsfähigkeit, also einer Auswahl an notwendigen Elementen und ihrer Beziehungen (Konnektivität). Die Vielfalt der Elemente (Varietät) stellt ein statisches Problem bei dem Umgang mit komplexen Systemen dar. Aus der Betrachtung der Vielfalt des Zusammenspiels dieser Elemente (Konnektivität), und der Änderung dieses Zusammenspiels, resultiert im Gegensatz dazu ein dynamisches Problem [WP07].

Aus der Komplexität resultieren Anforderungen an die Darstellung der Zusammenhänge zum Zweck eines besseren Verständnisses. Die Anzahl der parallel im Bewusstsein zu verarbeitenden Eindrücke ist stark begrenzt, sodass das ganzheitliche Verstehen des Gehirns erschwert wird [Sch99]. Eine gangbare Lösungsmöglichkeit besteht in einer intuitiven, graphischen Präsentation der Zusammenhänge.

Eine weitere Herausforderung stellen Änderungen an den Bauteile einer oder mehrerer Disziplinen dar. Veränderungen an einer Stelle können Auswirkungen auf weitere Komponenten unterschiedlicher Disziplinen bedingen [SLVH09] und zu Inkonsistenzen führen [Fra06]. Insbesondere ungeplante Veränderungen stellen somit eine Herausforderung dar. Die Veränderung physikalischer Produktbestandteile zieht des Weiteren entsprechende Produktionsvorgänge nach sich, wohingegen Software keinerlei Produktionsaufwand generiert. Jedoch ist die Softwareentwicklung einer hohen Dynamik ausgesetzt.

Das durch beständige Weiterentwicklung zunehmend komplexere Gefüge aus informationstechnischen Komponenten, Mechanik sowie Elektronik erfordert deshalb eine gezielte Erfassung der sensibel verzahnten Zusammenhänge aus Technologien, Entwicklungsprozessen und Produktfunktionen. Bereits in frühen Phasen der Entwicklung sowie entwicklungsbegleitend ist ein angemessener Umgang und die Auseinandersetzung mit den Zusammenhängen und Auswirkungen der Komponenten eines informationstechnischen Produkts unerlässlich. Eine effiziente Anpassung oder Gestaltung der Komponenten setzt unbedingt das Verständnis der Systemstruktur und vor allem der Abhängigkeiten voraus [Ise05].

Bei der Entwicklung mechatronischer Produkte werden heute zunehmend Modelle unterschiedlichster Art generiert und verwendet. Insbesondere im Rahmen der spezifischen Detailentwicklung existieren diverse differenzierte Modelle sowie Beschreibungsmittel. Eine elementare Grundlage des Verständnisses ist allerdings die Möglichkeit, Zusammenhänge und allenfalls entstehende Probleme so zu beschreiben, dass alle Beteiligten einer interdisziplinären Entwicklung gleichberechtigt eingebunden sind und unabhängig von ihrem disziplinären Hintergrund repräsentiert werden. Durch ein gemeinsam akzeptierbares Beschreibungsmittel entsteht eine Kommunikationsbasis für einen gemeinschaftlichen Produkt- bzw. Systementwurf.

Die etablierten Beschreibungsmittel der einzelnen beteiligten Fachdisziplinen sind allzu oft in Art, Aufwand, Mehrwert und Handhabbarkeit dem Einsatzzweck an der Schnittstelle dieser Disziplinen nicht angemessen. Elementare Probleme stellen dabei das Abstraktionsniveau und vor allem das disziplinübergreifende Verständnis der aufbereiteten Informationen dar: Disziplinspezifische Beschreibungsmittel weisen i. d. R. ein hohes Detailniveau auf, um die spezifische Entwicklung zu unterstützen. Besonders unter Einbeziehung nicht-technischer Disziplinen ist der erreichbare Abstraktionsgrad heutiger Modelle nicht ausreichend [FNSC10].

Als Folge entstehen Missverständnisse über den Aufbau und das Zusammenwirken der Systemkomponenten sowie potentiell Unklarheit über die technologischen Möglichkeiten und Abhängigkeiten zur Erfüllung der angestrebten Produktfunktionen. Diese Zusammenhänge führen unter Umständen zu einem Fehlverhalten des fertigen Erzeugnisses oder zu kostenineffizienten Iterationen während der Entwicklung, um die konzeptuellen Versäumnisse und Missverständnisse zu korrigieren.

Das beschriebene Spannungsfeld defizitärer, disziplinübergreifender Entwicklung ist Gegenstand der aktuellen Forschung, dennoch besteht weiterhin erheblicher Handlungsbedarf [VDI04], [Fra06], [PBFG05]. Zunehmend an Bedeutung gewinnt der Aspekt der Berücksichtigung von Veränderungen, z. B. aufgrund von Innovation [L$^+$07].

Die vorliegende Arbeit setzt sich deshalb zum Ziel, ein funktionsorientiertes Konzept für eine Unterstützung der frühen kommunikationsintensiven Phasen der Produktentwicklung in der Informationstechnik zu entwickeln. Zu diesem Zweck bietet die Entwicklung eines disziplinübergreifenden Beschreibungsmittels erfolgversprechende Optionen. Da die heutigen Beschreibungs- und Modellierungsformen in ihrer Anwendbarkeit für das Erreichen eines grundlegenden Produktverständnisses eingeschränkt sowie in der Regel mit einem hohen Aufwand bei ihrer Erstellung verbunden sind, erhält der praktikable Modellaufbau und die geschickte Darstellung der Ergebnisse in dieser Ausarbeitung einen besonderen Fokus. Oberstes Ziel ist eine integrierte disziplinübergreifende Vernetzung von in den Frühphasen verfügbaren Informationen, um auf einem angemessenen Abstraktionsniveau ein umfassendes Systemverständnis erreichen zu können.

1.2 Gliederung der Arbeit

Die vorliegen Arbeit gliedert sich in die in Abbildung 1.1 dargestellten Abschnitte.

1.2 Gliederung der Arbeit

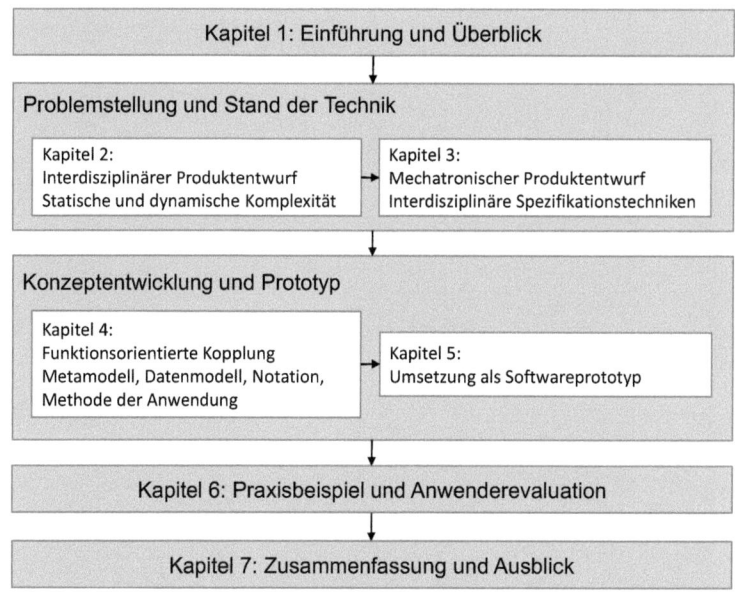

Abb. 1.1: Aufbau der Arbeit

Nach der Motivation in Kapitel 1 folgt in Kapitel 2 die Darstellung des üblichen mechatronischen Entwicklungsprozesses und der Rolle sowie Einbindung der beteiligten Disziplinen. Dem schließt sich die Einführung und Diskussion der Aspekte statischer und dynamischer Komplexität an. Den Abschluss des Abschnitts 2 bildet die Erörterung der Herausforderungen interdisziplinärer Entwicklung.

In Kapitel 3 erfolgen zunächst einige notwendige Definitionen sowie die Schilderung der Kriterien, an denen im weiteren Verlauf der Stand der Wissenschaft und Technik zum Thema der Zusammenarbeit sowie Komplexität gemessen werden. Der Abschnitt endet mit einem Fazit sowie dem Formulieren der Anforderungen an eine Lösung.

Das Kapitel 4 bildet in der Folge den Kern der Arbeit und stellt die Entwicklung eines Beschreibungsmittels, von Metamodell über Notation bis zur Anwendungsmethode, dar. Ein hohes Gewicht wird auf die Diskussion der Modellierungsziele und die Identifikation der erforderlichen Sichtweisen und der Verbindungen dazwischen gelegt. Große Bedeutung besitzt schließlich noch der Umgang mit Veränderung im Rahmen eines Veränderungsmanagements und Versionierung.

Auf der Basis des dargelegten Konzepts beschreibt Kapitel 5 die Implementierung eines Softwareprototyps.

Dieser Prototyp dient in Abschnitt 6 als Grundlage für die Modellierung eines Praxisbeispiels.

Das Schlusskapitel 7 fasst die erreichten Ziele der Arbeit kurz zusammen und liefert einen Ausblick auf optionale Verbesserungen bzw. Weiterentwicklungen.

KAPITEL 2

Problemanalyse – Komplexität des interdisziplinären Systementwurfs

Das synergetische Zusammenwirken der Disziplinen trägt maßgeblich zur Funktionalität und Flexibilität moderner Produkte bei. Veränderungen einzelner Elemente ziehen potentiell Auswirkungen auf weitere Komponenten, Prozesse und Funktionen nach sich. Die Abhängigkeiten und möglichen Auswirkungen einer Änderung werden im Vorhinein häufig unzureichend analysiert und in der Folge nicht ausreichend berücksichtigt. Hinsichtlich der Beschreibung fehlt es an disziplinübergreifenden und v. a. intuitiv nutzbaren Lösungen. Somit ist das gemeinsame Problemverständnis in Ermangelung einer Kommunikationsgrundlage erschwert.

Inhaltsverzeichnis

2.1	Mechatronik, Informationstechnik und informationstechnische Produktentwicklung		8
	2.1.1	Wandlung traditioneller technischer Produkte	8
	2.1.2	Informationstechnik und Mechatronik	9
2.2	**Statische Komplexität**		17
	2.2.1	Produktkomplexität	17
	2.2.2	Interdisziplinäre Zusammenarbeit	19
2.3	**Dynamische Komplexität**		21
	2.3.1	Herausforderungen durch Veränderung	21
	2.3.2	Herausforderungen durch Wiederverwendung	23
2.4	**Anforderungen und Lösungsansatz**		23
	2.4.1	Zusammenfassung und Schlussfolgerungen	23
	2.4.2	Lösungsanforderungen und Aufgabenstellung	25

Im Mittelpunkt des vorliegenden Kapitels steht das Erarbeiten des Bedarfs einer Lösung für einen interdisziplinären Systementwurf unter Berücksichtigung von Änderungsauswirkungen. Hierzu schildert der Abschnitt 2.1 zunächst das Umfeld und die Bedeutung der Mechatronik sowie die etablierten Entwicklungsprozesse und deren vorhandene Defizite. Im Anschluss daran motiviert der Abschnitt 2.2 die Anforderungen, die sich zum einen aus der hohen Produktkomplexität und zum anderen aus der notwendigerweise angewendeten interdisziplinären Zusammenarbeit in Entwicklungsteams ergeben. Diese Anforderungen werden in 2.3 um eine Diskussion der aus Veränderungen und Weiterentwicklung resultierenden Bedürfnisse ergänzt. Den Abschluss bildet das Kapitel 2.4 mit der Darstellung der abzuleitenden Lösungsanforderungen und einem ersten Lösungsansatz.

2.1 Mechatronik, Informationstechnik und informationstechnische Produktentwicklung

Die Entwicklung moderner technischer Produkte ist heute gekennzeichnet durch das Zusammenspiel der klassischen Ingenieurdisziplinen und der Informatik. Die hieraus entstehenden Produkte bzw. Systeme werden allgemein als mechatronische Produkte bezeichnet, die daran angelehnte Querschnittsdisziplin Mechatronik. Eine erhebliche Herausforderung im Rahmen der Mechatronik besteht in der synergetischen Kombination der Potentiale der einzelnen Disziplinen. Das Nutzbarmachen dieser Potentiale stellt aufgrund der erforderlichen gleichberechtigten, interdisziplinären Zusammenarbeit gleichzeitig ein Risiko dar. Erschwerend kommt zu der vorhandenen Komplexität der Produkte und ihrer Entwicklungsprozesse hinzu, dass technische Komponenten und Technologien unterschiedlichen Entwicklungszeiten und somit Produktlebenszyklen unterliegen. Insbesondere Software ist einem sehr raschen Wandel unterworfen. Ein gemeinschaftliches Verständnis des Zusammenwirkens bei der Realisierung der Produktfunktionen ist folglich für alle Beteiligten von hoher Wichtigkeit, um auf Veränderungen effizient reagieren zu können. Das Thema der unterschiedlichen Entwicklungszyklen ist Gegenstand des Sonderforschungsbereichs 768 – *Zyklenmanagement von Innovationsprozessen* – der TU München [SFB07], in dessen Umfeld diese Arbeit entstand.

2.1.1 Wandlung traditioneller technischer Produkte

Obwohl die exakten Jahreszahlen je nach betrachteter Quelle ([BDK+05], [Bis02], [Bis06], [Ise07]) variieren, ist nach Isermann [Ise07] davon auszugehen, dass ab etwa 1975 die ersten Werkzeugmaschinen neben Mechanik und Elektronik mit frei programmierbaren digitalen Steuerungen ausgestattet wurden. Bereits wenige Jahre danach, etwa 1985, fand die Idee des mechatronischen Systems in größerem Maßstab Umsetzung [Ise07]. Neben Komponenten aus den traditionellen Disziplinen Mechanik und Elektronik wurden Softwaresysteme als funktionserbringende Produktbestandteile in Fahrzeuge (medienwirksam insbesondere das

ABS[1]), Werkzeugmaschinen und Roboter integriert. Seither hat die Software zunehmend an Bedeutung für die grundsätzliche Funktionserbringung im Produkt gewonnen und ist heute maßgeblicher Bestandteil der Entwicklung und Inbetriebnahme mechatronischer Produkte [Ise07], [BDK+05]. Software trägt maßgeblich zur Innovationsfähigkeit, Funktionalität und Flexibilität intelligenter Produkte bei [Wei02]. Dies zeigt sich anschaulich am Beispiel des obigen ABS–Systems: Während innerhalb einer Entwicklungszeit von knapp 20 Jahren das Gesamtgewicht eines ABS–Bremssystems auf ein Viertel reduziert wurde, ist der Speicherplatzbedarf des Softwareanteils von 8kbyte auf 128kbyte, also auf das 16–Fache, gewachsen [Ise07].

Im Vordergrund der weiteren Betrachtung dieser Arbeit stehen mechatronische Produkte, die arbeitsteilig von unterschiedlichen Disziplinen entwickelt werden. Um ein Verständnis für die Wirkzusammenhänge innerhalb des Produkts zu entwickeln, werden neben den physikalischen Komponenten und logischen Beziehungen, wie beispielsweise Produktfunktionen, ebenfalls Prozesszusammenhänge in die Betrachtung eingeschlossen. Im Folgenden werden zunächst wichtige Begriffe für den Kontext dieser Arbeit eingeführt und ihre Zusammenhänge diskutiert.

2.1.2 Informationstechnik und Mechatronik

Wie einleitend bereits erläutert wurde sind mechatronische Produkte durch die Integration von Komponenten aus der Mechanik, Elektrotechnik und Informationstechnik geprägt. Der Begriff *Informationstechnik* ist hierbei primär definiert als Verbindung von Elementen aus der Softwaretechnologie und softwarenahen technischen Komponenten, wie Prozessor, Speicher etc. [VDI04], [BDK+05].

In der Literatur existieren weiterhin zahlreiche Definitionen des Begriffs *Mechatronik*. In der Regel versteht man jedoch darunter den synergetischen Zusammenschluss von Expertisen, Konzepten und Technologien aus der Elektronik, Elektrotechnik, Mechanik (bzw. allgemein dem Maschinenbau) sowie heute maßgeblich Informatik [VDI04], [BDK+05], [Rus07]. Die Abbildung 2.1 veranschaulicht dieses Zusammenspiel. Für die vorliegende Arbeit gilt die Definition nach [VDI04] und [BDK+05]:

Definition 2.1.2.1 (Mechatronik) *Der ursprüngliche Begriff Mechatronik (engl. Mechatronics) ist ein Kunstwort, bestehend aus Mechanik und Elektronik. Mechatronik ist ein interdisziplinäres Gebiet der Ingenieurwissenschaften, das auf Maschinenbau, Elektrotechnik und Informatik aufbaut. Ihr Ziel ist die Verbesserung der Funktionalität und die räumliche Integration eines technischen Systems durch eine enge Verknüpfung/Verzahnung und synergetische Integration von mechanischen, elektronischen und informationsverarbeitenden Komponenten.*

In Anlehnung an [Rus07] stellt dies die Erweiterung des ursprünglichen Gedankens der

---

1 ABS: Anti-Blockier-System

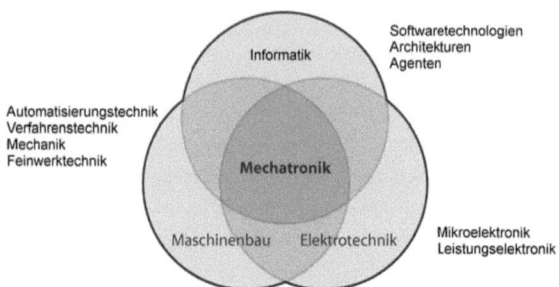

Abb. 2.1: Synergie verschiedener Disziplinen nach [Ise07], [Czi07] und [Rus07]

Yaskawa Electric Corporation dar, die mechanische Komponenten zunächst ausschließlich mit Elektronik (und nicht mit Softwaretechnologien) ergänzte [HGP98].

Für die Einordnung und Abgrenzung der Begriffe Informationstechnik und Mechatronik gilt aufbauend auf die obige Definition:

Definition 2.1.2.2 (Informationstechnik) *In der vorliegenden Arbeit wird der Begriff Informationstechnik nicht ausschließlich auf Softwaretechnologien und softwarenahe technische Komponenten beschränkt. Er wird vielmehr als Synonym für die Betrachtung der Schnittstellen zwischen den beteiligten Disziplinen und der gemeinsamen Funktionserbringung bei hohem Informatikanteil, aus der Sicht des Maschinenbaus, verstanden und ist infolgedessen weniger stark auf eine komponentenorientierte Sichtweise fokussiert. Der Begriff Informationstechnik ist somit als eine Spezialisierung des allgemeinen Begriffs Mechatronik zu verstehen. Im Zusammenspiel der verschiedenen Disziplinen werden innovative Neuerungen und Produktfunktionen begünstigt oder überhaupt erst grundsätzlich ermöglicht* [Bre01], [Wei02], [Ise07].

Aufgrund der aufeinander aufbauenden Definition und des gemeinsamen Ursprungs werden beide Begriffe in der Folge zumeist synonym verwendet.

Informationstechnischer Produktentstehungsprozess

Innovative technische Produkte erfordern aufgrund ihrer Komplexität, entstehend durch die Vernetzung und das Zusammenspiel von Lösungen aus unterschiedlichen Disziplinen, ein arbeitsteiliges systematisches Zusammenwirken während der Entwicklung. Dabei existieren sowohl disziplinspezifische Leitfäden und Entwurfsmethoden, als auch Richtlinien, die eine ganzheitliche Betrachtung des Produkts in den Vordergrund stellen. Diese ganzheitliche Betrachtung schafft eine wesentliche Grundlage für eine produktive und effiziente Kommunikation und Kooperation der beteiligten Experten [VDI04]. Die synergetische Kombination der Disziplinen spiegelt sich in einem Aufbau der Produkte aus Systembauteilen bzw. Komponenten wider, die sowohl physikalischen (Mechanik, Elektronik, Elektrotechnik) als auch logischen Ursprungs (Software) sein können. Zusammengefasst realisieren diese Komponenten Funktionen des Produkts.

Im Umfeld der informationstechnischen Entwicklung existiert weiterhin eine Vielzahl an phasenorientierten Vorgehensmodellen, u. a. Wasserfallmodell [Bal98], Spiralmodell [Bal96], V-Modell 97/XT, 3-Ebenen V-Modell [BDK+05], Quality-Gate-Modell [SR07], und Richtlinien, u. a. VDI 2422 [VDI94] als Fortführung der Richtlinien 2221/2222 [VDI93], VDI 2206 [VDI04], die sich im Wesentlichen lediglich im Detaillierungsgrad, der Berücksichtigung von Iterationen, Test und Qualitätssicherung und dem Dokumentationsaufwand für die Phasenübergänge sowie der Fortschrittsdokumentation unterscheiden, da sie mehrheitlich aufeinander aufbauen.

Aufgrund des hohen Bekanntheitsgrades soll als Referenz im Folgenden die Darstellung als V-Modell nach der Richtlinie VDI 2206 [VDI04] dienen (Abbildung 2.2). Gut ersichtlich ist

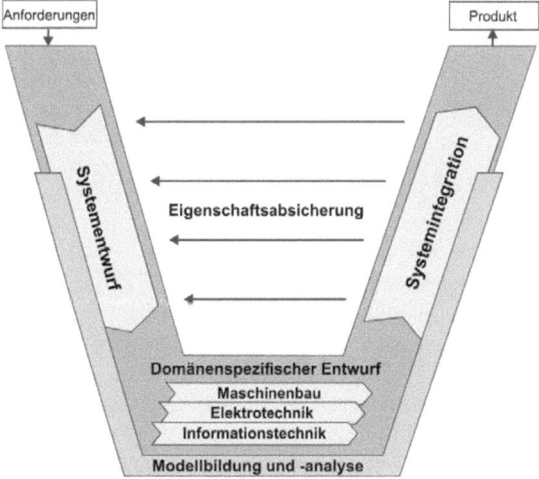

Abb. 2.2: V-Modell nach VDI2206 [VDI04]

die Phase des disziplinübergreifenden Systementwurfs, in der die zukünftige Gesamtfunktion des Produkts oder Systems nacheinander in Teilfunktionen unterteilt wird, denen sukzessive Lösungselemente zugeordnet werden [VDI04], [PBFG97], [PL08], [SR07]. Das somit entstehende prinzipielle Lösungskonzept wird nachfolgend durch die einzelnen Disziplinen[1] konkret ausgestaltet [SR07].

In der stärker detaillierten Darstellung (2.3) nach Bender et al. [BDK+05] im Rahmen des 3-Ebenen-Vorgehensmodells werden v. a. die einzelnen Abstraktionsebenen, von System- bis Komponentenebene, der Entwicklung deutlich. Das als Referenzkonzept aufzufassende

---

1 VDI 2206 verwendet hierbei die Begriffe Domäne und Disziplin nicht trennscharf und klar abgegrenzt

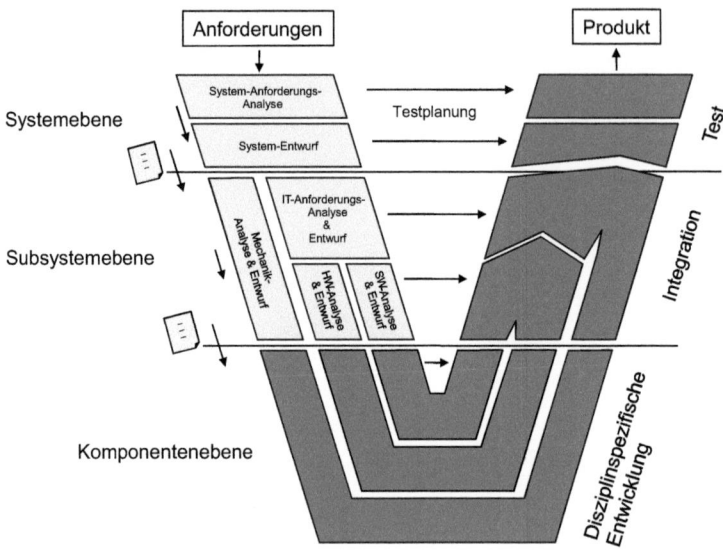

Abb. 2.3: Systementwurf im 3-Ebenen-Modell [BDK+05]

Modell versteht sich als Spiegel der Strukturen eines mechatronischen Produkts durch die Darstellung der hierarchisch strukturierten Ebenen und der üblicherweise beteiligten Fachdisziplinen. Die Phasenübergänge und der Informationsaustausch der V-Modelle sind dabei stark an Dokumenten ausgerichtet (Lasten-/Pflichtenhefte [BDK+05], [VDI04]).

Diese Arbeit konzentriert sich auf den Systementwurf innerhalb des mechatronischen bzw. informationstechnischen Entwicklungsprozesses. Gegenstand des Systementwurfs ist die Dokumentation der Anforderungen in der frühen Entwicklungsphase, die Erarbeitung des Systemdesigns und die Überprüfung des Systems auf die Einhaltung der gestellten Anforderungen und den daraus abzuleitenden Produktfunktionen sowie Produkteigenschaften [Gau06], [BDK+05], [VDI04]. Wie die Abbildung 2.2 anschaulich belegt, steht der Systementwurf zwischen dem Definieren und Ausarbeiten der Anforderungen und einer detaillierten Entwicklung durch Experten der einzelnen Fachdisziplinen und ist somit von hoher Wichtigkeit für den Entwicklungsprozess. Der Systementwurf integriert alle beteiligten Disziplinen und greift neben technischen ebenfalls organisatorische bzw. wirtschaftliche Aspekte auf, um ein anforderungsgerechtes Produkt zu entwerfen. Die Verknüpfung der verschiedenen Disziplinen in der Phase des Entwurfs bzw. auf Systemebene ist von hoher Bedeutung, da hier grundsätzliche Entscheidungen bzgl. des Gesamtprodukts getroffen werden [GJS07], [ZD01]. Da genau diese Entscheidungen die Grundlage der Detailentwicklung darstellen, setzt dieses phasenorientierte Vorgehen zwingend voraus, dass im Rahmen des Systementwurfs Beschreibungen oder Modelle entstehen, die für alle Beteiligten klar definiert und v. a. verständlich sind. Dies ist insbesondere von Bedeutung, da die Modelle oder Beschreibungen

2.1 Mechatronik, Informationstechnik und informationstechnische Produktentwicklung

als Basis für die weiteren Arbeiten im *domänenspezifischen Entwurf* [VDI04] dienen.

In Anlehnung an Daenzer und Huber [DH02] wird der Entwurf innerhalb dieser Arbeit als *„(...) die Erahnung eines Ganzen, eines Lösungskonzepts, das Erkennen bzw. Finden der dazu erforderlichen Lösungselemente und das gedankliche, modellhafte Zusammenfügen und Verbinden dieser Elemente zu einem tauglichen Ganzen (...)"* verstanden. Geisberger und Schmidt [GS04] beschreiben diesen Vorgang als eine Detaillierung des Systems bzw. der Systemstruktur in der Form von Komponenten und Funktionen, um zu Entscheidungen hinsichtlich der Lösungsmöglichkeiten für die definierten Teilfunktionen gelangen zu können. Weiterhin wird korrespondierend zur Darstellung nach VDI 2206 [VDI04] der Entwurf als iterativer Konkretisierungsvorgang gesehen, der sich im Ergebnis durch mechatronische bzw. informationstechnische Komponenten und deren Zusammenfügen ausdrückt.

Das geschilderte modellhafte Zusammenfügen von Ideen und die iterative Auseinandersetzung mit dem Entwurf kann prinzipiell auf unterschiedliche Weise erfolgen, im einfachsten Fall mit Papier und Bleistift, weitestgehend etabliert sind jedoch Modelle zur Beschreibung:

Definition 2.1.2.3 (Modell) *Ein Modell ist gemäß Claus und Engesser [CE93] ein Ausdrucksmittel mit formal festgelegten Symbolen und Regeln, um den Rahmen abzustecken, um einen Gegenstandsbereich zu beschreiben. Thalheim [Tha09] führt weiter aus, dass ein Modell Subjekte oder Objekte darstellt und auf einer Analogie beruht. Ein Modell verfolgt weiterhin einen bestimmten Zweck und stellt eine einfachere Handhabung der betrachteten Gegenstände zur Verfügung. Es sollte darüber hinaus das Verständnis des Originals, die Darstellung von Eigenschaften sowie Modifikationen gestatten und unterstützen [Tha09]. Ein Modell ist außerdem die Abbildung eines Systems oder Prozesses in ein anderes begriffliches oder gegenständliches System, das aufgrund der Anwendung bekannter Gesetzmäßigkeiten, einer Identifikation oder auch getroffener Annahmen gewonnen wird und das System oder den Prozess bezüglich ausgewählter Fragestellungen hinreichend genau abbildet [DIN54]*

Aufgrund der Tatsache, dass der Modellbegriff sehr weit gefasst ist und den Zusammenhang zwischen den eigentlich modellierten Daten und deren Darstellung nicht ausreichend präzisiert, führt Schnieder [Sch99] den Begriff des Beschreibungsmittels ein:

Definition 2.1.2.4 (Beschreibungsmittel) *Beschreibungsmittel beschreiben in graphischer Form bestimmte Sachverhalte zur visuellen Wahrnehmung und Speicherung. Sie umfassen dabei alphanumerische Zeichen, Symbole oder sonstige Darstellungselemente (Semiotik). Die Konvention der Kombination der Symbole wird als Syntax bezeichnet. Den einzelnen Elementen und ihren Kombinationen sind Konzepte eines bestimmten Kontextes zugeordnet (Semantik) [Sch99], [SCJ98]. Ein geläufiges Synonym für das Repräsentationskonzept ist Notation.*

Schnieder [Sch99] verweist auf die hohe Bedeutung von Beschreibungsmitteln und argumentiert dabei, dass zur Formulierung der Vorgehensweise, der Aufgabenstellung und deren Lösung und letztlich auch des dynamischen Verhaltens eines Produkts oder Systems das Vorhandensein und die Anwendung von Beschreibungsmitteln eine unmittelbare Voraussetzung darstellen. Der Einsatz von geeigneten Beschreibungsmitteln für die Entwicklungsaufgabe und Dokumentation, die letztlich eine wünschenswerte Wiederverwendung unterstützt, ist von hoher ökonomischer Relevanz [Joc01], da die Beschreibung dazu beitragen kann, Entscheidungen frühzeitig herbeizuführen, Entwicklungsfreiräume somit zielführend einzugrenzen sowie die getroffenen Entwicklungs- bzw. Entwurfsentscheide projektbegleitend formal zu dokumentieren. Für die Durchführung eines Entwicklungsprozesses und den damit einhergehenden Entscheidungen formulieren Bender et al. [BDK$^+$05] eine Reihe grundlegender Anforderungen, die durch Hilfsmittel zielgerichtet zu unterstützen sind:

- Methodische und systematische Vorgehensweise

- frühzeitige Absicherung des Integrationsrisikos der Komponenten

- Verringerung der komplexen Abhängigkeiten zwischen den Disziplinen

- Abstimmung zwischen den Disziplinen

- Leichte Vermittelbarkeit des Entwicklungsprozesses

- Einbindung bereits vorhandener Teillösungen

Ein zentraler Aspekt der Aufgabenstellung dieser Arbeit besteht infolge der obigen Darstellungen in der Identifikation bzw. fallweisen Entwicklung eines Beschreibungsmittels für die Phase des Systementwurfs, das sowohl der Komplexität als auch dem Zusammenwirken unterschiedlicher Disziplinen Rechnung trägt und dabei in etablierte Entwicklungsprozesse eingeordnet ist.

Modellierung der Strukturen und Beziehungen

Wie bereits definiert, ist die Mechatronik durch mehr als nur die Summe ihrer Einzeldisziplinen gekennzeichnet. Die Beherrschung und Optimierung der Komponenten und Strukturen und ihrer Beziehungen, isoliert innerhalb der einzelnen Disziplinen, ist nicht ausreichend. Somit besteht der Bedarf nach einem disziplinübergreifenden Lösungskonzept, das ein Zusammenwirken der Disziplinen berücksichtigt. Gemäß Bishop [Bis06], [Bis02] setzt dies zunächst ein ausreichendes Verständnis der einzelnen Fachgebiete untereinander voraus. Für den Systementwurf lässt sich hieraus der Bedarf nach einer Beschreibung und damit einhergehend einem angepassten Abstraktionsniveau für die Modellbildung ableiten, die unabhängig der disziplinären Vorbildung verstanden werden kann. Darüber hinaus folgert Bishop [Bis06] den Bedarf und fordert deshalb die Möglichkeit, ein mechatronisches Problem durch eine disziplinunabhängige oder leicht zu vergleichende Modellierung zu beschreiben. Die Forderung nach Vergleichbarkeit ist als Anspruch an eine inhaltliche Überdeckung und geeignete Schnittstellen bei Verwendung unterschiedlicher Beschreibungsmittel interpretierbar, um letzten Endes eine Grundlage für den Vergleich sowie die Integration der modellierten Ergebnisse zu erhalten. Der Begriff der Modellierung wird hierbei wie folgt verstanden:

Definition 2.1.2.5 (Modellierung) *Nach Thalheim [Tha09] ist Modellierung das Erstellen von Modellen. Dies umfasst eine zweckangepasste und kontextabhängige Auswahl eines Modells und somit auch einer Modellierungssprache. Des Weiteren das Ableiten von Gemeinsamkeiten bzw. das Aufstellen von Analogien zwischen angestrebtem Modell und der Realität sowie die Vorbereitung des Modells für eine Verwendung in Systemen, zur Bearbeitung und Veränderung.*

Komplexe mechatronische Produkte bestehen aus einer Vielzahl von technischen und logischen Komponenten, die in unterschiedlicher Weise in Interaktion stehen. Um die gesamthaften Wirkzusammenhänge zu verstehen, ist es zunächst erforderlich, das Gesamtproblem auf einfachere Teilprobleme zu reduzieren [Bis06]. Dieses Vorgehen ist als Entwurf der Systemarchitektur bekannt [Sch99]. Dieser Entwurf gründet sich auf die sukzessive Zerlegung eines Systems in Subsysteme und Komponenten und einer Gliederung bzw. Strukturierung der gefundenen Bestandteile. Die entstehende Struktur steht darüber hinaus mit den angestrebten Funktionen des Produkts bzw. Systems in Verbindung, die aus den gestellten Anforderungen abgeleitet werden. Dem Systementwurf schließt sich der Feinentwurf der Komponenten auf der Basis der Modelle und Beschreibungsmittel der Disziplinen an.

Nur durch eine gesamtheitliche Darstellung lässt sich das komplexe Zusammenspiel der Komponenten ausreichend verstehen, um den Lösungsraum des Systementwurfs einzugrenzen und die Teildisziplinen im Hinblick auf die Beherrschung der Zusammenhänge in geeigneter Weise einzubinden [FNSC10]. Die Modellierungsansätze der Teildisziplinen verfolgen im Allgemeinen jedoch den Ansatz, die jeweiligen spezifischen Probleme möglichst detailliert und zweckangepasst zu beschreiben. Dies stellt eine grundlegende Forderung jeglicher Modellbildung (siehe dazu Definition 2.1.2.3) dar und ist deshalb leicht nachzuvollziehen. Eine Unterstützung in der anfänglichen konzeptionellen und kommunikationsintensiven, übergeordneten Phase wird zumeist nicht fokussiert [VDI04]. Dieser Detaillierungsgrad ist für die Erreichung eines Gesamtbilds folglich nicht zielführend. Um einen Überblick über die mechatronischen Wirkketten zu erlangen, ist die Vorgabe und Auswahl einer geeigneten Abstraktionsebene unbedingt erforderlich [Bis02], [Bis06].

Die unterschiedlichen, an der Entwicklung beteiligten Disziplinen arbeiten mit unterschiedlichen Modellen und haben deshalb oft nur ein begrenztes Verständnis der jeweiligen anderen Disziplinen, deren Arbeitskonzepten und daraus resultierend auch für das gesamte Produkt. Eine klare Vorstellung aller Beteiligten bezüglich der Funktionen eines Produkts und deren Umsetzung ist als wichtige Grundvoraussetzung für einen erfolgreichen Produktentwurf und die gesamte Entwicklung anzusehen [ZD01]. Ein interdisziplinärer Beschreibungsansatz ist deshalb unbedingt anstrebenswert.

Vorhandene Defizite im Entwicklungsprozess

Der Entwicklungsprozess mechatronischer bzw. informationstechnischer Produkte ist geprägt durch die Zusammenarbeit unterschiedlicher Experten. Der Systementwurf und die Entwicklung sind jedoch häufig durch eine Disziplin dominiert [VDI04]. Unter der Berücksichtigung, dass die Disziplinen auf jeweils etablierte Begrifflichkeiten, Beschreibungsmittel und Methoden zurückgreifen, sind gerade für die Kommunikation und die Kooperation unterschiedlicher Fachleute während des Systementwurfs Herausforderungen ableitbar, um das Potenzial der disziplinübergreifenden Entwicklung nutzbar zu machen: *"Hierzu müssen Produktkonzeptionen durch die beteiligten Fachleute integrativ erarbeitet werden; Systemkomponenten können dann – bei gegebener Kompatibilität – durch Lösungsansätze unterschiedlicher Domänen realisiert werden bzw. werden durch die domänenübergreifende (disziplinübergreifende) Zusammenarbeit erst möglich."* [VDI04]

Dieses Zusammenspiel stellt vor allem in den frühen Phasen eine Herausforderung dar, da die hier getroffenen Entscheidungen und die Wechselwirkungen zwischen mechanischen, elektrotechnischen und informationstechnischen Komponenten die gesamte Produktentwicklung und letztlich den gesamten Produktlebenszyklus beeinflussen.

Gemäß VDI 2206 [VDI04] erfolgt die Entwicklung bislang zumeist getrennt in den einzelnen Disziplinen unter Anwendung etablierter, akzeptierter Methoden und Hilfsmittel. Diese sind jedoch durch die jeweiligen Begriffswelten, Anschauungen, Erfahrungen und Denkweisen geprägt. Eine ganzheitliche Entwicklung unter Einbeziehung aller Beteiligten erfordert eine disziplinübergreifende Beschreibung der Aufgabenstellung bzw. des Entwicklungsauftrags, um die Kooperation und Kommunikation zu unterstützen. Das Ziel sollte in einer gemeinsamen Modellvorstellung auf der Basis eines einheitlichen Verständnisses liegen.

Hieraus resultieren offensichtlich Anforderungen an die Produktbeschreibung für den mechatronischen Systementwurf. Das disziplinübergreifende Verständnis benötigt eine entsprechend gemeinschaftlich verständliche Darstellung. Das Abstraktionsniveau der Modellierung und die präsentierte (visuelle) Informationsmenge ist dazu nachvollziehbar anzupassen, das Beibehalten der Informationsdichte detailreicher, disziplinspezifischer Beschreibungen ist nicht zielführend.

Definition 2.1.2.6 (Informationsdichte) *Für die vorliegende Arbeit wird der Begriff Informationsdichte als das Verhältnis von erforderlicher Anzahl und visueller Komplexität der Beschreibungsmittel und Symbolik zu dem vermittelten Informationsgehalt für den Auf- und Ausbau des Verständnisses während des Systementwurfs betrachtet.*

Nach allgemeiner Auffassung ist die Qualität der Entwicklung stark vom Verständnis der Vernetzung bzw. der Zusammenhänge innerhalb des zu entwickelnden Systems abhängig zu machen. Ein disziplinübergreifendes Modell eines mechatronischen Produkts, das für eine produktive Auseinandersetzung in einer frühen Entwicklungsphase und für die gesamthafte Beschreibung geeignet ist, fehlt derzeit. Neben einer Vielzahl an Methoden und Richtlinien existiert eine Reihe an Entwicklungswerkzeugen, die jedoch bislang unzureichend integriert sind [VDI04] oder einzelne Disziplinen gänzlich unberücksichtigt lassen. Da die Mechatronik stark durch die bereits länger vernetzten Disziplinen Mechanik und Elektrotechnik geprägt ist [SFB+00], dominieren vor allem Ansätze aus diesem Umfeld. Software und Informationstechnik bleiben häufig unberücksichtigt. Das Zurückgreifen auf etablierte Hilfsmittel wirft spätestens bei der zwingenden Integration neue Fragestellungen nach Konsistenz, Überdeckung, Detaillierungsgraden und Schnittstellen auf [VDI04]. Schnieder führt weiterhin aus, dass „diese Vielzahl von Modellierungs– und Beschreibungsmitteln menschlich nicht mehr beherrschbar ist. Daran ändert auch eine weitgehende Rechnerunterstützung nichts, da in der gesamten Entwicklungskette der Mensch immer der entscheidende Faktor bleiben wird". Insofern stellt sich für die vorliegende Arbeit das Problem einer Auseinandersetzung mit den konzeptionellen Grundlagen der Produktbeschreibung für den mechatronischen Entwurf. Die gängige Literatur zur Entwicklung, beispielsweise die Richtlinie VDI 2206 [VDI04], mahnt zwar zu einer frühzeitigen und ganzheitlichen Beschreibung mechatronischer Produkte bzw. Systeme, bietet jedoch derzeit keinen Ansatz dafür an. Infolgedessen besteht hierzu noch Handlungsbedarf.

Als problematisch erweist sich insbesondere die Tatsache, dass heutige integrierende Entwurfs– oder Beschreibungsansätze mehrheitlich den Zweck einer integrierenden, zunehmend modellgetriebenen Entwicklung verfolgen, wodurch zwangsläufig eine hohe Informationsdichte entsteht. Das disziplinübergreifende Verständnis als Grundlage eines effektiven und effizienten Entwurfs wird allerdings häufig außer Acht gelassen. Des Weiteren ist leicht nachvollziehbar, dass die auf eine hohe Informationsdichte angewiesene, durchgängig modellgetriebene Entwicklung bzw. die in deren Rahmen eingesetzten Hilfsmittel für die frühen Entwurfsphasen nur wenig geeignet erscheinen, da das Detailniveau mangels Entwicklungsfortschritt zum einen nicht erreicht werden kann und zum anderen für das Festlegen des Systementwurfs auch nicht hilfreich ist.

2.2 Statische Komplexität

In nahezu allen Bereichen der Entwicklung technischer Produkte ist eine ständige Zunahme der Komplexität zu beobachten, die in der Zunahme an Funktionalitäten sowie der Diversifizierung am Markt begründet ist [LMB09]. Die Komplexität ergibt sich weiterhin durch das Zusammenspiel verschiedener Disziplinen zur Funktionserbringung (Heterogenität) [VDI04]. Lindemann et al. [LMB09] führen weiter aus, dass bereits verschiedene etablierte Mechanismen zur Beherrschung der Komplexität einen Einsatz finden, beispielsweise Modularisierung und Plattformstrategien. Das Umsetzen dieser oder anderer Mechanismen entbehrt jedoch nicht der Grundlage eines interdisziplinären Verständnisses auf der Basis einer neutralen, akzeptierbaren Systembeschreibung, um überhaupt Baugruppen und Module identifizieren zu können.

Das Gefüge aus anspruchsvoller technischer Produktkomplexität und der Herausforderung einer interdisziplinären Zusammenarbeit in Entwicklungsteams für die Funktionserbringung mechatronischer Systeme wird im Rahmen dieser Arbeit als statische Komplexität bezeichnet.

2.2.1 Produktkomplexität

Um der unstrittigen Komplexität heutiger mechatronischer Produkte zu begegnen, bieten sich im Wesentlichen zwei Möglichkeiten: eine Reduktion der Komplexität durch Vereinfachung der Produktstrukturen oder den Verzicht auf Funktionalitäten oder Varianten sowie die

Beherrschung der Komplexität durch geeignete Ansätze. Bereits einleitend wurde festgestellt, dass viele Veränderungen an den technischen Produktstrukturen mit einer weiteren Zunahme der Komplexität einhergehen [DB07], sodass lediglich die Beherrschung als Konzept übrig bleibt.

Nach Wagner und Patzak [WP07] sowie Ahlemeyer und Königswieser [AK97] ist der Begriff *Komplexität* unter verschiedenen Aspekten zu betrachten. Komplexität steht zum einen in Verbindung zu der Vielfalt der Elemente eines Systems (Varietät): *„Ein System ist umso komplexer, je mehr Elemente es aufweist, je größer die Zahl der Beziehungen zwischen diesen Elementen ist, je verschiedenartiger die Beziehungen sind und je ungewisser es ist, wie sich die Zahl der Elemente, die Zahl der Beziehungen und die Verschiedenartigkeit der Beziehungen im Zeitablauf verändert."* [AK97]. Diese aus der Soziologie stammende Definition ist sehr anschaulich auf die vorliegende Arbeit übertragbar: Zum einen umfasst sie die Akteure der interdisziplinären Entwicklung sowie ihre Rollen und zum anderen (übertragen) die Elemente der verschiedenen Modelle oder Beschreibungsmittel. Komplexität steht zum anderen in Verbindung mit der Verknüpfungsfähigkeit, also einer Auswahl an notwendigen Elementen und ihrer Beziehungen (Konnektivität). Die Vielfalt der Elemente (Varietät) stellt ein statisches Problem bei dem Umgang mit komplexen Systemen dar. Aus der Betrachtung der Vielfalt des Zusammenspiels dieser Elemente (Konnektivität), und der Änderung dieses Zusammenspiels, resultiert im Gegensatz dazu ein dynamisches Problem [WP07].

Die Beherrschung der Komplexität bedeutet also eine selektive Auswahl notwendiger Informationen, um das Verständnis zu ermöglichen und unterstützen. Eine besondere Herausforderungen besteht darin, die Zusammenhänge und die Veränderung dieser Zusammenhänge transparent zu machen.

Steinmeier [Ste98] definiert den Begriff Komplexität durch die Varietät und Konnektivität. Die Varietät bezeichnet dabei die Art und Anzahl der Elemente und die Konnektivität die Art und Anzahl der Beziehungen zwischen den Elementen. Diese Definition zeigt erneut, dass die Möglichkeit der Beherrschung von einer Auswahl an zu berücksichtigender Information abhängig zu machen ist.

Düchting [Due05] unterteilt Komplexität in technische und organisatorische Komplexität. Unter der technischen Komplexität sind die Anzahl der Elemente und der Charakter ihrer Beziehung gefasst. Die organisatorische Komplexität beschreibt hingegen die Zahl der Beziehungen und deren zeitliche Veränderungen, also einen Aspekt der dynamischen Komplexität (siehe 2.3). Für eine Beherrschung der Komplexität wird es somit erforderlich, die technischen Strukturen eines Produkts auf Elementebene zu analysieren, um die Verbindungen zwischen den Elementen und ihre Veränderung zu identifizieren. Die Identifikation schließt eine geeignete Charakterisierung der Beziehungen mit ein. Ein Verständnis für das Zusammenwirken der Disziplinen und Komponenten eines komplexen Produkts kann nur erreicht werden, indem eine sukzessive Zerlegung und Strukturierung erfolgt, sodass das Produkt in Subsysteme, diese in Komponenten sowie letztlich in Einzelteile zerteilt werden. Dadurch sind Zusammenhänge auf niedriger hierarchischer Ebene leichter zu identifizieren und Relationen herstellbar, die dann in der Gegenrichtung auf höhere Ebenen übertragen werden können [KMP06].

Mechatronische Produkte besitzen neben mechanischen gleichberechtigt auch Komponenten aus der Elektro- und Informationstechnik. Im Rahmen eines mechatronischen Produkts ist infolgedessen weiterhin zu berücksichtigen, dass ein Herunterbrechen des Produkts auf einzelne Elemente noch nicht ausreichend ist, da diese Elemente aus unterschiedlichen Disziplinen stammen und somit zum einen klassifiziert werden können und müssen, sowie zum anderen nur in einer begrenzten Zahl von Beziehungen untereinander stehen können. Um die Beziehung zwischen Produktkomponenten, die von unterschiedlichen Disziplinen entwickelt werden, herstellen zu können, ist offensichtlich eine geeignete Schnittstelle erforderlich.

2.2.2 Interdisziplinäre Zusammenarbeit

Disziplinen werden häufig mit Fächern gleichgesetzt und sind durch gleiche akademische Abschlüsse, institutsübergreifend mit vergleichbaren Theorien und Methoden sowie ähnlichen Herangehensweisen gekennzeichnet [SDB03], [JB08]. In diesem Zusammenhang wird des Öfteren von *wissenschaftlichen Einheiten* und *Identitätsbildung* gesprochen [SR02]. Die Zusammenarbeit in mechatronischen Entwicklungsprojekten wird heute überwiegend als interdisziplinär beschrieben. Die verwendeten Technologien und das notwendige Fachwissen sind derart komplex und spezialisiert, dass ein Einzelner nicht in der Lage ist, alle Bereiche vollständig abzudecken. Der Begriff *interdisziplinär* bezeichnet hierbei sowohl die Zusammenarbeit unterschiedlicher Beteiligter über die jeweiligen Fächergrenzen hinweg, als auch die Integration unterschiedlicher Wissensbereiche im Erfahrungsschatz eines Einzelnen [SDB03].

Jedoch arbeiten die Vertreter der einzelnen Disziplinen häufig unabhängig voneinander und reihen die interdisziplinär geschaffenen Ergebnisse lediglich additiv aneinander [JB08]. Die Fachdisziplinen arbeiten mit spezialisierten Begriffswelten, Erfahrungswerten, gewachsenen Methoden und geeigneten Beschreibungsmitteln [Det07], [VDI04]. Die Forderung nach einer Integration der disziplinären Expertisen in eine gemeinsame Fragestellung im Vorfeld einer Entwicklung sehen Janota und Botterweck [JB08] als nicht erfüllbar an, da ein entsprechendes Verständnis und geeignete Methoden bisher fehlen. Nach Siau und Wang [SW07] ist der zweithäufigste Grund für das Scheitern von Entwicklungsprojekten in Missverständnissen und Fehlspezifikationen zu suchen. Gerade in der Entwurfsphase manifestieren sich Kooperationsprobleme, die als Lösung neben einer Methodenvernetzung eine besondere Form der Kommunikation erfordern [SR02], [Fue04]. Die Kommunikation ist jedoch nicht allein auf die soziale und organisatorische Ebene beschränkt, sondern insbesondere durch die Verschränkung mit der Sachebene gekennzeichnet [Fue04]. Folglich besteht der Bedarf nach einer nonverbalen Möglichkeit des interdisziplinären Austauschs, die nur durch eine geeignete textuelle oder graphische Beschreibung der Strukturen und Beziehungen umzusetzen ist.

Wie Steinheider und Reiband [SR02] weiter ausführen, wird die Verschiedenartigkeit in Teams heute immer noch häufig vernachlässigt: Die Schaffung einer gemeinsamen Wissensbasis[1] ist deshalb unbedingt notwendig. Für eine ideale, funktionierende Kooperation benennen Steinheider und Reiband [SR02] drei wesentliche Komponenten:

- Kommunikationsprozess
    - den Akteuren ist es möglich, Daten, Informationen und Wissen auszutauschen
    - interkulturelle Fakten spielen dabei eine Rolle und sind berücksichtigt
    - eine Unterstützung durch technische Möglichkeiten ist realisiert
- Koordinationsprozess
    - die Regelung der Beziehung zwischen Akteuren und Aktivitäten durch Integration der individuellen Leistungen im Sinne eines übergeordneten Ziels ist dargestellt
    - die Unterstützung erfolgt durch Projektmanagement-Tools
- Wissensintegrationsprozess
    - ein partieller Austausch von Wissen der beteiligten Akteure ist möglich
    - hierdurch ist eine gemeinsame Verständnisbasis über Arbeitsinhalte, Produkte und Betriebsmittel geschaffen
    - der Prozess ist als Basis für Kommunikation und Koordination realisiert
    - ohne gemeinsame Basis wichtiger Begriffe und Zusammenhänge kann bei der Kommunikation der Experten keine Information transportiert werden

Besonders im Bereich des Wissensintegrationsprozesses zur Schaffung einer gemeinsamen Wissensbasis, einem gemeinsamen Verständnis über die Begrifflichkeiten und Zusammenhänge, beschreiben Steinheider und Reiband [SR02] noch großen Entwicklungsbedarf. Steinheider et al. [SMB09] definieren die gemeinsame Wissensbasis hierbei als Prozess, *„(...) an dessen Ende eine multidisziplinäre Wissensbasis steht, die allen Teammitgliedern in gleichem Maße zur Verfügung steht und inhaltlich von allen Teammitgliedern (wissentlich oder unwissentlich) geteilt wird".*

Die Potentiale, welche die Verschiedenartigkeit der Expertisen in Entwicklungsteams hervorbringt, werden in der Produktentwicklung häufig vernachlässigt. Um die Zusammenarbeit der Experten unterschiedlicher Fachbereiche zu unterstützen, ist ein Grad an Integration sinnvoll, der eine Kooperation im Rahmen der gestellten Aufgaben ermöglicht und sich zugleich wirtschaftlich hinsichtlich Zeit- und Kosteneinsatz gestaltet [SR02].

Auch Schnieder [Sch99] definiert als eine Ursache einer divergierenden und dadurch kaum noch zu beherrschenden Komplexität die arbeitsteilige Entwicklung mit vielen Spezialisten für unterschiedliche Problemaspekte und ihre Realisierung mit unterschiedlichen technischen Einrichtungen. Schnieder [Sch99] stellt seine Betrachtungen im Kontext der

---

1 bei Steinheider und Reiband [SR02]: engl. common ground

Automatisierungstechnik an. Die Übertragbarkeit auf das verallgemeinerte Problem der mechatronischen Entwicklung im Rahmen dieser Arbeit ist jedoch leicht nachvollziehbar. Schnieder [Sch99] führt weiter aus, dass die entstehenden Kommunikationsbarrieren nur durch ein ganzheitliches Verständnis aufgelöst werden können.

Zur Integration verschiedener Disziplinen gilt es deshalb, alle technologischen Komponenten sowie die begleitenden Prozesse einheitlich beschreibbar zu machen. Alle Elemente eines mechatronischen Produkts und seines Erstellungsprozesses, unabhängig davon ob es ein Softwaremodul, eine Hardwarekomponente oder der zugehörige Prozessschritt ist, sind miteinander zu vernetzen. Relationen dürfen keinesfalls fachspezifisch bleiben. Diese Beschreibungsmöglichkeit sollte jedoch für jede an der Entwicklung beteiligte Disziplin in einer verständlichen und somit leicht zu identifizierenden Form vorliegen. Elementare Probleme bei der Integration der Modelle der unterschiedlichen Fachdisziplinen stellen das notwendige Abstraktionsniveau und vor allem das erforderliche disziplinübergreifende Verständnis der Informationen dar, das häufig auf Grundkenntnisse aus den anderen Bereichen angewiesen ist. Besonders unter Einbeziehung nicht-technischer Disziplinen erscheint der erreichbare Abstraktionsgrad vieler Beschreibungsmittel als zu gering.

Die Förderung der Wissensintegration in Entwicklungsteams zeigt ein großes Optimierungspotenzial: Gemäß der Studien von Steinheider und Reiband [SR02] sind Probleme bei der Kommunikation, Koordination und Wissensintegration mit längeren Entwicklungszeiten und sinkender Produktqualität verbunden. Zusätzlich führt das Fehlen einer klaren Übereinstimmung hinsichtlich der Vorstellungen über die Anforderungen und die Lösungsansätze zu einer Zunahme der Kooperationsprobleme in der Entwurfsphase [SR02].

2.3 Dynamische Komplexität

Neben der bereits geschilderten statischen Komplexität mechatronischer Produkte und den oben bereits dargestellten Kommunikations- und Verständnisbarrieren entlang des gesamten Produktlebenszyklusses, besonders jedoch in den frühen Entwurfsphasen und bei der späteren Pflege des Produkts, ist eine dynamische Herausforderung identifizierbar: die Veränderung des Produkts, seiner Komponenten oder Strukturen bzw. der zur Verfügung stehenden Technologien [SFB07]. Dies kann u. a. durch Innovationen induziert sein, aber auch anders geartete vielfältige Ursachen haben, beispielsweise die Abkündigung von Technologien oder Wissensverlust durch Mitarbeiterfluktuation. Darüber hinaus bleibt festzuhalten, dass komplexe Produkte selten neu entwickelt werden [Det07]. Daher verspricht die Wiederverwendung bereits existierender Teillösungen einen nicht zu unterschätzenden Zeit- und Kostenvorteil [VHSK$^+$07].

2.3.1 Herausforderungen durch Veränderung

Der gesamte Produktlebenszyklus in der Domäne der Mechatronik ist durch viele kleine, eng vernetzte Entwicklungszyklen geprägt [VDI04]. Eine Veränderung der Prozesse und

Technologien, insbesondere unternehmensintern als auch unternehmensextern generierte Innovation, eine veränderte Marktsituation oder gesetzliche Rahmenbedingungen, haben signifikante Auswirkungen auf bestehende und etablierte Prozesse und die eingesetzten Komponenten eines mechatronischen Produkts [SFB07]. Zu berücksichtigen ist dabei, dass externe Veränderungen zumeist wenig oder überhaupt nicht planbar stattfinden und somit ebenfalls zwangsläufig unternehmensinterne Veränderungen anstoßen. Externe Veränderungen wie beispielsweise die Verfügbarkeit von Bauteilen und Technologien sind, außer in Ausnahmefällen, normalerweise nicht zu beeinflussen.

Eine Veränderung, unabhängig ob ungewollt oder ungeplant extern herbeigeführt oder durch eigenen Antrieb durch Innovation, kann dabei potentiell keinerlei Einfluss auf das Produkt als Ganzes oder seine Komponenten darstellen oder weitreichende Konsequenzen auf Prozesse, Technologien und Produkte haben. Im Allgemeinen ist somit mit einem erhöhtem Adaptionsbedarf zu rechnen. Das unscharfe implizite Wissen über Abhängigkeiten und Zusammenhänge durch Veränderung innerhalb der Entwicklung, aber auch entlang des gesamten Produktlebenszyklus, führt zu Kostenineffizienz. Die Planungssicherheit für strukturierte Abläufe ist unter Umständen nicht mehr gegeben.

Die Möglichkeit, auf sich ändernde technische Randbedingungen zu reagieren, ist verständlicherweise eine grundlegende Bedingung, um Systeme weiterentwickeln und pflegen zu können. Jedwede Form der Anpassung setzt allerdings auch ein Verständnis für die Auswirkungen der Änderung voraus, um festzustellen, wo ein Eingriff in das bestehende System nötig und auch sinnvoll ist. Zusätzlich ist abzusichern, ob und welchen Einfluss die Änderungen auf weitere Module, Komponenten und Systemstrukturen ausübt. Da Zeit im Allgemeinen einen erheblichen Kostenfaktor darstellt, müssen Änderungs- und Auswirkungsverfolgung möglichst effizient erfolgen.

Der aus dem Maschinenbau stammende Ansatz des Product-Lifecycle-Managements auf der Basis des sogenannten Produktdatenmanagements[1] stellt hierzu keine Lösung bereit, da für die Anwendung während des Systementwurfs eine vergleichbare Problemstellung zu der oben geschilderten Diskrepanz, zwischen modellgetriebener Entwicklung und frühen Entwurfsphasen, besteht. Das Produktdatenmanagement stellt lediglich die Methodik, jedoch keine fertigen Lösungen zur Verfügung. Zu diesem Zweck sind verschiedene Softwarewerkzeuge erforderlich, die den Ansatz tatsächlich technisch umsetzen. Darüber hinaus stellt das Produktdatenmanagement kein Beschreibungsmittel dar, sondern ausnahmslos einen Ansatz zur Konsistenzsicherung bzw. Datenhaltung unterschiedlicher Modelle und Dokumente im Hintergrund der konkreten Entwicklung. Eine für den Systementwurf geeignete Form der Produktbeschreibung müsste sich folglich konzeptionell als ein weiteres Modell in der Datenbasis des Managementansatzes einordnen und mit dem vorhandenen Datenstand bzw. weiteren Modellen und Dokumenten verknüpft werden. Unabhängig von der technische

---

1 Produktdatenmanagement (PDM): PDM bezeichnet die ganzheitliche, strukturierte und konsistente Verwaltung aller Daten, Dokumente und Prozesse, die bei der Entwicklung neuer oder der Modifizierung bestehender Produkte über den gesamten Produktlebenszyklus generiert, benötigt und weitergeleitet werden müssen [Det07].

Machbarkeit dieses Konzepts kann es nicht als zielführend für den kreativen und von Änderungen bestimmten Entwurf angesehen werden, da der anzunehmende Zusatzaufwand den Nutzen relativiert und der geforderten Komplexitätsreduzierung entgegenwirkt.

Als weitere Aufgabenstellung dieser Arbeit bleibt infolgedessen die Analyse und Identifikation einer praktikablen Möglichkeit zum Umgang mit Veränderung direkt auf der Ebene des problemangepassten Beschreibungsmittels und der darin verbundenen Komponenten festzuhalten.

2.3.2 Herausforderungen durch Wiederverwendung

Wie bereits thematisiert, ist ein Produkt während seines Lebenszyklus i. d. R. Veränderungen unterworfen und sollte schnell und möglichst flexibel an veränderte technische Randbedingungen und Möglichkeiten sowie die Bedürfnisse der Stakeholder anpassbar sein [Det07]. Entsprechend dieser Anforderungen werden technische Produkte häufig in mehreren Varianten angeboten oder durch die Stakeholder bedarfsgerecht konfiguriert bzw. parametriert [Det07]. Diese Varianten weisen ähnliche Strukturen, jedoch differenzierte Eigenschaften oder alternative Baugruppen bzw. Module auf. Eine Grundlage dieser Flexibilität liegt in der Entwicklung alternativ einsetzbarer Module, die gemäß der beschriebenen Aufgabenstellung dieser Arbeit wahlweise Komponenten unterschiedlicher Disziplinen beinhalten.

Die Erzeugung und Verwaltung konsistenter, gültiger Konfigurationen ist Gegenstand des Varianten- bzw. Konfigurationsmanagements [VHSK$^+$07]. Jedoch besteht auch weiterhin die Notwendigkeit, Module sowie geeignete Schnittstellen zu identifizieren, um die Variantenentwicklung zu unterstützen. Dies impliziert ein ausreichendes Systemverständnis sowie die Option, das Zusammenwirken der Module bei der Erfüllung der Produktanforderungen zu beschreiben. Dieser Bedarf ist durch ein geeignetes Beschreibungsmittel erfüllbar, sofern Möglichkeiten zur Identifikation und Bildung von Modulen vorgesehen sind.

Somit besteht eine ergänzende Aufgabenstellung dieser Arbeit darin, neben der Beschreibung einzelner technischer und logischer Strukturen auch deren funktionale Kombination in Module zu untersuchen und einen geeigneten Lösungsansatz zu entwickeln.

2.4 Anforderungen und Lösungsansatz

Der folgende Abschnitt präsentiert eine Zusammenfassung der Problemanalyse dieses Kapitels zu den Facetten des mechatronischen Produktentstehungsprozesses sowie statischer und dynamischer Komplexität. Darüber hinaus werden innerhalb der jeweiligen Resümees Lösungsansätze aufgezeigt und abschließend eine Liste an essentiellen Forderungen für eine Lösung der gestellten Aufgabenstellung formuliert.

2.4.1 Zusammenfassung und Schlussfolgerungen

Um das Potenzial einer disziplinübergreifenden Zusammenarbeit nutzbar zu machen, sollte die Produktkonzeption durch die jeweiligen Experten integrativ entwickelt werden [VDI04].

Neben organisatorischen Maßnahmen [Hol03] erfordert ein solcher Ansatz zumindest ein interdisziplinäres Beschreibungsmittel, um die Kommunikation und die Kooperation sicherzustellen. Es herrscht Konsens darüber, dass Kooperationsprobleme häufig in der Entwurfsphase auftreten [SR02], [SFB+00], [VDI04]. Die disziplinspezifischen Beschreibungsmittel verfolgen nachvollziehbar einen spezialisierten Zweck und sind somit nicht einfach übertragbar sowie untereinander vernetzbar. Darüber hinaus kann die Verwendung eines bereits etablierten Beschreibungsmittels für die gestellte Aufgabe dieser Arbeit als problematisch bis ungeeignet angesehen werden, da die Vorprägung der beteiligten Experten, die Ansichten und Vorbehalte gegen Lösungen aus einem anderen Bereich, sich auf logische, neutrale Schlussfolgerungen auswirken können[1] [Obe04]. Die unterschiedliche Prägung der beteiligten Fachleute ist nach Hollaender [Hol03] als Barriere zu sehen. Ein adäquates Beschreibungsmittel muss auf der Grundlage des Verständnisses und der Identifikationsmöglichkeit aller Disziplinen gehalten werden, um eine ausreichende Akzeptanz zu schaffen, einen teamorientierten Entwurf zu gestatten und Vorurteile weitestgehend zu vermeiden. Auf der Basis eines ganzheitlichen Entwurfs entsteht die Möglichkeit, frühzeitig Entscheidungen hinsichtlich der Realisierung der Teilfunktionen durch einzelne Disziplinen zu treffen und somit den Lösungsraum des Entwurfs gezielt einzugrenzen. Hollaender [Hol03] weist diesbezüglich nach, dass das Ausmaß eines gemeinsamen Planungs- und Entscheidungsprozesses sowie das Maß an Gleichberechtigung tendenziell positive Auswirkungen auf das Gruppenergebnis und die Güte der Kooperation besitzt. Als einen entscheidenden Faktor produktiver interdisziplinärer Zusammenarbeit stellt Hollaender [Hol03] das Formulieren und Erkennen des gemeinsamen Ziels heraus (*„Zielvergemeinschaftung"*). Aus dem Grund einer mangelnden Kommunikationsbasis ist vielfach die Auseinandersetzung mit der Komplexität nicht möglich, besonders in frühen Phasen der Entwicklung und im Fall einer neuen Aufgabenstellung [SFB+00].

Die zunehmende Funktionsvielfalt mechatronischer Produkte führt zu Wechselwirkungen zwischen den Komponenten, die so früh wie möglich während des Entwurfs berücksichtigt und thematisiert werden müssen [VDI04]. Bereits während oder im Anschluss der Funktionsbeschreibung sollten technologische Artefakte, unabhängig von der Disziplin, in eine Systembeschreibung zum Zweck der Diskussion und Detaillierung des Entwurfs aufgenommen werden können. Auf diesem Weg wird ebenfalls eine Qualitätssicherung mittels interdisziplinärer Konsistenzprüfungen möglich [SFB+00]. Die Beschreibung und Auseinandersetzung mit der Frage, welche Funktionen durch Lösungen welcher Disziplin (oder Disziplinen) realisiert werden, wird somit einfach und intuitiv möglich. Der Begriff Intuition beschreibt an dieser Stelle eine Lösung, die unmittelbar eingängig ist und keiner weiteren Erklärung bedarf und dementsprechend leicht verständlich sowie anschaulich ist, nach Weigend [Wei07] also als selbstevident zu bezeichnen ist.

Aufgrund der geschilderten Produktkomplexität ist die Auseinandersetzung mit der Art und Anzahl der in einem Beschreibungsmittel berücksichtigten Elemente und Beziehungen zwingend notwendig. Zur Erreichung eines grundlegenden Verständnisses ist es leicht nach-

---

[1] Bias oder Belief Bias [Obe04]

2.4 Anforderungen und Lösungsansatz

vollziehbar nicht erforderlich und zielführend, umfangreich detailliert zu modellieren. Das Ziel muss in der Reduktion der (visuellen) Komplexität liegen, wodurch auch die Forderung nach Strukturierung impliziert ist. Eine interdisziplinäre Modellbildung, die insbesondere auf die Darstellung der Abhängigkeiten bei der gemeinsamen Funktionserfüllung ausgerichtet ist, erfordert leicht nachvollziehbar eine Grundlage zum Erkennen der Abhängigkeiten und zum Nachvollziehen der Auswirkungen von Veränderung, also eine geeignete Schnittstelle bzw. ein adäquates Bindeglied. Hinsichtlich der Modifikation etablierter Beschreibungsmittel und Werkzeuge stellen Schätz et al. [SFB⁺00] fest, wobei der Begriff Domäne synonym zu Disziplin verwendet wird: *„(..) langfristig erscheint der Einsatz von Forschungsmitteln für die bessere Berücksichtigung von domänenspezifischen Besonderheiten in Beschreibungstechniken oder Werkzeugen wenig sinnvoll, da der volkswirtschaftliche Nutzen im Vergleich zu den eingesetzten Mitteln nur gering sein wird. Eine rein technische Integration und die Beschränkung auf die Berücksichtigung domänenspezifischer Besonderheiten würde beim augenblicklichen Zersplitterungsgrad der Domänenanforderungen unweigerlich zu noch umfangreicheren und teureren Werkzeugen führen, und damit nicht ausreichend zur Steigerung der Produktivität der Anwender führen, da die Komplexität der Werkzeuge überproportional gegenüber der Steigerung möglicher Anwender wachsen würde"*. Die Forderung dieser Arbeit, das Abstraktionsniveau auf ein zur Integration der verschiedenen Disziplinen geeignetes Niveau zu heben und die Expertisen unter einem gemeinsamen Modell zu vereinen, wird folglich eindeutig unterstützt. Schätz et al. [SFB⁺00] stellen diesbezüglich explizit fest, dass *„(...) das Abstraktionsniveau noch weiter anzuheben (ist) und die verschiedenen Disziplinen (...) unter einem gemeinsamen Vorgehensmodell zu vereinen (sind), beispielsweise einem (...) Produktmodell, das alle Aspekte des Produktlebenszyklus in sich vereint und die verschiedenen Einzelvorgehensmodelle miteinander integriert"*. Zhang und Doll [ZD01] sprechen in diesem Zusammenhang von Unsicherheit, die im Verhältnis zur Informationsmenge steht, und unterstreichen folglich den Bedarf nach einer Reduktion der in einem interdisziplinär ausgerichteten Beschreibungsmittel präsentierten Informationsmenge. Diese Forderung nach dem Einsatz eines ganzheitlichen Beschreibungsmittels findet ebenfalls Unterstützung bei Schnieder et al. [SCJ98], da der Einsatz verschiedener Ansätze mit einer hohen Wahrscheinlichkeit zu einer heterogenen Entwicklungsumgebung führt und das Problem der Synchronisierung und Konsistenzprüfung aufwirft.

2.4.2 Lösungsanforderungen und Aufgabenstellung

Die Darstellung der Problemanalyse und die obige Zusammenfassung erlauben die Formulierung einiger grundlegender Anforderungen, die als Basis zur Bewertung des Stands der Wissenschaft und Technik in Kapitel 3 und als Randbedingungen für einen Lösungsansatz in Kapitel 4 dienen.

Anwendbarkeit für den Systementwurf und disziplinärer Fokus

Der Systementwurf als prinzipielle Nachfolgephase der Anforderungserhebung an ein Produkt, respektive an eine Produktentwicklung, ist von einer engen Verknüpfung unterschiedlicher Disziplinen geprägt. Um frühzeitig die notwendigen Grundsatzentscheidungen für die weiteren Entwicklungsschritte treffen zu können, sind deshalb alle Disziplinen, zumindest jedoch Mechanik, Elektro- und Informationstechnik, insbesondere die Softwareentwicklung, im Rahmen eines Lösungsansatzes zu berücksichtigen, um ein ganzheitliches Systembild zu erarbeiten. Ein derart konzipiertes Systembild ist geeignet, die Kommunikation und das Verständnis zwischen den Fachleuten zu unterstützen. Von besonderem Interesse ist dabei die Betrachtung von Systemstrukturen, um vor allem vorhandene Lösungen und Module effizient einbinden zu können, im Gegensatz zu einer Auseinandersetzung mit grundsätzlichen Wirkzusammenhängen der Konstruktionslehre. Die Integration unterschiedlicher Disziplinen bzw. Strukturen und Komponenten benötigt zwangsläufig einen geeigneten Kopplungsansatz zur Abbildung des Zusammenwirkens bei der Erfüllung der Produktanforderungen. Eine erfolgversprechende Möglichkeit besteht in der Nutzung der aus den Anforderungen abzuleitenden Produktfunktionen. Bezüglich eines einheitlichen Beschreibungsmittels ist darauf zu achten, dass sowohl ein angemessenes Abstraktionsniveau als auch eine für alle Beteiligten verständliche Symbolik gewählt werden, um Voreingenommenheit zu vermeiden und die Akzeptanz zu erhöhen. Als essentielles Ziel ist das Entwickeln einer Zielvergemeinschaftung vor einem Detailentwurf mit spezialisierten Ansätzen und einer (evtl. modellgetriebenen) Detailentwicklung zu berücksichtigen.

Formale Basis und Eignung als Produktmodell

Als Grundlage des Beschreibungsmittels ist ein disziplinübergreifendes Produktmodell vorzusehen. Um eine bedarfsgerechte Adaption und die Einbindung in bestehende Systeme und Prozesse zu gestatten, ist es zielführend, sowohl auf die Definition eines Metamodells als auch auf eine formale Basis für das Modell zu achten. Zur Erreichung der geforderten Anwendungsnähe muss die technische Umsetzbarkeit des Modells (Metamodells) berücksichtigt werden. Der Aufwand zur Erstellung und Pflege des Produktmodells ist dabei gering zu halten, das Vorsehen von Austauschformaten sinnvoll. Da die unterschiedlichen Disziplinen i. d. R. differenzierte Modelle zur Beschreibung ihrer jeweiligen Sicht auf das Produkt einsetzen, ist eine Auseinandersetzung mit der Frage notwendig, ob einzelne Modelle integriert oder ein einheitliches Modell angestrebt werden soll.

Darstellung und Strukturierung

Aufgrund des erklärten Ziels einer einfachen, intuitiven Darstellung als Voraussetzung eines gemeinsamen Verständnisses, gilt es eine eingängige Symbolik für eine Darstellung auszuwählen und die Optionen einer textuellen sowie graphischen Notation abzuwägen. Insbesondere die Verschiedenartigkeit und Anzahl der Symbole ist im Hinblick auf die geforderte Reduzierung der visuellen Komplexität einzuschränken. Diese Reduzierung geht ebenfalls

2.4 Anforderungen und Lösungsansatz

mit einer notwendigen Strukturierung der Darstellung einher, um komplexere Strukturen abbildbar zu machen. Eine Möglichkeit zur Kapselung oder wahlweisen Ausblendung von Information ist diesbezüglich zielführend.

Management der Veränderungen

Gemäß der Problemanalyse im vorherigen Abschnitt ist die Berücksichtigung von Änderungen an einem Produktentwurf sowohl während des Entwurfs als auch im gesamten Produktlebenszyklus direkt innerhalb eines Beschreibungsmittels zielführend, sodass potentiell betroffene Systemkomponenten, Baugruppen, Disziplinen oder realisierbare Funktionalitäten intuitiv nachvollziehbar werden. Zu diesem Zweck wird die Darstellung der Zusammenhänge bzw. der potentiellen Auswirkungen von Veränderung erforderlich. Auf der Modellebene erfordert dies sowohl eine Identifizierbarkeit der Modellelemente, als auch eine Form der Versionierung und Versionsverwaltung, um Unterschiede rechnergestützt erkennen und darstellen zu können.

Aufgabenstellung

Die Aufgabenstellung dieser Arbeit besteht deshalb in der Konzipierung und Detaillierung eines disziplinübergreifend anwendbaren Beschreibungsmittels in der Informationstechnik auf der Basis eines semi-formalen Modells, um die Adaptionsfähigkeit und Integrationsmöglichkeiten in bestehende Systeme und Prozesse sicherzustellen. Da die heutigen Beschreibungs- und Modellierungsformen in ihrer interdisziplinären Aussagekraft beschränkt sowie in der Regel mit einem hohen Aufwand bei ihrer Erstellung verbunden sind, erhalten der praktikable Modellaufbau aus intuitiv verständlichen Strukturen, geeigneten Wirkzusammenhängen und die geschickte Darstellung der Ergebnisse in dieser Ausarbeitung einen besonderen Fokus. Oberstes Ziel ist eine integrierte, disziplinübergreifende Vernetzung von Detailmodellen, um auf einem angemessenen Abstraktionsniveau ein umfassendes Systemverständnis und eine Vorstellung über die gemeinsame Funktionserbringung erreichen zu können. Trotz der thematischen Ansiedlung in den frühen Entwicklungsphasen liegt der Schwerpunkt dieser Arbeit auf der praktischen Anwendbarkeit, sodass neben Konzepten für die Beschreibung des Entwurfs auch Anwendungsmethode und funktionale Softwareunterstützung zu berücksichtigen sind.

KAPITEL 3

Stand der Technik

Im Rahmen der Entwicklung mechatronischer Produkte finden unterschiedliche Beschreibungsmittel, Methoden bzw. Konzepte und unterstützende Softwarewerkzeuge oder verschiedene Kombinationen hieraus Verwendung. Gerade für die frühe disziplinübergreifende Phase des Systementwurfs und unter Berücksichtigung allgemeiner Verständlichkeit und Veränderung ist das Angebot an Ansätzen und Lösungen jedoch eingeschränkt. Eine praktikable, intuitiv verständliche Lösung hierzu existiert derzeit nicht.

Inhaltsverzeichnis

3.1	**Auswahl- und Bewertungskriterien**	31
	3.1.1 Disziplinäre und phasenbezogene Eignung	31
	3.1.2 Formale Basis und Modell	32
	3.1.3 Darstellung und Strukturierung	33
	3.1.4 Anwendbarkeit und Methoden	33
3.2	**Übertragbare disziplinspezifische Ansätze**	34
	3.2.1 Unified Modeling Language (UML)	34
	3.2.2 Systems Modeling Language (SysML)	35
	3.2.3 Entity Relationship Diagram (ER)	36
	3.2.4 Structured Analysis and Design Technique (SADT)	37
	3.2.5 Petri-Netze (PN)	37
	3.2.6 Matrix basiertes Komplexitätsmanagement	39
3.3	**Explizit disziplinübergreifende Ansätze**	41
	3.3.1 Zustandsautomaten und STATEMATE-Ansatz	41
	3.3.2 Domänenspezifische Modellierung mittels SysML	42
	3.3.3 Axiomatic Design	43
	3.3.4 Funktionsorientierte Spezifikation nach Huang	45
	3.3.5 Funktionsorientierte Spezifikation nach Buur	46
	3.3.6 METUS	48

	3.3.7	Methode zur Modellierung prinzipieller Lösungen mechatronischer Systeme	49
	3.3.8	MECHASOFT und Mechasoft Modeller (MeSoMod)	49
	3.3.9	Spezifikation der Prinziplösung selbstoptimierender Systeme	52
	3.3.10	Computational Design Synthesis based on Function–Behavior–Structure	53
	3.3.11	Modell zur anforderungsgerechten Produktgestaltung (DeCoDe)	55
	3.3.12	Funktionsorientiertes Entwerfen (FOD)	57
	3.3.13	Entwurf mechatronischer Systeme auf Basis von Funktionshierarchien und Systemstrukturen	58
	3.3.14	Variability Modeling	60
3.4	**Fazit und Handlungsbedarf**		62

Aufbauend auf der Analyse der Erfordernisse und heutigen Schwierigkeiten in der frühen Phase der mechatronischen Produktentwicklung (siehe Kapitel 2), werden im vorliegenden Kapitel zunächst Bewertungskriterien für den Stand der Technik und Wissenschaft erörtert. Dem schließt sich die Diskussion disziplinspezifischer, aber potentiell übertragbarer Ansätze, und insbesondere disziplinübergreifender Herangehensweisen an. Ebenfalls Gegenstand der Betrachtung ist der Aspekt des Umgangs mit Veränderungen und die Optionen zur Implementierung eines anwendbaren Veränderungsmanagements. Den Abschluss bilden Fazit und Bedarfsanalyse für das in Kapitel 4 folgende Konzept.

3.1 Auswahl- und Bewertungskriterien

Zur Gewährleistung der Vergleichbarkeit bei der Beurteilung und Einordnung verfügbarer Beschreibungsmittel bietet sich das Zurückgreifen auf etablierte Standards an. Die Basis der hier vorgestellten Kriterien bildet dementsprechend die Richtlinie VDI/VDE 3681 [VDI05], deren Kern die Vorstellung eines Bewertungsschemas darstellt. Die geeignete Auswahl der Kriterien und die Interpretation des Ergebnisses sind hingegen nicht vorgegeben.

Aufgrund der Tatsache, dass die beschriebene Richtlinie einzig auf den Bereich der Automatisierungstechnik abzielt, ist es für die vorliegende, weniger stark eingeschränkte Arbeit zielführend, lediglich eine Untermenge der dargestellten Kriterien auszuwählen und um weitere anforderungsgerechte Aspekte (siehe 2.4) zu ergänzen.

Der Umstand, dass VDI/VDE 3681 methodische Aspekte und des Weiteren Kombinationen aus Beschreibungsmitteln sowie abstraktere Modelle und Konstrukte zu Gunsten industriell etablierter Modelle und Notationen ausklammert, unterstützt die Ergänzung um weitere Kriterien zusätzlich.

3.1.1 Disziplinäre und phasenbezogene Eignung

Wie bereits in Kapitel 2.1 erläutert, erfolgt der Entwurf eines mechatronischen Produkts in mehreren Phasen. Je nach gewähltem Vorgehensmodell bei der Entwicklung werden die einzelnen Phasen unterschiedlich abgegrenzt und benannt. Aus diesem Grund werden zur Bewertung der Eignung für diese unterschiedlichen Phasen lediglich abstrahierte Entwicklungsschritte herangezogen.

Eignung für die Entwurfsphasen

Am Beginn einer Entwicklung steht zumeist eine *Ideenfindungsphase*, an die sich die genaue *Analyse der resultierenden Anforderungen* für das System bzw. Produkt anschließt. Beschreibungsmittel dienen dabei als Kommunikationsgrundlage, um Zusammenhänge, Abhängigkeiten und evtl. Widersprüche darzustellen. Als Abschluss der Anforderungsanalyse dient häufig ein Lastenheft. Diesem wird im Rahmen eines Pflichtenheftes ein Lösungsansatz gegenübergestellt. Zu diesem Zweck erfolgt eine zunehmende Detaillierung hin zu einer *Systemstruktur und Spezifikation* zur Erfüllung der unterschiedlichen Anforderungen.

Analyse der Abhängigkeiten und Veränderung

In Abhängigkeit von dem gewählten Entwicklungsprozess und Adaptionsbedarf werden die Entwicklungsphasen unter Umständen mehrfach iterativ durchlaufen. Zur Unterstützung der Kommunikation über notwendige Änderungen ist eine Möglichkeit der *Analyse von Abhängigkeiten und Auswirkungen* hilfreich. Im Umgang mit regelmäßigen Veränderungen stellen ein *explizit vorgesehenes Änderungsmanagement* und die *Möglichkeit zur Versionierung* entscheidende Kriterien zur Eignungsbewertung dar.

Anwendbarkeit in den Fachdisziplinen und Gewerken

Gerade im Rahmen der vorliegenden Arbeit, mit dem Fokus auf dem Systementwurf, stellt die Anwendbarkeit eines Beschreibungsmittels oder einer Methode für unterschiedliche Fachdisziplinen sowie Gewerke das entscheidende Kriterium dar. Im Umfeld der Mechatronik sind dies i. d. R. *Maschinenbau bzw. Mechanikkonstruktion, Elektronik bzw. Elektrotechnik* und *Informationstechnik bzw. Softwareentwicklung*. Gegenstand der Betrachtung kann jedoch nur eine prinzipielle Eignungsbewertung im Hinblick auf die gleichzeitige, abstrakte (und für alle Beteiligten akzeptable) Beschreibung entsprechender Strukturen mit jeweiligem disziplinären Hintergrund sein. Darüber hinaus ist von Interesse, inwieweit der jeweils betrachtete Ansatz ebenfalls im nicht–technisch vorgeprägten Umfeld verständlich sein kann.

3.1.2 Formale Basis und Modell

Die Grundlage eines Beschreibungsmittels stellt definitionsgemäß ein Modell dar. Mit diesem Modell können abstraktere Grundlagen zur Beschreibung des Modells verbunden sein (Metamodelle) [WS08], [HR00].

Formale Basis des Ansatzes

Zur Definition eines Modells ist eine geeignete Basis notwendig, die *formal* (Syntax und Semantik sind vollständig beschrieben und eindeutig), *semi-formal* (Syntax und Semantik sind eindeutig beschreibbar, aber keine mathematische Basis) und *informell* (weder Syntax noch Semantik eindeutig) ausfallen kann [WS08], [HR00].

Zugrunde gelegtes Modell

Gegenstand der Anforderungen aus Abschnitt 2.4 ist eine leichte und intuitive *Verständlichkeit für Anwender* des Beschreibungsmittels. Darüber hinaus ist für die Analyse und Darstellung der Daten eine *Interpretierbarkeit durch den Rechner* zwingend erforderlich. Zu diesem Zweck ist es zielführend, auf eine gute *Unterstützung durch Algorithmen und Theorien* Wert zu legen. Zur Einbettung des Ergebnisses eines Systementwurfs in die weiteren Entwicklungsphasen ist die *Möglichkeit zur Integration bzw. Anbindung an bestehende Softwaresysteme* ein wichtiges Kriterium. Diese Weiterverwendung wird durch eine möglichst formale Basis (siehe oben) und durch eine *adaptierbare Beschreibung der Modellgrundlagen*

3.1 Auswahl- und Bewertungskriterien

(Metamodell) unterstützt. Da Systemelemente in unterschiedlichen Beziehungen zueinander stehen können, ist es zielführend, die Ansätze auf eine *Möglichkeit zur Charakterisierung mit Attributen* und zur *Darstellung unterschiedlicher Relationsarten* zu prüfen.

3.1.3 Darstellung und Strukturierung

Das Konzept der Darstellung eines Modells ist ein wesentliches Kriterium für die Verständlichkeit und Anschaulichkeit. Die Darstellung sollte unabhängig vom Modell sein, sodass eine bedarfsgerechte Anpassung möglich wird.

Darstellung des Modells

Für die Darstellung eines Modells existieren mehrere Möglichkeiten [VDI05]: rein *textuell*, *mathematisch–symbolisch* sowie *graphisch*. Diese sind sowohl einzeln als auch in Kombination zur Repräsentation einsetzbar. Auf der Basis der Anforderungen aus 2.4 ist textueller und graphischer Darstellung der Vorzug zu geben. Zur Wahrung einer anschaulichen graphischen Darstellung sind *Sichtenbildung/Informationskapselung* sowie *Hervorhebungen (Farbe, Strichstärke, etc.)* von hoher Bedeutung für die Bewertung. Als Eignungskriterium gilt zusätzlich die *differenzierte Darstellung von Modellelementen und ihren Beziehungen*. Die Darstellung ist intuitiv verständlich und möglichst disziplinneutral zu halten. Um einen einfachen, praktikablen Einsatz während der Kommunikation zu gewährleisten, ist eine geringe Anzahl an Symbolen und Diagrammen sinnvoll.

Strukturierung des Modells

Als wesentliche Kriterien zur Eignungsfeststellung eines Beschreibungsmittels sind weiterhin die *Hierarchisierung (Abbildung über-/untergeordneter Strukturen)*, *Komposition/Dekomposition (Gliederung in Teilmodelle)* sowie *Strukturvariation (Veränderung der Komposition wird unterstützt)* anzusetzen, da sie sowohl die Anschaulichkeit und Komplexität der Darstellung beeinflussen, als auch eine Grundlage für den Umgang mit Veränderungen darstellen.

3.1.4 Anwendbarkeit und Methoden

Weitere interessante Aspekte zur Bewertung von Beschreibungsmitteln und Methoden zu ihrer Anwendung sind stark qualitativ und wenig objektiv darstellbar und aufgrund dessen an dieser Stelle nur der Vollständigkeit halber erwähnt. Hierunter fällt unter anderem die Handhabbarkeit eines Beschreibungsmittels, die jedoch zugleich stark von Softwarewerkzeugen beeinflusst wird. Diese wiederum weisen je nach Ursprung (Forschungsumfeld, Prototypen, industrielle Standardapplikation) unterschiedliche Ziele und Qualitäten auf. Weiterhin ist die Anwendungsmethodik eines Beschreibungsmittels stark an die Ausrichtung und die Möglichkeiten des jeweiligen Beschreibungsmittels gekoppelt, sodass hierfür kein globales Kriterium zu benennen ist. Die Diskussion erfolgt deshalb im Rahmen der Einzeldarstellungen in den folgenden Abschnitten 3.2 und 3.3.

3.2 Übertragbare disziplinspezifische Ansätze

Dieser Abschnitt gibt einen Überblick über Ansätze (Beschreibungsmittel, Methoden und Werkzeuge), die einem bestimmten disziplinspezifischen Hintergrund entstammen, jedoch so konzipiert sind, dass eine Übertragung in den Kontext der Aufgabenstellung dieser Arbeit möglich erscheint. Die grundlegende Auswahl stützt sich dabei auf Empfehlungen und Übersichtsdarstellungen der Literatur zu Beschreibungsmitteln und deren Anwendbarkeit für die Mechatronik bzw. Informationstechnik [FKM+00], [Fra06], [GF06], [VDI04], [VDI05], ergänzt um eigene Recherchen. Die Ansätze werden im Folgenden gegen die in Kapitel 2 erarbeiteten Anforderungen und die obenstehenden Kriterien 3.1 gewertet und die Eignung analysiert.

3.2.1 Unified Modeling Language (UML)

Die UML stellt eine graphische Modellierungssprache dar, deren Ursprünge in der Softwareentwicklung liegen. Das Hauptaugenmerk liegt auf der Analyse, Beschreibung und Dokumentation objektorientierter Softwaresysteme [BME+07], [BD09], [BKH05]. Heute wird die UML (Version 2.x) verstärkt in verallgemeinerter Form eingesetzt, um andere Problemdomänen, wie den Hardwareentwurf, ebenfalls beschreiben zu können. Die UML spezifiziert eine Reihe an Diagrammen (UML 2.0: 11) zur Modellierung statischer und dynamischer Aspekte eines Systems [PP05], [OMG09b], [OMG09a]. Hierzu zählen u. a. die Struktur, Architektur und Interaktion mit anderen Systemen sowie der Umwelt.

Prinzipiell besteht die Möglichkeit, einzelne Diagramme zur Darstellung unterschiedlicher Sichten auf ein Produkt bzw. System [BGH+98] zu verwenden: Anforderungen sind durch Anwendungsfall- und Sequenzdiagramm, logische sowie physikalische Strukturen durch Paket-, Klassen-, Objekt-, Interaktions- und Verteilungsdiagramme abbildbar. Somit ist eine Übertragung der UML für Systems-Engineering-Aufgaben umsetzbar [Wei06]. Die Erweiterung des Zustandsdiagramms, im Wesentlichen um Zeitangaben, ist als mechatronicUML [BTG04] spezifiziert, stellt jedoch lediglich eine Spezialisierung der UML und somit ein weiteres Beschreibungsmittel dar.

Einordnung und Bewertung: Mittels UML können Softwaresysteme prinzipiell über alle Phasen ihres Lebenszyklus beschrieben werden. Die semi-formalen Diagrammarten fokussieren jeweils unterschiedliche Sichtweisen auf ein Entwicklungsproblem, gemäß Spezifikation der UML jedoch ursächlich Softwareentwicklungsprobleme. Für eine eindeutige Beschreibung eines Sachverhalts sind deshalb i. d. R. mehrere Diagramme einzusetzen. Die Modellierung von Funktionen auf der Basis der Anforderungserhebung ist nicht möglich. Die Analyse und Auswertung von Abhängigkeiten sowie Auswirkungen von Änderungen ist nicht explizit vorgesehen und wird durch den vielfältigen sowie mehrdeutigen graphischen Symbolsatz erschwert. Aufgrund des hohen Modellierungsaufwands ist die Akzeptanz der UML selbst in der Informationstechnik und Softwareentwicklung umstritten und in den weiteren Disziplinen entsprechend gering. Den Diagrammen liegen jeweils unterschiedliche

Modell zugrunde, die aus einem gemeinsamen Metamodell abgeleitet werden. Somit ist die Rechnerinterpretation und eine Integration in existierende Entwicklungsprozesse vorstellbar.

Während Strukturierung, Komposition und Strukturvariation grundsätzlich vorgesehen sind, wird die intuitive Übersicht durch das explizite Ausschließen von Hervorhebung (Farbe, Strichstärken etc.) erschwert.

3.2.2 Systems Modeling Language (SysML)

Die Sprache SysML basiert konzeptionell auf der UML und zielt auf eine objektorientierte Beschreibung für die Phase des Systems-Engineering [WS09a], [OMG08], [Wei06]. Grundsätzlich stellt die SysML eine Erweiterung der UML für die Modellierung, Analyse sowie Verifikation von Systemen dar und bietet aus diesem Grund neben den weitestgehend aus der UML übernommenen Diagrammen zur Beschreibung von Struktur und Verhalten auch Notationen für Parameter und v. a. Anforderungen.

Durch Blockdefinitionsdiagramme besteht die Möglichkeit die Struktur eines technischen Systems hierarchisch zu beschreiben und in internen Blockdiagrammen für jeden einzelnen Block noch zu detaillieren [OMG08], [WS09a]. Mit als *Port* bezeichneten Andockstellen können Blöcke mit Anforderungen vernetzt werden. Die Verbindungen werden *Konnektoren* genannt. Anforderungen und Randbedingungen sind mit spezifischen Diagrammarten detailliert modellierbar und mit *Ports* untereinander und in anderen Diagrammen zu verbinden.

Einordnung und Bewertung: Da die SysML etwa 30 % des Sprachumfangs der UML weiterverwendet und diesen in Teilen erweitert, sind die Bewertungen der UML weitestgehend übertragbar. Grundsätzlich zielt die SysML auf eine Erweiterung der Beschreibungsmöglichkeiten der UML für Softwaresysteme auf der Grundlage einer vielfältigen Anforderungsbeschreibung. Die Komplexität der Anwendung des Beschreibungsmittels wird dadurch im Vergleich zu UML nicht reduziert, sondern nimmt durch zusätzliche Diagrammtypen und Beziehungen zwischen den Diagrammen noch zu, obgleich die absolute Anzahl der Diagrammarten auf neun reduziert wurde. Da in den avisierten frühen Phasen der Entwicklung i. d. R. viele Informationen, die zur Modellierung mit der SysML benötigt würden, noch nicht vorliegen, ist die SysML für eine intuitive und abstrakte Systembeschreibung nicht zielführend einsetzbar. Durch die Ursprünge im Software-Engineering bleibt die disziplinübergreifende Akzeptanz trotz des Ziels der Systembeschreibung zweifelhaft. Die Auslegung des Modells mit einem adaptierbaren Metamodell und der graphischen Notation ist grundsätzlich geeignet die Anforderungen dieser Arbeit hinsichtlich einer reinen graphischen Beschreibung zu erfüllen. Die zwingenden Forderungen nach einem Konzept zum Umgang mit Veränderung, nach Reduktion der visuellen Komplexität und modellierter Information und disziplinübergreifender intuitiver Anwendung, kann durch die SysML jedoch nicht erfüllt werden.

3.2.3 Entity Relationship Diagram (ER)

Die ER-Modellierung mit graphischer Notation basiert auf Veröffentlichungen aus dem Jahr 1976 und stellt bis heute die akzeptierte Form der Beschreibung von Datenbanken dar [KE06]. Im Lauf der Zeit flossen Erweiterungen aus der Objektorientierung, wie Generalisierung und Aggregation, in die Entwicklung der ER-Diagramme ein. ER-Diagramme adressieren den Aspekt der Sichtenbildung (Integration und Konsolidierung) für die Analyse einer Datenmodellierungsaufgabe [KE06]. Die bereits diskutierte UML basiert auf der Weiterentwicklung der Konzepte der ER-Modellierung [KE06].

Als grundsätzliche Konstrukte dienen Entitäten (Gegenstände), reale oder gedankliche Konzepte der betrachteten Domäne und Beziehungen zwischen Entitäten (Relationen). Ähnliche Entitäten werden als Entitätentyp zusammengefasst und durch Rechtecke symbolhaft dargestellt. Analog werden Beziehungstypen als beschriftete Rauten abgebildet und mittels ungerichteter Linien mit den Rechtecksymbolen verbunden. Charakterisierende Attribute der Entitäten sind als Ellipsen visualisiert. Die Abbildung 3.1 veranschaulicht dieses Konzept am Beispiel des konzeptionellen Schemas einer Universität.

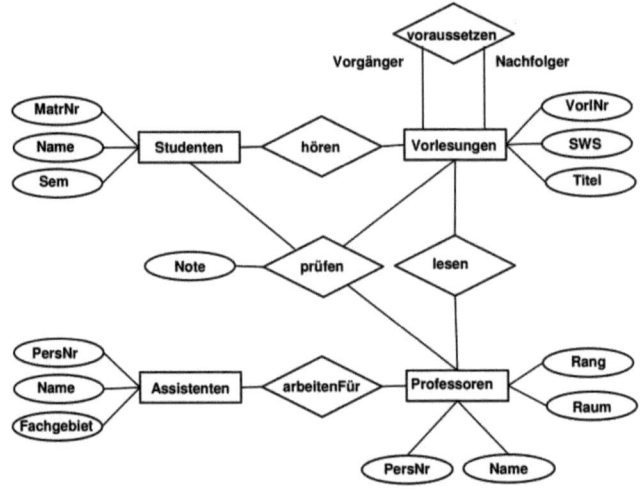

Abb. 3.1: ER-Diagramm einer Universität nach [KE06]

Einordnung und Bewertung: Das ER-Diagramm stellt ein akzeptiertes Spezifikationshilfsmittel für Datenbanken dar. Die Phasen der Ideenfindung und Anforderungsanalyse werden nicht fokussiert. Der Aspekt der Analyse von Abhängigkeiten und Auswirkungen von Änderungen ist aufgrund einer geringen visuellen Komplexität der Darstellung vorstellbar, wird jedoch nicht explizit adressiert. Eine Identifikation der Disziplinen Maschinenbau und Elektrotechnik mit dem Beschreibungsmittel ist aufgrund des ursächlichen Ziels Datenbankbeschreibung, also Softwaretechnologie, fraglich. Die Rechnerinterpretierbarkeit des Modells ist nicht ohne Weiteres gegeben und erfordert die Implementierung des Modells in Form eines Datenbanksystems. Eine Integration in existierende Entwicklungsprozesse mit dem Ziel der interdisziplinären Systembeschreibung ist nur sehr eingeschränkt möglich.

3.2.4 Structured Analysis and Design Technique (SADT)

Die SADT stellt ein graphisches Beschreibungsmittal dar, das zur Beschreibung und zum Verstehen von komplexen Systemen spezifiziert wurde [MM87], [Ros77]. Die Symbolik der SADT-Diagramme reduziert sich auf Rechteckblöcke, die sowohl zur Abbildung von Entitäten als auch Aktivitäten eingesetzt werden, sowie gerichtete Pfeile, die diese Blöcke untereinander vernetzen. Als Ziel der Modellierung verfolgt die SADT die Darstellung von einfachen Funktionen und Prozessabläufen [MM87], [Ros77]. Der ursprüngliche Einsatzbereich liegt v. a. in der funktionalen Anforderungserhebung für die Softwareentwicklung und die anhängenden Prozesse. Besonderer Wert wird im Rahmen der SADT-Modellierung auf die Strukturierung der Analyse gelegt. Insofern bringt dieser Ansatz methodische Aspekte mit sich, da in der Form einer Analyse von grob zu fein[1] das zu untersuchende System sukzessive dekomponiert wird. In der Abbildung 3.2 ist diese kontinuierliche Detaillierung veranschaulicht, ebenso wie ein Detailmodell auf unterster Hierarchieebene.

Einordnung und Bewertung: Die SADT stellt einen bekannten Ansatz zur strukturierten Analyse der Anforderungen bzw. Funktionen eines Produkts dar. Auf dem angezeigten Abstraktionsniveau ist die Interdisziplinarität vollkommen gewährleistet. Eine Beschreibung technischer Strukturen eines Systems und die Zusammenhänge hinsichtlich der Funktionserfüllung sind in SADT nicht vorgesehen. Analog wird ein Veränderungsmanagement nicht gesondert berücksichtigt. Die Notation ist grundsätzlich einfach gehalten, bietet jedoch umfassende Dekompositions- und Kompositionsmöglichkeiten, sowohl innerhalb einer Hierarchieebene als auch Ebenen-übergreifend, und führt somit rasch zu einer hohen visuellen und auch logischen Komplexität. Ein rechnerverarbeitbares Modell ist nicht ohne Weiteres gegeben.

3.2.5 Petri-Netze (PN)

Petri-Netze sind wenig spezifisch und für vielfältige Problemstellungen als Beschreibungsmittel einsetzbar. PN finden häufig zur Beschreibung von nebenläufigen Prozessen Verwendung [GV03]. Aufgrund der langen Bekanntheit – die Ursprünge liegen bereits im Jahr 1962 – von Petri-Netzen existieren zahlreiche Werkzeuge (eingeschränkt nutzbar), Methoden, Theorien und Algorithmen zur Analyse und Auswertung [GV03].

Allgemein dienen Petri-Netze zur Beschreibung von Aktionen, die von einer begrenzten

---

[1] Top-Down-Vorgehen

3 Stand der Technik

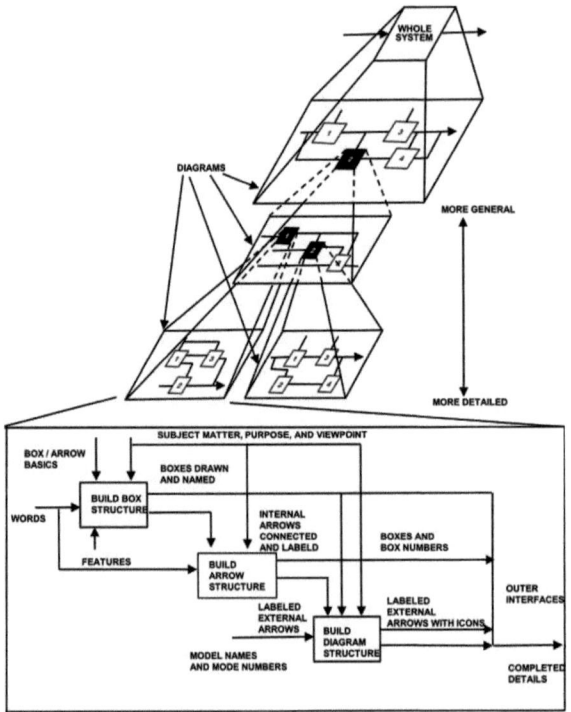

Abb. 3.2: Diagrammhierarchie nach SADT–Ansatz [Ros77]

Menge an Bedingungen und Einschränkungen abhängig sind. Das Modellieren der Aktionen basiert auf Änderungen an diesen Umgebungsbedingungen. Zu diesem Zweck werden passive Entitäten der Gegenstandsebene auf *Zustände* (P–Elemente) und aktive Entitäten auf *Übergänge* (T–Elemente) abgebildet [GV03]. Die graphische Darstellung der P–Elemente setzt dabei auf Kreise oder Ellipsen (ein Startzustand erhält zusätzlich mittig einen ausgefüllten schwarzen Punkt), während die Abbildung der T–Elemente auf rechteckigen Symbolen fußt. Zustände und Übergänge werden durch gerichtete Pfeile verbunden. Zusätzlich besteht die Möglichkeit eine Informationsweitergabe durch sogenannte Token abzubilden, die als ausgefüllte Punkte zwischen den Elementen weitergegeben werden. Dazu ist es leicht nachvollziehbar erforderlich, mehrere diskrete Modellaufnahmen anzulegen. Die Darstellung der Informations– oder Datenweitergabe, i. d. R. unter zeitlichen Randbedingungen für die Übergänge, wird auch als High–Level Petri–Netz bezeichnet [EJN97]. Darüber hinaus definieren Petri–Netze eine mathematisch–symbolische, textuelle Notation [GV03]. Es besteht die Möglichkeit einer hierarchischen Strukturierung mittels Komposition bzw. Dekomposition der Modellelemente. Die Abbildung 3.3 zeigt die Notation eines Beispielnetzes und die

Möglichkeit der Strukturierung.

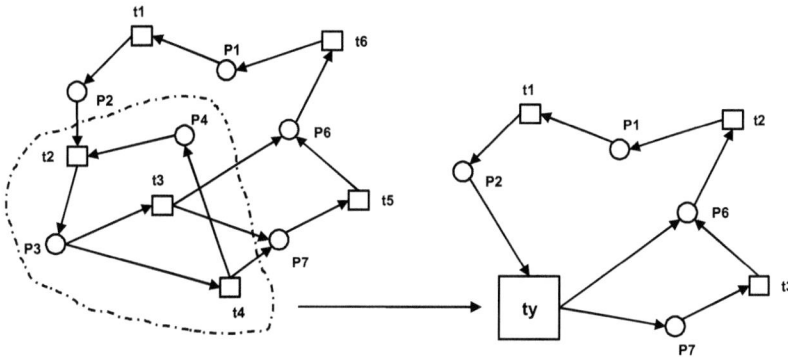

Abb. 3.3: Beispielnetz und Komposition nach [GV03]

Im Rahmen einer Modellierung von Systemen in der Entwurfsphase bieten sich neben einer zustandsbasierten auch noch eine ereignisorientierte sowie eine objektorientierte Methode [Bas95] an. Die grundsätzliche Modellierungstechnik ist identisch. Zur Standardisierung eines gemeinsamen Austauschformats und zur Einbettung in Entwicklungsprozesse bzw. Werkzeuge existiert die *Petri Net Markup Language (PNML)* [BCVH+03]. Die Spezifikation dieses Formats basiert auf den Möglichkeiten und Modellen der UML.

Einordnung und Bewertung: Petri-Netze sind vielfältig einsetzbare und ausdrucksstarke, formale Beschreibungsmittel, die besonders geeignet sind, sequentielle oder nebenläufige Prozesse abzubilden, wobei auf Zustandsänderungen sowie Ereignisse reagiert wird. Insofern erscheint eine Verwendung erst ab einem Zeitpunkt des Systementwurfs sinnvoll, zu dem Zeit- oder Taktaspekte, Sequenzen oder auszutauschende Informationen bekannt sind. Die Beschreibung von Funktions- und interdisziplinären Komponentenstrukturen eines Systems ist dementsprechend nicht intuitiv darstellbar. Petri-Netze erscheinen hingegen geeignet Prozesse, Abläufe und dynamische Systeme bzw. das Verhalten des Systems zu modellieren. Aufgrund der formalen Basis ist die Rechnerverarbeitung und eine Analyse der Auswirkungen von Veränderung umsetzbar, setzt jedoch eine durch Zustände und Übergänge charakterisierte Problemstellung voraus. Die Notation zeichnet sich durch geringe visuelle Komplexität und die Möglichkeit der Strukturierung aus.

3.2.6 Matrix-basiertes Komplexitätsmanagement

Lindemann et al. [LMB09] präsentieren die Methode des *Structural Complexity Management* als Ansatz für die Entwicklung komplexer Produkte. Das Ziel besteht in der Analyse und Optimierung komplexer Strukturen in Produkten, Prozessen oder Organisationen [Mar07]. Marti [Mar07] skizziert hierbei die beiden Dimensionen der Komplexität: *externe Komplexität* (Kundenanforderungen, Wettbewerbskräfte, technologische Veränderungen, etc.) und *interne Komplexität* (Produktkomplexität, Organisationskomplexität, Produktionskomplexität etc.). Als Grundlage der Beschreibung dienen zweidimensionale, quadratische Matrizen, bezeichnet als *Design Structure Matrix* (DSM), *Dependency Structure Matrix* (DSM) oder *Problem Solving Matrix* (PSM) [LMB09]. Die zu modellierenden Entitäten werden sowohl in den Zeilen als auch in den Spalten als Überschriften eingetragen. Sukzessive werden in der Folge durch Symbole, Werte oder im Vorfeld zu definierende Codierungen diese Entitäten in den Schnittpunkten bzw. Zellen der Matrix verknüpft. Die Hauptdiagonale wird nicht ausgefüllt. Eine DSM repräsentiert jeweils eine Sichtweise, in der gewählten Darstellung also einen Beziehungstyp, auf das System. Falls unterschiedliche Sichten erforderlich sind, besteht die Notwendigkeit, weitere Matrizen anzulegen. Falls ein Beziehungstyp zwischen unterschiedlichen Disziplinen existiert, so wird eine Verbindung je paarweise mittels einer *Domain Mapping Matrix* (DMM) [DB07] realisiert. Liegen unterschiedliche Beziehungsarten zwischen verschiedenen Disziplinen vor, so werden DSM und DMM im Rahmen einer *Multi Domain Matrix* (MDM) [LMB09] verbunden. Das beschriebene Schema der Modellierung ist in Abbildung 3.4 für die beiden fiktiven Sichten A und B veranschaulicht.

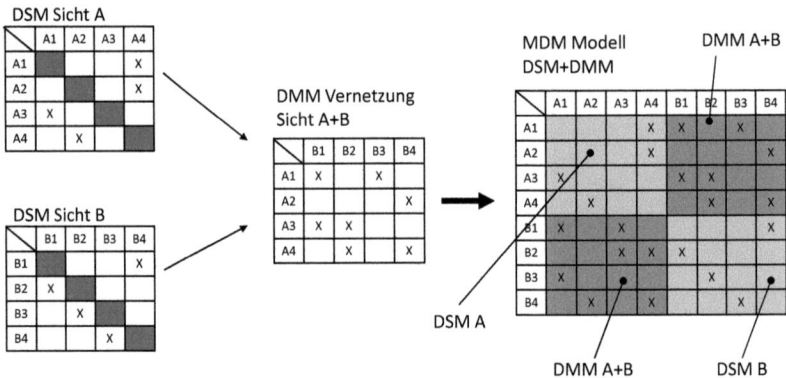

Abb. 3.4: Beispiel der DSM-, DMM- und MDM-Beschreibung

Die textuelle Notation der Matrix ist in eine graphische Darstellung aus geometrischen Objekten und Verbindungen überführbar (siehe hierzu 4.2.1). Für die Matrix-basierte Beschreibung eines Systems existieren zahlreiche Spezialisierungen für unterschiedliche Anwendungsgebiete, Werkzeuge zur Rechnerunterstützung sowie wissenschaftliche Methoden und Techniken zur Auswertung der Matrizen. Die Optimierung der komplexen Strukturen fußt i. d. R. auf der Nutzung der mathematischen Zusammenhänge für Matrizenrechnung.

Einordnung und Bewertung: Analysemodelle von Produkten bzw. Systemen, basierend auf einer Matrixdarstellung, finden sich häufig im Fachgebiet der Produktentwicklung und somit ursächlich in allen beteiligten Disziplinen eines mechatronischen Systementwurfs. Fokussierter Modellbestandteil ist jedoch i. d. R. die jeweilige Disziplin; eine disziplinübergreifende Vernetzung ist aufgrund der beschränkten Abbildungsmöglichkeiten einer zweidimensionalen Matrix nur durch eine Strukturierung bzw. Verbindung mehrerer Matrizen darstellbar.

Dies führt rasch zu einer hohen visuellen Komplexität, die eine intuitive Nutzung bei realen Aufgabenstellungen erschwert. Quantitative und qualitative Einflüsse und Abhängigkeiten zwischen Modellbestandteilen sind in der Matrix abbildbar und dementsprechend ist eine Analyse der Auswirkungen von Veränderungen umsetzbar. Da zu diesem Zweck nur eine Zelle zur Verfügung steht, ist die Informationsmenge stark begrenzt. Die Abbildung mehrerer charakterisierender Eigenschaften oder Attribute einer Beziehung ist so nicht darstellbar und erfordert z. B. die Einführung von Vektoren. Ein Management von Versionen ist nicht explizit vorgesehen. Bedingt durch die Verwendung mehrerer Matrizen (DSM) zur Erlangung angepasster Sichten auf ein Produkt und die zusätzliche Verbindung dieser Sichten (DMM, MDM) ist eine intuitiv verständliche Darstellung nicht gegeben. Die Komplexität dieser Beschreibung wird noch erhöht, wenn Änderungen an einzelnen Elementen vorgenommen werden. Diese müssen in der Folge in allen Sichten und Verbindungen berücksichtigt werden. Grundsätzlich ist die Symbolik der Notation einfach gehalten und basiert auf formalen Datenmodellen.

3.3 Explizit disziplinübergreifende Ansätze

Der nachfolgende Abschnitt gibt einen Überblick über Ansätze der Wissenschaft und Technik (Beschreibungsmittel, Methoden und Werkzeuge), die explizit an der Schnittstelle mehrerer Fachdisziplinen und Gewerke anzusiedeln sind. Die grundlegende Auswahl stützt sich dabei erneut auf Empfehlungen und Übersichtsdarstellungen der Literatur zu Beschreibungsmitteln und deren Anwendbarkeit für die Mechatronik bzw. Informationstechnik [FKM$^+$00], [Fra06], [GF06], [VDI04], [VDI05], ergänzt um eigene Recherchen. Die Ansätze werden im Folgenden gegen die in Kapitel 2 erarbeiteten Anforderungen und die obenstehenden Kriterien 3.1 gewertet und die Eignung analysiert.

3.3.1 Zustandsautomaten und STATEMATE-Ansatz

Harel und Politi [HP98] präsentieren einen Ansatz zur Beschreibung reaktiver Systeme[1]. Hierunter fallen die Mehrzahl der eingebetteten und Echtzeitsysteme, komplexe Steuerungen und Kommunikationsanlagen, interaktive Softwaresysteme sowie der Entwurf integrierter Schaltungen.

Die Beschreibung umfasst die Sichten *Funktion* (Funktionsstruktur und Informationsflüsse), *Struktur* (physikalische Struktur und Informationsflüsse) und *Verhalten* (Regelung und Zeitverhalten). Die Vernetzung der Sichten ist in Abbildung 3.5 ersichtlich.

Die Verhaltensbeschreibung zielt auf Zustände und Zustandsübergänge sowie die auslösenden Ereignisse. Die Sicht *Verhalten* bestimmt in der Folge, wann und welche Aktivitäten der

---

[1] aus dem Englischen: modeling reactive systems with statecharts: the STATEMATE approach

3 Stand der Technik

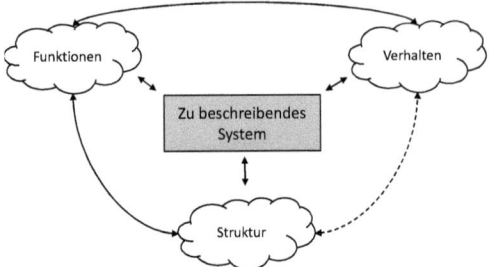

Abb. 3.5: Sichtenvernetzung nach [HP98]

Sicht *Funktion* aktiv sind. Die Elemente der Sicht *Struktur* führen die Aktivitäten der Sicht *Funktion* aus. Zur Darstellung der Sichten setzen Harel und Politi [HP98] auf Diagramme der UML: erweiterte Zustandsautomaten, Aktivitäts- und Strukturdiagramme.

Harel und Politi [HP98] fokussieren mit ihrem Ansatz die frühen Phasen der Systementwicklung unter Berücksichtigung sowohl leicht verständlicher Darstellung als auch rechnerinterpretierbarer Modelle als Basis für Analysen. Den Kern das Beschreibungsmittels bilden Zustandsübergangsdiagramme, die Zustände eines Systems, Zustandsübergänge und deren Auslöser spezifizieren. Die Notation erfolgt graphisch durch abgerundete Rechtecke für Zustände und gerichtete Pfeile für den Zustandsübergang von Ausgangs- zu Endzustand. Zustandsübergänge werden durch die Angabe des Auslösers und der auszuführenden Aktivitäten näher charakterisiert. Das Beschreibungsmittel ist als kommerzielles Softwareprodukt STATEMATE umgesetzt.

Einordnung und Bewertung: Harel und Politi [HP98] stellen eine System- oder Produktbeschreibung durch vernetzte Sichten (Funktion, Struktur, Verhalten) dar. Jede Sicht wird durch eine spezifische Notation auf der Basis der UML beschrieben. Neben den konzeptionellen Grundlagen des Systems (Funktion und Verhalten) werden physikalische, umsetzende Strukturen notiert. Entscheidend sind hierbei die Informationsflüsse zwischen den Sichten und dem System sowie dem System und dem Umfeld. Der Ansatz ist für die Entwurfsphase mit Einschränkungen geeignet (zentrales Element Verhalten setzt bereits vertiefende Kenntnisse voraus), bietet jedoch keine Lösung für die Analyse und Darstellung von Veränderung, Versionierung und Auswirkungen bei Änderungen. Eine Anwendbarkeit und Akzeptanz in allen Disziplinen der Mechatronik ist aufgrund der Verwendung der UML zweifelhaft. Die eingesetzten Diagramme sind auf der semi-formalen Basis rechnerverarbeitbar; unterschiedliche Element- und Relationsarten werden nicht beschrieben.

3.3.2 Domänenspezifische Modellierung mittels SysML

Wannagat und Schütz [WS09a] beschreiben einen auf der SysML basierenden Ansatz zur modularen Systemspezifikation. Das Konzept stützt sich auf die Verwendung unterschiedlicher Sichten, die jeweils mit verschiedenen Diagrammarten der SysML dargestellt werden. Insofern wird eine Verbindung aus Struktur-, Verhaltens- und Anforderungsmodellierung realisiert.

Wannagat und Schütz [WS09a] berücksichtigen drei spezialisierte Sichten zur Erstellung eines Gesamtmodells für die Entwurfsphase, um die Anforderungen des Maschinenbaus (System), der Verfahrenstechnik (Prozess) und der Automatisierungstechnik abzubilden. In der Verwendung getrennter Sichten sehen Wannagat und Schütz [WS09a] eine Komplexitätsreduktion und eine erhöhte Wiederverwendbarkeit. Die Sicht *technisches System* beinhaltet Informationen über die Anordnung und Verbindung mechanischer Komponenten und darüber hinaus modellierte Energie- und Massenflüsse. Notiert wird die Sicht als internes Blockdiagramm der SysML. Einzelne Blöcke können durch Klassendiagramme aus der UML detaillierter beschrieben werden. Komponenten, die gleichzeitig in mehreren Sichten enthalten sind, werden gestrichelt als Referenz angedeutet. Neben der Erfassung der Struktur ist zusätzlich mit Hilfe von Zustands- oder Aktivitätsdiagrammen das Verhalten des Systems modelliert. In der weiteren Sicht *technischer Prozess* sind die Prozesse abzubilden, die innerhalb des technischen Systems ablaufen. Auch hierbei ist sowohl die Struktur als auch das Verhalten modelliert. Zur Synchronisierung dieser beiden Sichten erfolgt eine Darstellung der technischen Strukturen als Module, die durch Rahmenlinien in Geltungsbereiche abgegrenzt werden (sog. Swimlanes). Die einem Modul anhängenden Prozesse sind in die zugehörige Swimlane eingeordnet.

Dieses Konzept ist in der Abbildung 3.6 nachvollziehbar dargestellt. Die dritte Sicht, *Automatisierungssystem*, beschreibt anhand des Blockdiagramms der SysML die automatisierungstechnischen Komponenten des Gesamtsystems wie Steuerung oder Netzwerktechnik.

Einordnung und Bewertung: Der Ansatz von Wannagat und Schütz [WS09a] basiert hinsichtlich des verwendeten Beschreibungsmittels vollständig auf der SysML, sodass die dortige Bewertung an dieser Stelle übernommen werden kann. Konzeptionell zielt der Ansatz auf eine Spezifikation in der Automatisierungstechnik, genauer auf automatisierungstechnische Anlagen, und ist dementsprechend für das Ziel dieser Arbeit zu stark eingeschränkt. Ein Einsatz für die Beschreibung der Funktionsstrukturen und technischen Komponenten eines Produkts ist schwer vorstellbar. Der Aufwand der Modellierung ist im Hinblick auf ein Hilfsmittel zur Kommunikation zu hoch. Ein spezieller Umgang mit Auswirkungen von Änderungen und Versionierungsstrategien wird nicht präsentiert.

3.3.3 Axiomatic Design

Das Axiomatic Design stellt eine Theorie zur Entwicklung unterschiedlicher Systeme aus den Bereichen Maschinenbau, Softwaretechnik und Mechatronik dar. Die Systeme werden jeweils durch Architekturdiagramme, Verbindungsdiagramme und Flussdiagramme beschrieben. Im Rahmen der Systemarchitektur werden die unterschiedlichen Sichten *Kunde*, *Funktion*, *Physik* und *Prozess* untersucht [Suh98], [Suh01].

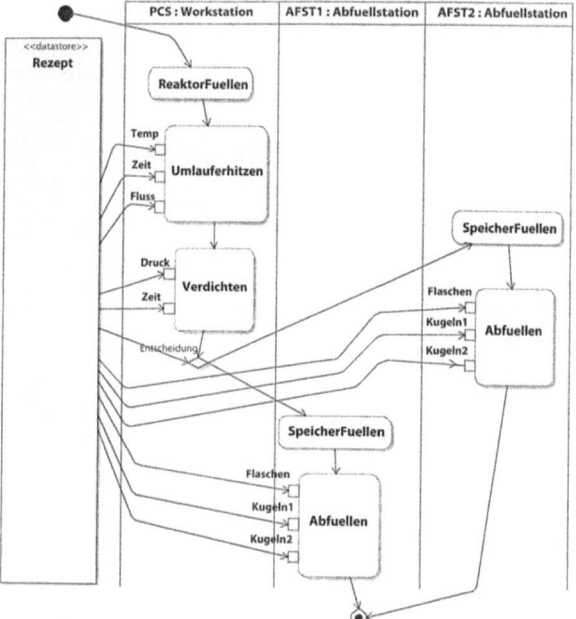

Abb. 3.6: Modellierung von Struktur und Verhalten nach Wannagat und Schütz [WS09a]

Die Sichten *Kunde* und *Funktion* beschreiben die Anforderungen an das Produkt und die daraus abgeleiteten Funktionen. In der Sicht *Physik* werden Designparameter abgebildet und in der Sicht *Prozess* der Fertigungsprozess modelliert. Die Notation orientiert sich hierbei an hierarchischen Baumstrukturen mit rechteckigen Entitäten und ungerichteten Verbindungen oder mathematischen Vektoren.

Die Sichten werden im Rahmen einer Axiomatic Design Modellierung als sukzessive, aufeinander aufbauende Konkretisierung verstanden und der Übergang durch Matrizen realisiert [Suh98], [Suh01]. Informationen bzw. Parameter der physikalischen Sicht sind als Module zu gruppieren. Das Zusammenwirken der Module wird als Verbindungsdiagramm modelliert und hierin wiederum als Baumstruktur notiert. Schließlich wird aus dem Verbindungsdiagramm der Module ein Flussdiagramm abgeleitet. Die Verbindungen sind an sogenannten Summations- und Kontrollpunkten (S bzw. C) unabhängig bzw. abhängig integrierbar. Die Abbildung 3.7 veranschaulicht die Spezifikation eines Systems in einer modularen Baumstruktur für die Verbindung und einer stärker konkretisierten Flussdarstellung. Die dunkle Hervorhebung in der Abbildung repräsentiert ein Hardwaremodul, wohingegen die unausgefüllten Module als Softwaremodule verstanden werden.

Einordnung und Bewertung: Der Ansatz des Axiomatic Designs setzt sich eine durchgängi-

3.3 Explizit disziplinübergreifende Ansätze

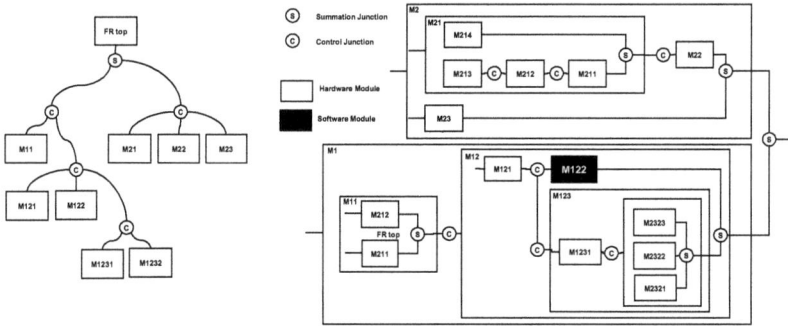

Abb. 3.7: Modell der Systemmodule und deren Beziehung [Suh98]

ge Systembeschreibung von den Anforderungen bis zum Fertigungskonzept zum Ziel. Die an SADT angelehnten Baumdiagramme sind disziplinübergreifend und in frühen Entwicklungsphasen einsetzbar. In der Literatur sind Hardware- und Softwaremodule gezeigt [Suh98], [Suh01]. Das Zurückgreifen auf unterschiedliche Bäume für unterschiedliche Sichten, die weiterhin durch Matrizen ineinander überführbar sind, bedingt eine hohe Komplexität der Modellierung und der Modellverarbeitung. Dies betrifft sowohl das Verarbeiten und Verstehen durch den Anwender als auch die Rechnerverarbeitung. Das Zusammenwirken der Sichten oder Disziplinen ist nicht direkt darstellbar und dementsprechend nicht explizit ersichtlich. Für das jeweilige Modul ist zum Verständnis der Zusammenhänge das Berücksichtigen von vier unterschiedlich detaillierten und fokussierten Sichten notwendig. Unberücksichtigt der technischen Umsetzung ist diese Komplexität wenig praktikabel angesichts eines geforderten, intuitiven Kommunikationshilfsmittels.

3.3.4 Funktionsorientierte Spezifikation nach Huang

Das Modell nach Huang [Hua01], [HG02] basiert auf der Unterteilung der Funktionen eines Produkts in eine *allgemeine, kanonische* und *spezielle* Funktionsstruktur. Die Notation erfolgt als Flussdiagramm und setzt auf Rechtecke mit verbaler Beschreibung der Funktion und gerichtete Pfeile zur Verbindung. Darauf aufbauend existiert eine Unterscheidung zwischen Eingangs- und Ausgangsgrößen, die als Funktionsgrößen bezeichnet werden. Das Beschreibungsmittel verfolgt eine Strukturierung mit zunehmender Konkretisierung durch die unterschiedlichen Funktionsstrukturen. Auf oberster Ebene sind *allgemeine* Funktionen zu modellieren und durch übliche Flussgrößen aus der Konstruktionslehre (Energie, Stoff, Information) zu verbinden. In der *kanonischen* Struktur ist anschließend eine Detaillierung vorzunehmen, indem sowohl Funktionen als auch Funktionsgrößen der allgemeinen Struktur durch kanonische Elemente näher gekennzeichnet werden. Abschließend beschreiben *spezielle* Funktionen und Funktionsgrößen unter Berücksichtigung physikalischer Wirkprinzipien sowie Lösungselemente die Funktionsweise des Produkts. Den Verbindungen können zu diesem Zweck neben verbalen Angaben auch Wertetabellen und mathematische Zusammenhänge beigefügt werden. Die Lösungselemente sind mit den Funktionsnamen verknüpft. Die Abbildung 3.8 veranschaulicht den Modellansatz am Beispiel eines Fliehkraftreglers.

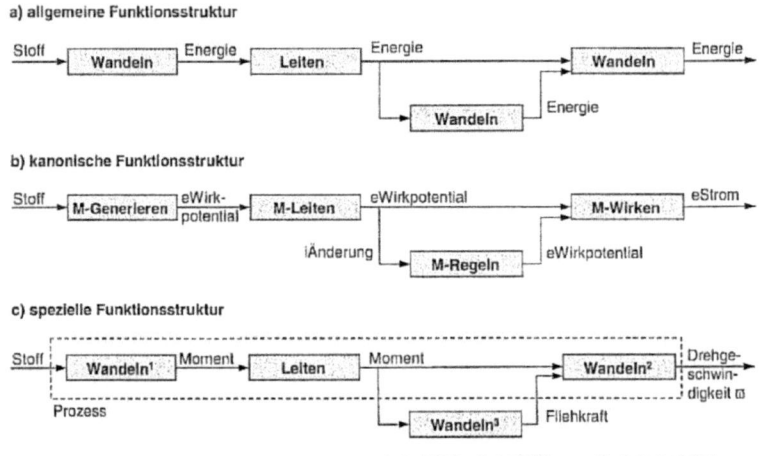

Abb. 3.8: Modell eines Fliehkraftreglers nach Huang [Hua01]

Einordnung und Bewertung: Der systematische Ansatz von Huang zur Beschreibung und Konkretisierung von Systemfunktionen erlaubt eine an der Konstruktionslehre angelehnte Analyse und Identifikation von Funktionsstrukturen. Dieses Vorgehen ist grundsätzlich für frühe Entwicklungsphasen geeignet und aufgrund der Abstraktionsebene weitestgehend disziplinneutral. Im Rahmen der *speziellen* Funktionsstruktur können physikalische Komponenten Funktionen zugeordnet werden. Dies erfolgt jedoch auf einer hohen Abstraktionsstufe, in der Abbildung 3.8 z. B. Motor, wodurch das interdisziplinäre Zusammenwirken bei der Funktionserbringung nicht eingängig darstellbar ist. Der Umgang mit Veränderungen ist nicht thematisiert. Die Analyse von Auswirkungen durch Änderungen an Funktionen oder Komponenten ist nicht vorgesehen. Neben einer einfachen graphischen Notation sieht der Ansatz formale mathematische Beschreibungen für die Verbindungen vor.

3.3.5 Funktionsorientierte Spezifikation nach Buur

Buur [Buu90] sowie Buur und Grabowski [BMA89] stellen einen weiteren funktionsorientierten Ansatz vor, wobei der Kern der Beschreibung in der Modellierung des Systemzustands liegt. Der Ansatz setzt Funktionen in Abhängigkeit vom aktuellen Systemzustand. Zu diesem Zweck beschreibt Buur die Zustände und Zustandsübergänge in der Form eines Automaten und ordnet diesen Zuständen Funktionen, geteilt in *Transformationsfunktionen* und *Zweckfunktionen*, zu. *Transformationsfunktionen* konkretisieren die Umwandlung bzw. Übertragung der üblichen Flüsse Energie, Stoff und Information, die das System beschreiben. Die *Zweckfunktionen* stellen Mittel zur Verfügung, um die Transformationen durchzuführen. In der Abbildung 3.9 ist die Beschreibung eines Telefons gezeigt.

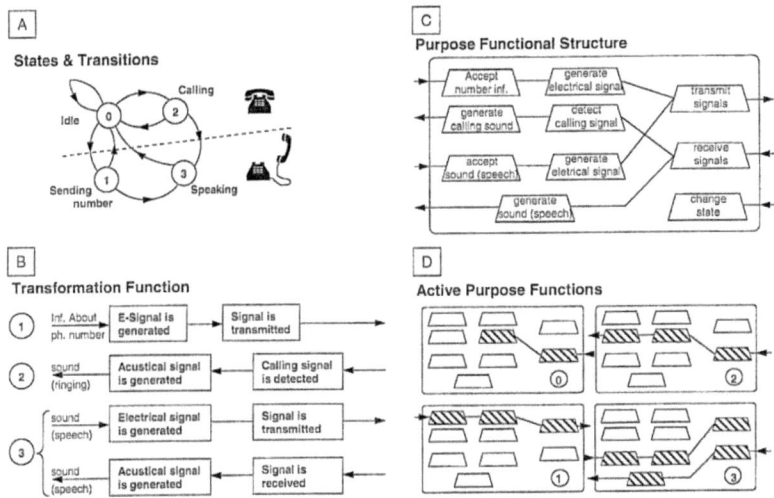

Abb. 3.9: Beschreibung eines Telefons nach Buur [Buu90]

Die Notation basiert auf Rechtecken bzw. Trapezen für die unterschiedlichen Funktionen, die durch gerichtete und ungerichtete Beziehungen verbunden sind. Der Zustandsautomat des Systems ist in Bildteil A gezeigt. Teil B beschreibt Transformationsfunktionen, die um die unterstützenden Zweckfunktionen des Bildes C erweitert werden. Die vollzogene Zuordnung zwischen Zweckfunktionen und Zuständen ist in Bildteil D veranschaulicht.

Einordnung und Bewertung: Der Ansatz nach Buur ist analog zu dem Ansatz nach Huang einzuordnen. Die gewählte Abstraktionsstufe ist sowohl geeignet für disziplinübergreifendes Beschreiben als auch angepasst an die frühen Phasen der Produktentwicklung. Auf die Aufnahme von physikalischen bzw. technologischen Komponenten wird verzichtet, wodurch die Kommunikation im Rahmen der Entwicklung und das Verständnis für das Zusammenwirken der Komponenten nicht erreicht werden können. Ein Umgang mit Veränderungen ist nicht explizit Gegenstand des Beschreibungsmittels. Die Notation ist pragmatisch gehalten, benötigt zur Beschreibung des Systems allerdings unterschiedliche Struktursichten.

3.3.6 METUS

Der Ansatz der ID-Systems GmbH umfasst eine Methodik und eine kommerzielle Softwarelösung zur Produktbeschreibung. METUS wurde in Zusammenarbeit mit der Daimler AG entwickelt [TG09]. Das Softwarewerkzeug ist auf die Konzeption und Optimierung interdisziplinärer, modularer Produktarchitekturen ausgerichtet. Die Ziele umfassen weiterhin eine prozessbegleitende Visualisierung und Förderung der Kommunikation [TG09]. Die Software ist mittlerweile als Erweiterung der PLM-Lösung Teamcenter 2007 der Siemens AG etabliert und gestattet einen bidirektionalen Datenaustausch. Beginnend bei der Produktidee wird gemäß der METUS-Methodik zunächst die Funktionsstruktur modelliert. Diese wird anschließend in physikalische Komponenten umgesetzt, die sukzessive zu Modulen sowie dem Gesamtprodukt integriert werden. Für die rechnerverarbeitbare Beschreibung des Produkts stehen in der Folge unterschiedliche Analyse- und Optimierungsalgorithmen zur Verfügung, wie z. B. Optimierung der Varianz, der Modularisierung oder der Standardisierung. Die modellierten Entitäten sind weiterhin durch Kriterien genauer charakterisierbar, wie Zeit, Kosten oder Qualität.

METUS setzt hinsichtlich der Notation auf rechteckige Rahmen, unabhängig von den beschriebenen Strukturen. Das Modell zeigt hierarchisch strukturierte Funktionsgruppen, die in Teilfunktionen dekomponiert und durch ungerichtete Linien verbunden sind. Daran schließen die physikalischen Komponenten an, die mittels der gleichen Symbolik zu Modulen zusammengefasst werden. Die Vernetzung der Module mündet in das betrachtete Gesamtprodukt.

Einordnung und Bewertung: Der Ansatz METUS zielt auf die Identifikation und Optimierung modularer Produktstrukturen ab. Zu diesem Zweck werden physikalische Strukturen eines komplexen Produkts, unabhängig von ihrem disziplinären Hintergrund, mit Teilfunktionen verbunden, die wiederum separate Produktfunktionen ergeben. Auf der anderen Seite werden die Elemente als Module zusammengefasst und mit dem Gesamtprodukt vernetzt. Die Darstellung der einzelnen Entitäten ist einheitlich gehalten. Eine Unterscheidung der Beziehungsarten erfolgt nicht, sodass die Zugehörigkeit zu Disziplinen, Modulen oder Hierarchieebenen nicht intuitiv ersichtlich ist. Abhängigkeiten zwischen Funktionen sind nicht notiert. Die Reduktion der Modellierung auf fünf explizite Hierarchieben wirkt für die pragmatische Anwendung zu restriktiv und bedingt durch die daraus abzuleitende, zwingende Anordnung aller Komponenten in einer Ebene, ohne weitere Komposition bzw. Dekomposition, rasch eine unübersichtliche Darstellung. Die Analyse von Abhängigkeiten ist grundsätzlich möglich. Eine Versionierungsstrategie wird nicht beschrieben.

3.3 Explizit disziplinübergreifende Ansätze

3.3.7 Methode zur Modellierung prinzipieller Lösungen mechatronischer Systeme

Kallmeyer [Kal98] nutzt einen semi-formalen Ansatz zur Beschreibung von Prinziplösungen während des Entwurfs mechatronischer Produkte. Der Ansatz definiert die Sichten *Funktion*, *Wirkstruktur*, *Verhalten*, *Gestalt* und *Fertigung*. Für die Präzisierung der Sichten *Funktion* und *Wirkstruktur* setzt Kallmeyer [Kal98] auf die Modellkonstrukte *Funktion*, *Wirkprinzip*, *Lösungselement* und *Beziehung*. Der methodische Ansatz gründet sich auf die disziplinübergreifende Modellierung von Funktionshierarchien, die um Störfunktionen (Zustände bzw. Verhalten) ergänzt werden können. Dem schließt sich die Abbildung der Wirkstruktur durch Lösungselemente und deren Beziehungen an. Lösungselemente könne unterschiedlichen Disziplinen zugeordnet werden. Die Beziehungen zwischen den Elementen werden mit Hilfe von Flüssen modelliert, wobei es drei verschiedene Arten von Flüssen gibt, *Energie-*, *Stoff-* und *Informationsflüsse*. Der Ansatz sieht weiterhin eine Spezifikation der Schnittstellen zwischen Wirkprinzipien und Lösungselementen vor, deren Verhalten durch Verhaltensbeschreibungen und deren Gestalt durch entsprechende Gastaltmodelle dargestellt wird. Die Beschreibung sieht weiterhin die Verbindung des Produktkonzepts mit dem Fertigungskonzept vor. Der Ansatz setzt hinsichtlich der Notation der geschilderten Zusammenhänge auf einfache Symbole wie Ellipsen für die Lösungselemente und ungerichtete Linien als Verbindungen. In der Abbildung 3.10 ist eine Beispielgrafik für die Wirkstruktur eines Greifers zu sehen.

Einordnung und Bewertung: Der Ansatz von Kallmeyer deckt alle Phasen des grundlegenden Entwurfs ab und berücksichtigt dabei sowohl die Funktionsstruktur als auch die Wirkstruktur unter Vernetzung unterschiedlicher Disziplinen. Eine hierarchische Strukturierung der Teilmodelle ist möglich. Die Symbolik ist einfach gehalten, jedoch unterstützen die unterschiedlichen Konstrukte in verschiedenen Sichten einen intuitiven Austausch nicht, da jeweils mehrere Darstellungen erforderlich sind, um das Problem zu erfassen. In der frühen Phase des Entwurfs ist fraglich, ob die beschriebenen Detailinformationen, wie Flüsse, bereits vorliegen und zu einer Verbesserung der Kommunikation zwischen Entwicklern unterschiedlicher Disziplinen beitragen. Eine eindeutige Identifikation der Elemente des Modells ist nicht möglich, sodass die Rechnerverarbeitung schwer umsetzbar ist. Konzepte zum Umgang mit Auswirkungen von Veränderungen und eine Versionierungsstrategie werden nicht präsentiert.

3.3.8 MECHASOFT und Mechasoft Modeller (MeSoMod)

Der Ansatz MECHASOFT stellt ein Modellkonzept zur funktionalen Beschreibung von mechatronischen Produkten, insbesondere Werkzeugmaschinen, dar [RAL01a], [RAL02], [AL01], [RAL01b]. Das integrierende Produktmodell verknüpft zu diesem Zweck unterschiedliche Sichten in der Form fachspezifischer Partialmodelle. Berücksichtigt werden dabei verhaltens- und strukturbezogene Merkmale des Produkts. Methodisch basiert MECHASOFT auf der hierarchischen Modellierung der Anforderungen und Funktionen in Baumstrukturen. Funktionen

3 Stand der Technik

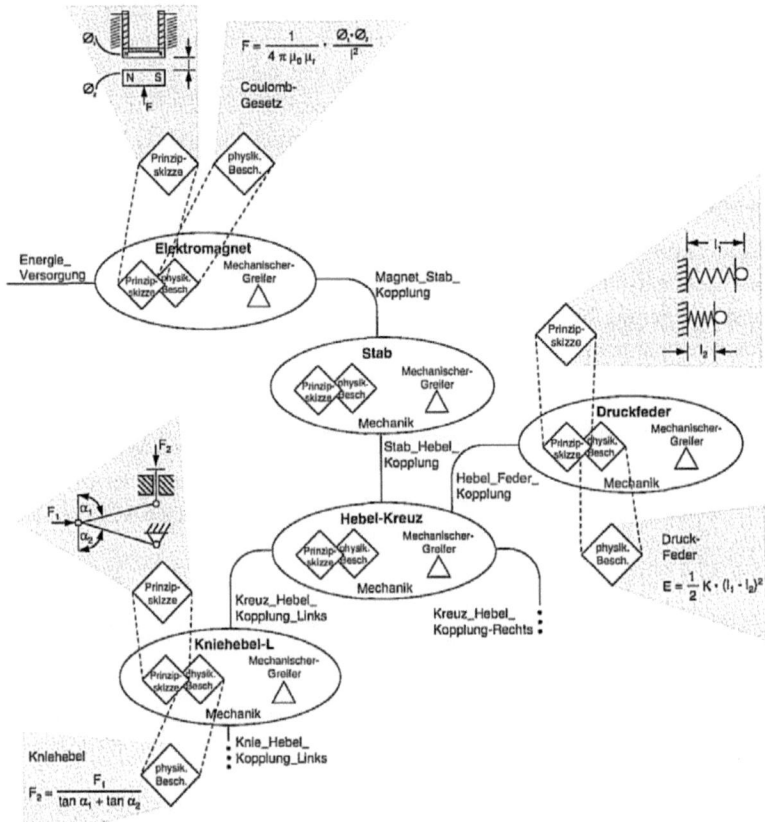

Abb. 3.10: Beschreibung eines Greifers gemäß Kallmeyer [Kal98] nach [Fra06]

werden weiterhin gegliedert in Teil- und Elementarfunktionen. Die Wirkprinzipien einer Lösungsvariante werden in der Form von Schrittketten, Zustandsgraphen und Netzplänen konkretisiert. Ebenfalls beschrieben wird die Verwendung von Weg–Zeit–Diagrammen, Komponentendiagrammen, Infrastrukturplänen und Kinematikschemata. Der auf dem Konzept basierende Softwareansatz MeSoMod gestattet die graphische Modellierung der *Funktionssicht*, *Steuerungssicht* und *Geometriesicht* sowie die Verknüpfung dieser Sichten. Durch unterschiedliche Sichten können disziplinspezifische Aspekte fokussiert werden. Sichten sind dargestellt als Bäume, die mit den Produktfunktionen verknüpft werden. MeSoMod setzt dabei auf ein einheitliches Datenmodell (Produktmodell), basierend auf einem Metamodell für mechatronische Systeme. Die Bearbeitung der Partialmodelle erfolgt weiterhin mit

3.3 Explizit disziplinübergreifende Ansätze

disziplinspezifischen Werkzeugen. Die Kopplung an die Sichten von MeSoMod verwendet spezifische Adapter. Die funktionalen Beziehungen werden durch Stoff-, Energie- und Informationsflüsse beschrieben. Die Abbildung 3.11 zeigt das zugrunde gelegte Metamodell des MECHASOFT-Ansatzes und die Umsetzung im Werkzeug MeSoMod.

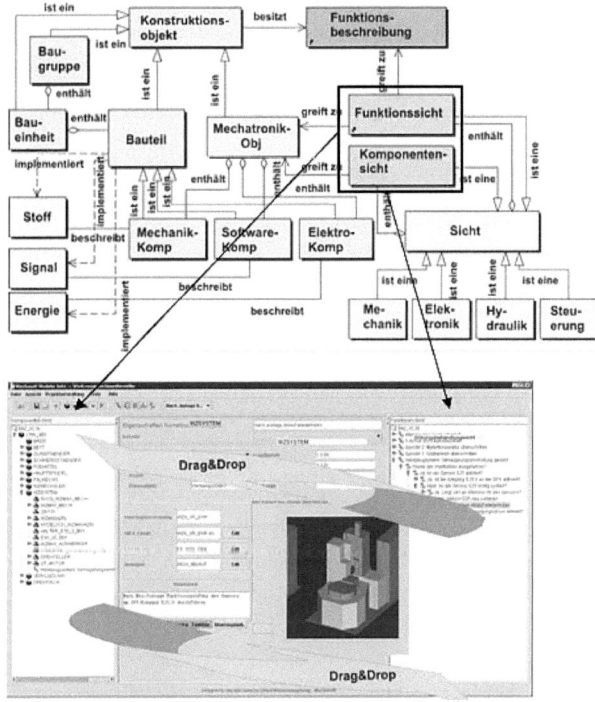

Abb. 3.11: Metamodell und Werkzeug des MECHSOFT-Ansatzes nach [RAL01a]

Einordnung und Bewertung: Die Kombination MECHASOFT und MeSoMod zielt insbesondere auf die Beschreibung von Werkzeugmaschinen ab, sodass die Mechanikkonstruktion konzeptionell dominiert. Der Ansatz präsentiert ein prinzipiell disziplinübergreifendes Metamodell für mechatronische Produkte, bestehend aus mechanischen, elektronischen und softwaretechnischen Komponenten, die durch Partialmodelle beschrieben werden. Die Disziplinen werden als Beschreibung der Flüsse Stoff-, Energie- und Information definiert. Zusätzlich ist eine Funktionsbeschreibung spezifiziert, deren Beziehungen durch die dargestellten Flüsse realisiert werden. Somit ist eine Funktionssicht sowie eine Komponentensicht umsetzbar, die durch MeSoMod auf der Basis eines Produktdatenmanagement-Systems (PDM) implementiert ist. Das System gestattet die Zuordnung von extern zu pflegenden Partialmodellen zu Komponenten bzw. Komponenten zu Funktionen. Die Methodik ist an der Mechanikkonstruktion orientiert und so ist speziell die Software unterrepräsentiert. Die

Komplexität des an Baugruppen und Modulen ausgerichteten Ansatzes ist für eine Anwendung in kreativen Diskussionsprozessen zu hoch, zumal kein eigenes Beschreibungsmittel für den Entwurf präsentiert wird, sondern die PDM-gestützte Zusammenfassung extern zu erstellender sowie zu pflegender Modelle zu Entwurfskomponenten. Ein integrierendes Modell der Disziplinen ist nicht dargestellt. Die Datenbasis des PDM-Werkzeugs gestattet die Reaktion und das technische Nachverfolgen von Änderungen sowie das Auslösen von Ereignissen, um Handlungen anzustoßen. Konzeptionell besteht jedoch keine Möglichkeit, die Änderungen auf Modellebene nachzuvollziehen.

3.3.9 Spezifikation der Prinziplösung selbstoptimierender Systeme

Frank [Fra06] baut mit der Prinziplösung selbstoptimierender Systeme auf dem Ansatz von Kallmeyer [Kal98] auf und erweitert diesen um weitere Sichten, um eine umfassende und vollständige Spezifikation zu gestatten. Der Ansatz fokussiert verteilte mechatronische Systeme, die autonom Verhaltensanpassungen durchführen können. Die Beschreibung erfolgt semi-formal, mit dem Ziel einer intuitiven Verständlichkeit, unter Nutzung verschiedener, vernetzter Sichten. Die Sichten werden durch Partialmodelle gebildet. Beschrieben werden die Sichten *Anforderungen, Umfeld, Anwendungsszenarien, Zielsystem, Funktionen, Wirkstruktur, Gestalt* sowie *Verhalten*. Das Verhalten stellt dabei eine Gruppierung unterschiedlicher Verhaltensarten dar, wie z. B. Interaktion oder Dynamik eines Mehrkörpersystems. Über eine Vernetzung der Sichten anhand ihrer Beziehungen resultiert die Prinziplösung nach Frank [Fra06], [GFG+05], [GFSS06]. Im Vordergrund der Betrachtung stehen die Zustände sowie die Zustandsübergänge des Systems. Die Abbildung 3.12 stellt die beschriebenen sieben Sichten zur Spezifikation der Lösung überblicksartig dar. Im Mittelpunkt stehen hierbei hierarchisch strukturierte Systemelemente, die zu der physikalischen Produktstruktur korrelieren und darüber hinaus jeweils in $n:m$-Beziehungen zu den sieben Modellen stehen.

Die Notation der Modelle und ihrer Beziehungen erfolgt durch eine Tabelle, durch Graphen, Strukturdiagramme, Ablaufdiagramme und Gestaltmodelle. Produktdaten werden textuell und graphisch durch geometrische Symbole und disziplinunabhängige Konstrukte dargestellt. Diese Konstrukte sind wiederum an disziplinspezifische Darstellungen angelehnt, um den Verständnisaufwand zu reduzieren. Frank [Fra06] unterteilt die Konstrukte weiterhin in Grundkonstrukte, Beziehungen, Zusatzkonstrukte und Verweise. Beziehungen werden klassifiziert als Flüsse (Energie, Stoff, Information), logische Beziehungen (Beeinflussung, Untermenge, Ausprägung, Teilziel, wird realisiert durch, läuft auf) und Aggregationsbeziehungen. In der Abbildung 3.13 sind die vielfältigen Klassen von Modellkonstrukten zusammengefasst dargestellt.

Einordnung und Bewertung: Der Ansatz von Frank [Fra06] zielt zum einen auf selbstoptimierende Systeme und zum anderen auf eine umfassende Beschreibung bzw. Spezifikation dieser Systeme ab. Aus diesem Grund basiert der Ansatz auf einer Menge von Partialmodellen aus den beteiligten Disziplinen mit der spezifischen Notation und zusätzlich einem übergrei-

3.3 Explizit disziplinübergreifende Ansätze

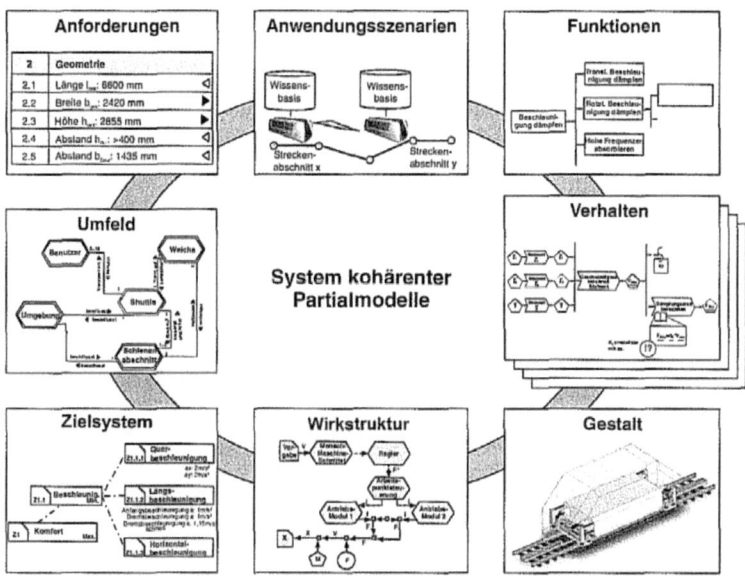

Abb. 3.12: System aus Teilmodellen zur Beschreibung nach Frank [Fra06]

fenden, vielfältigen Satz an Konstrukten zur Abbildung des Zusammenspiels der Disziplinen bzw. der Modelle. Somit ist trotz der semi-formalen Beschreibung eine hohe (visuelle) Komplexität gegeben und eine intuitive Verwendung in frühen kreativen Entwurfsphasen fraglich. Die Aspekte einer Abhängigkeitsanalyse sowie der Versionierung zum Nachvollziehen von Änderungen sind nicht adressiert. Die Verarbeitung des integrativen Modells durch Rechner ist aufgrund der vielfältig vernetzten Teilmodelle möglich, aber aufgrund eines fehlenden gemeinsamen Metamodells erschwert.

3.3.10 Computational Design Synthesis based on Function-Behavior-Structure

Helms et al. [HSH09] präsentieren eine Methode zur Darstellung von Produkten mit dem Ziel einer computergestützten Design Synthese. Der Ansatz integriert die Sichten *Funktion*, *Verhalten* und *Struktur* in einem maschineninterpretierbaren Modell. Zum Zweck der automatisierten Verarbeitung umfasst die Modellbildung zusätzlich das Formulieren von Graph-Grammatiken und Transformationsregeln. Im Fokus des Ansatzes steht die computergestützte Erzeugung, Verarbeitung und Modifikation von Regeln bzw. Modelldaten zur Formalisierung und Abbildung von Expertenwissen sowie eine disziplinübergreifende Darstellung eines

3 Stand der Technik

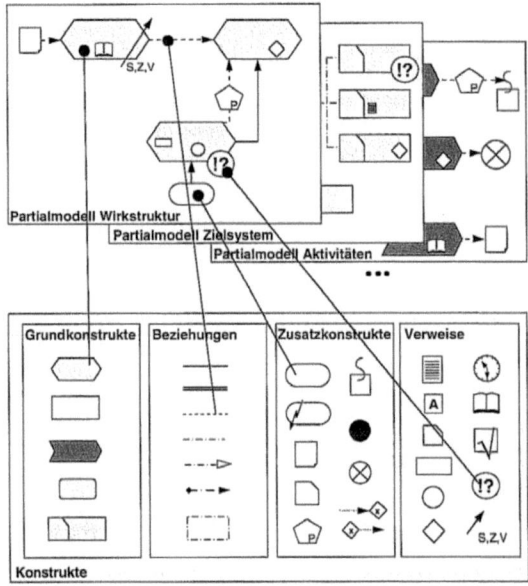

Abb. 3.13: Modellkonstrukte nach Frank [Fra06]

Produkts während des Konzeptentwurfs. Der vier Schritte (*Untersuchung/Darstellung, Erzeugung, Evaluation* und *Mediation*) umfassende, iterativ durchlaufene Prozess endet, wenn anforderungsgerechte Lösungen errechnet wurden. Die *Untersuchung* umfasst die hierarchische und zunehmend dekomponierte Formulierung von Produktfunktionen, denen auf unterster Ebene physikalische und lösungsneutrale Wirkprinzipien aus Standardwerken der Produktentwicklung zugeordnet werden. Diese Verhaltenssicht wird letztlich durch Komponenten in der Struktursicht konkretisiert. Alle Sichten stehen untereinander in Beziehung. Gegenstand der *Erzeugung* ist das rechnerbasierte Ableiten von alternativen Designs aus einem ersten gültigen Konzept. Zu diesem Zweck sind mittels der Graph–Grammatiken allgemeine und problemangepasste Regelwerke vordefiniert bzw. durch den Anwender zu definieren. Im nachfolgenden Schritt *Evaluation* findet eine qualitative sowie quantitative Bewertung des automatisiert erhaltenen Designvorschlags statt. Dieser Prozess umfasst die Überprüfung der Funktionserfüllung wie auch das Überprüfen der physikalischen Randbedingungen oder das Ausführen von Simulationen. Die Aufgabe der *Mediation* liegt in der Steuerung des Syntheseprozesses.

Zur Notation des Beschreibungsmittels setzen Helms et al. [HSH09] auf einfache, rechteckige Objekte, die in Relation zueinander gesetzt werden und auf eine intuitive Darstellung als Graph. Die Objekte sind gemäß der Zugehörigkeit zu einer Sichtweise typisiert und graphisch

3.3 Explizit disziplinübergreifende Ansätze

differenziert dargestellt. Als Beziehungstypen stehen die Flüsse Energie, Stoff und Information (Pfeil), Konkretisierung (gestrichelter Pfeil) sowie Dekomposition (gepunkteter Pfeil) zur Verfügung. Um eine Einschränkung hinsichtlich der Kombinationsmöglichkeiten zwischen den Objekten oder Blöcken zu erreichen, setzt der Ansatz auf typisierte Anschlusspunkte, die kompatible Schnittstellen repräsentieren. Der Graph–basierte Prototyp des Ansatzes erlaubt die Definition von Attributen, sowohl für Blöcke als auch für die Verbindungen. Die Abbildung 3.14 zeigt das vereinfachte Modellbeispiel eines elektrischen Antriebssystems, das nach einer Anforderungsänderung eine regelbasierte Adaption erfährt.

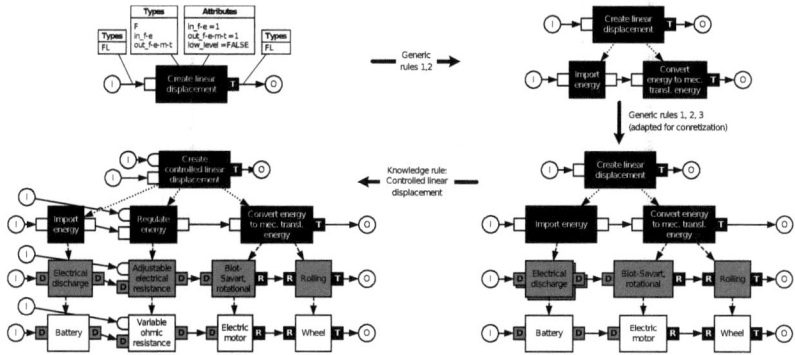

Abb. 3.14: Beispielsynthese eines Antriebssystems nach Helms et al. [HSH09]

Einordnung und Bewertung: Der Ansatz von Helms et al. [HSH09] ist auf eine rechnergestützte Formalisierung von Wissen und das Erzeugen von neuen Lösungen anhand definierter Regeln ausgerichtet. Das Konzept ist prinzipiell disziplinübergreifend umsetzbar, zeigt jedoch derzeit keine Beispiele, die weitere differenzierte Strukturen (Software, Elektronik) umfassen. Bedingt durch den Formalisierungsprozess und die erforderliche Definition von Regelsätzen ist der Ansatz nicht intuitiv verständlich und zu aufwendig für einen kreativen frühen Entwurfsprozess. Das rechnerverarbeitbare Modell sieht keine Möglichkeiten zur Handhabung von Veränderung und Analyse von Auswirkungen vor. Die Notation des Ansatzes verwendet einfache Symbole und bietet Strukturierungsmöglichkeiten.

3.3.11 Modell zur anforderungsgerechten Produktgestaltung (DeCoDe)

Schlund und Winzer [SW10], [MSW10] zeigen eine Beschreibung technischer Systeme anhand der Sichten *Anforderungen, Funktionen, Prozesse* und *Komponenten*. Der Ansatz zielt auf eine Betrachtung der Wechselwirkungen und Beziehungen zwischen den Systemelementen ab. DeCoDe ist als disziplinübergreifendes Analysemodell für die technische Produktentwicklung konzipiert und orientiert sich dabei an den Anforderungen als zentrales Element. Diesen Anforderungen sind Funktionen und in der Folge physikalische sowie logische Komponenten zur Konkretisierung der prinzipiellen Lösung zuzuordnen. Zusätzlich werden die Prozesse modelliert, die das betrachtete System während seines Lebenszyklus durchläuft. Die Funktionsdefinition unterstützt die Angabe von Energie-, Stoff- und Informationsflüssen. Gemäß des DeCoDe-Ansatzes werden die Modellelemente nach der Erfassung gruppiert und innerhalb einer Gruppe hierarchisch strukturiert. Dieses Grundschema und die resultierenden Partialmatrizen sind in der Abbildung 3.15 dargestellt. Die Notation des

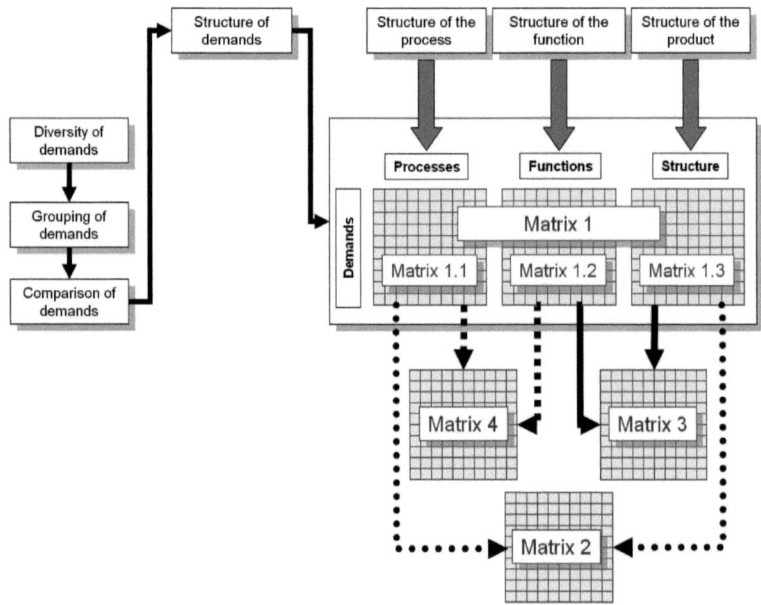

Abb. 3.15: DeCoDe-Grundschema nach Müller et al. [MSW10]

Ansatzes orientiert sich an der textuellen Matrixdarstellung (siehe 3.2.6) mit symmetrischer Matrix (DSM) für die Beziehungen innerhalb einer Gruppe und einer asymmetrischen Matrix (DMM) für gruppenübergreifende Beziehungen.

Einordnung und Bewertung: Der Ansatz stellt im Wesentlichen eine Anwendung des Matrix-basierten Komplexitätsmanagements dar (siehe 3.2.6), indem konkrete Sichten (*Anforderungen, Funktionen, Prozesse* und *Komponenten*) zur Beschreibung ausgewählt werden. DeCoDe fokussiert die Analyse von Abhängigkeiten und Auswirkungen zwischen Systemelementen. Aufgrund der textuellen Notation liegt eine hohe visuelle Komplexität vor, sodass die Abhängigkeiten und Zusammenhänge nicht intuitiv ersichtlich werden. Die Versionierung der Modellelemente ist nicht vorgesehen und eine eindeutige Identifikation der Entitäten nicht möglich.

3.3 Explizit disziplinübergreifende Ansätze

3.3.12 Funktionsorientiertes Entwerfen (FOD)

Baumann et al. [BKL01] präsentieren einen Ansatz für ein Softwarewerkzeug zur Unterstützung der frühen Phasen der Produktentwicklung und orientieren sich dabei methodisch an der Richtlinie VDI 2221 [VDI93]. Dementsprechend basiert FOD auf der Modellierung und Verarbeitung der Anforderungen, Produktfunktionen und der Produktebene. Der Ansatz sieht die Kopplung der Anforderungen mit den Funktionen und der Bauteilstruktur des Systems vor, um wiederverwendbare Teillösungen zu beschreiben. Die Abbildung 3.16 zeigt die Architektur des Ansatzes.

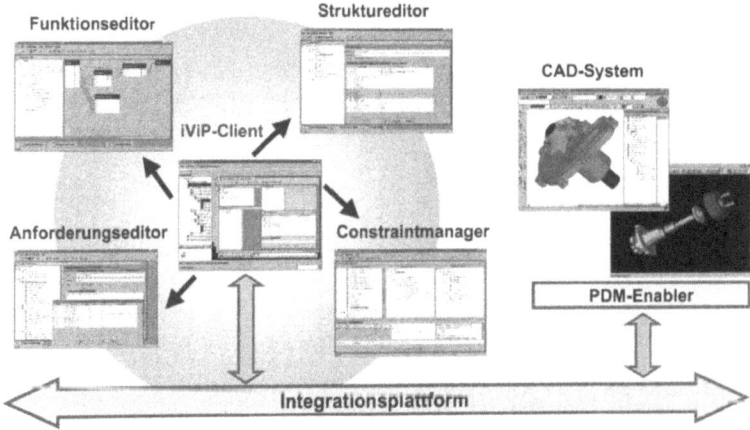

Abb. 3.16: Architektur des Werkzeugs nach Baumann et al. [BKL01]

Eine Systemspezifikation gemäß FOD ist in den Strukturentwurf und einen Teileentwurf untergliedert. Der Strukturentwurf teilt sich weiter in die Sichten bzw. einzelne Softwarekomponenten des Werkzeugs: *Anforderungen, Funktionsstruktur, Baustruktur* und *Constraint-Manager*. Die textuell formulierten Anforderungen dienen im Rahmen des funktionsorientierten Entwurfs als Bezugspunkte für Referenzen zu den Funktionen und Bauteilparametern. Funktionen sind durch hierarchisch strukturierte Funktionsgraphen mittels Energie-, Stoff- und Informationsflüssen beschrieben sowie durch Abhängigkeiten (Constraints) weiter charakterisierbar. Die Baustruktur des Produkts wird durch einen Hierarchiebaum abgebildet und ebenfalls durch die Angabe von Abhängigkeiten zwischen den Einzelelementen näher beschrieben. Der Constraint-Manager des Werkzeugs zeichnet für die Konsistenzprüfung zwischen den Referenzen bzw. Abhängigkeiten der Teilmodelle verantwortlich. FOD zielt insbesondere auf die Integration in bestehende CAD-Systeme ab und bietet aufgrund dessen die Möglichkeit zur Referenzierung und Verwaltung von CAD-Modellen innerhalb der Baustruktur-Komponente. Zusätzlich setzt der Ansatz auf PDM-Lösungen zur Umsetzung der Datenhaltung und Versionsverwaltung. Grundsätzlich sind die resultierenden

Partialmodelle abgeschlossen sowie unabhängig und werden lediglich durch die modellierten Abhängigkeiten vernetzt.

Einordnung und Bewertung: Der Ansatz FOD konzentriert sich auf CAD-Daten und bildet externe CAD-Modelle auf eine werkzeugübergreifende Bauteilstruktur ab, die mit Anforderungen bzw. Funktionen sowie jeweils modellierten Abhängigkeiten vernetzt wird. Die Eignung für einen kreativen Entwurfsprozess und die disziplinübergreifende Anwendbarkeit des Werkzeugs ist deshalb fraglich. Die Bauteilstruktur unterstützt im Wesentlichen physikalische Produktbestandteile; Softwarekomponenten sind nicht ohne Weiteres mit identischem Detaillierungsgrad beschreibbar. Die starke Orientierung am Produktdatenmanagement (PDM) und Produkt-Lifecycle-Management (PLM) gestattet prinzipiell die Analyse von Abhängigkeiten und Auswirkungen von Veränderungen, jedoch beschreiben Baumann et al. [BKL01] keine Umsetzung im Rahmen dieses Ansatzes. Die Symbolik zur Beschreibung ist einfach gehalten und gründet sich, außer bei der Funktionsbeschreibung, auf Strukturbäume. Eine intuitive Verständlichkeit des interdisziplinären Zusammenspiels bei gleichzeitig geringer visueller Komplexität ist aufgrund der Partialmodelle nicht gegeben.

3.3.13 Entwurf mechatronischer Systeme auf Basis von Funktionshierarchien und Systemstrukturen

Gehrke [Geh05], [GJS07] präsentiert einen Ansatz, der die Formalisierung der Beschreibungen von Funktionen und Systemstrukturen fokussiert. Darüber hinaus besteht das Ziel einer rechnergestützten Identifikation von Strukturelementen, die zur Erfüllung ausgewählter Funktionen geeignet sind, wobei sowohl Abhängigkeiten zwischen den Elementen als auch die Konsistenz der Beziehungen zu den Funktionen sichergestellt sind. Die konzeptionellen Grundlagen zur Modellierung der Funktionshierarchie bilden die Richtlinien VDI 2221 [VDI93] und VDI 2206 [VDI04]. Der Ansatz von Kallmeyer [Kal98] stellt die Basis für die Beschreibung der Systemstrukturen dar (siehe 3.3.7). Gehrke [Geh05] setzt hinsichtlich der Formalisierung und Beschreibung auf die Anwendung der UML (siehe 3.2.1).

Die Methodik des Ansatzes sieht als ersten Schritt die Identifikation und hierarchische Detaillierung der Produktfunktionen als Baumstruktur vor. Um die rechnergestützte Verarbeitung zu ermöglichen, definiert Gehrke [Geh05] eine Erweiterung der Funktionsblock-Darstellung mittels der Angabe von Eingangs- und Ausgangssubstantiven und erzeugt weiterhin eine Bibliothek an allgemeinen Systemelementen und den jeweils realisierbaren Funktionen. Aus diesem Datenbestand werden Lösungsvorschläge ausgewählt und dem Anwender zur Auswahl angeboten, so das iterativ eine Menge an Strukturelementen resultiert. Die Elemente stehen in einer Erfüllungsbeziehung zu Funktionen (notiert durch Pfeilsymbol) und in Abhängigkeiten (notiert durch gestrichelten Pfeil) untereinander. Zur Notation der Struktur setzt der Ansatz auf hexagonale Symbole, die neben der Beschriftung auch Attribute tragen. Die Symbole werden über Eingangs- und Ausgangsschnittstellen (Ports) verknüpft. Zusätzlich sind die hexagonalen Elemente verschachtelbar, um Kompo-

3.3 Explizit disziplinübergreifende Ansätze

sitionsbeziehungen abzubilden. Zur Verbindung der Schnittstellen verwendet der Ansatz Energie-, Stoff- und Informationsflüsse, die als ungerichtete Verbindung, dicke ungerichtete Verbindung und gestrichelte ungerichtete Verbindung symbolisiert sind. Das Ergebnis einer Funktionsmodellierung mit Suche geeigneter Strukturen sowie eine detaillierte Ausarbeitung einer Systemstruktur zeigt die Abbildung 3.17.

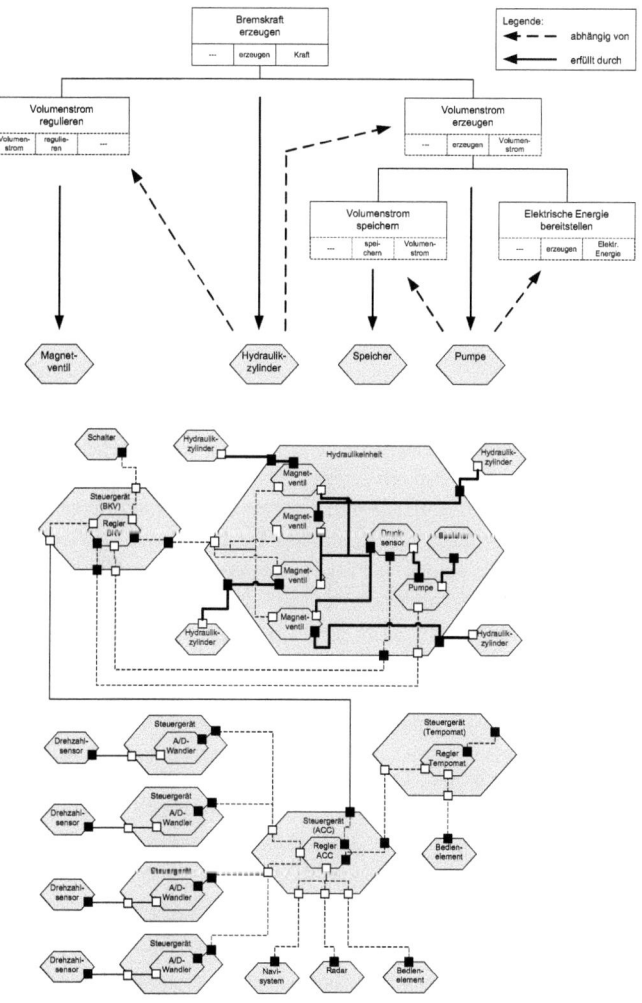

Abb. 3.17: Funktions- und Strukturmodell nach [Geh05]

Einordnung und Bewertung: Der Entwurfsansatz von Gehrke [Geh05] ist aufgrund des

Funktionsmodells grundsätzlich für die frühen Entwicklungsphasen geeignet. Die automatisierte Suche nach Lösungselementen setzt jedoch zum einen die entsprechende Datenbasis voraus und erfordert zum anderen das Modellieren einer dafür geeigneten Semantik, der Aufwand ist nachvollziehbar hoch. Zusätzlich ist eine Differenzierung nach unterschiedlichen Disziplinen nicht eindeutig umsetzbar, da Funktionen durch Komponenten einzelner Disziplinen oder als Baugruppe aus mehreren Disziplinen erbracht werden können, die Identifikation im Sinne eines Verständnisses hinsichtlich der interdisziplinären Zusammenarbeit ist somit erschwert. Das Zusammenwirken der Komponenten ist als eigenständiges Modell realisiert. Hierin sind differenzierte physikalische Komponenten zu Baugruppen kombinierbar, der Softwareaspekt der Mechatronik ist nicht gezielt darstellbar. Die Verbindung erfolgt durch Flüsse, die zum einen wenig aussagekräftig sind und zum anderen für einen kreativen Entwurfsprozess einen erhöhten Aufwand darstellen. Die Analyse der Abhängigkeiten ist möglich. Das Darstellen von möglichen Auswirkungen einer Veränderung und Versionierung zum Nachvollziehen der Änderungen sind nicht explizit vorgesehen. Eine Strukturierung des Modells sowie die Visualisierung mittels einfacher Symbole ist möglich.

3.3.14 Variability Modeling

Der Ansatz des *Variability Modeling* bzw. *Variability Management* basiert auf Überlegungen zur Integration von funktionserbringenden, modularen Softwareanwendungen mit dem Ziel der Modularisierung und Wiederverwendung [BLP04], [BSP09]. Die abstrakte Grundlage stellt ein Modell dar, in dem ähnliche Varianten einzelner Module, unterschieden durch differenzierte Ausprägung der charakteristischen Eigenschaften oder Parameter, zu einer Produktvariante kombiniert werden [BLP05]. Die Abbildung des Modells erfolgt hierarchisch als Baumstruktur. Module werden hierbei als Dreieck und die verschiedenen Varianten als Rechteck notiert. Beziehungen zwischen Modulen und Varianten werden graphisch dargestellt: obligatorische Zusammenhänge als gerichtete Pfeile bzw. Linien, optionale Elemente mit gestrichelten Linien und Alternativen mit fett gedruckten, gestrichelten Linien und einem Kreiszug am Kopf der Verbindung [VHSK+07]. Innerhalb des Modulbaums können Relationen definiert werden, in denen sich Anforderungen entweder gegenseitig ausschließen oder aber eine Eigenschaft eines Moduls eine andere Eigenschaft obligatorisch erfordert [VHSK+07]. Randbedingungen gestatten weitere Relationen und Abhängigkeiten zu definieren, für die allerdings in der graphischen Darstellung keine Notationsmöglichkeit vorgesehen ist.

Diese Restriktionen basieren auf einer Erweiterung des vergleichbaren Ansatzes *Feature Modeling* [HW07], [CNP+08], [CA05], der die beschriebene Modellierung ausschließlich auf Funktionsstrukturen anwendet.

Neben Softwaremodulen sind ebenfalls technische Module in die Baumstruktur integrierbar. Je nach gesteckter Systemgrenze werden Module ebenfalls als Produkte bezeichnet. Zur weitergehenden Detaillierung der Module, und somit zur Vernetzung des Variantenmodells

3.3 Explizit disziplinübergreifende Ansätze

mit Lösungsoptionen, sieht das *Variability Modeling* die Referenzierung von zusätzlichen Artefakten, z. B. von Stücklisten oder von UML-Diagrammen, vor. Die Abbildung 3.18 veranschaulicht den Ansatz anhand des Beispiels eines Scheibenwischers. Die Trennung

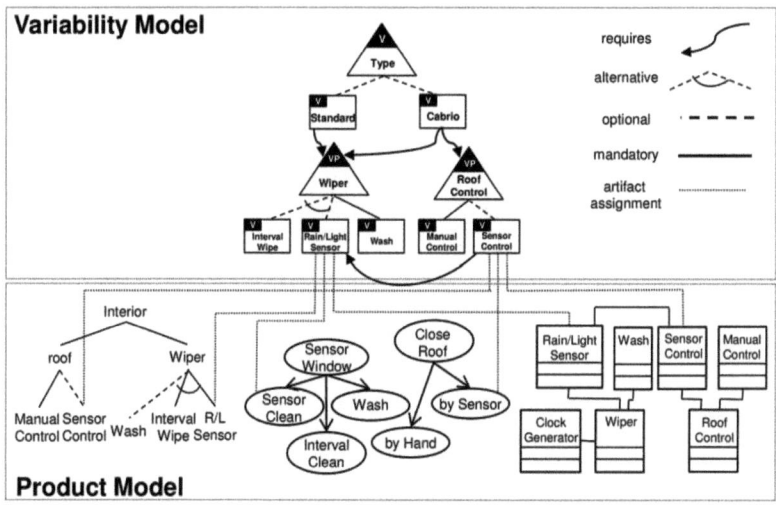

Abb. 3.18: Beschreibung eines Scheibenwischers für Fahrzeugvarianten nach [BLP04]

zwischen Produkt- und Variantenmodell ist in der Grafik hervorgehoben.

Einordnung und Bewertung: Das Konzept des *Variability Modeling* oder auch *Feature Modeling* ist als Ansatz für das Management von Produktlinien bzw. allgemein variantenreicher Produkte und Module dieser Produkte konzipiert. Insofern ist die Beschreibung zwar für die Weiter- oder Variantenentwicklung gut geeignet, jedoch für einen initialen Produktentwurf von geringer Bedeutung. Die Darstellung der Module mit ihren Varianten erfolgt prinzipiell disziplinübergreifend, bietet jedoch keine direkte Möglichkeit, unterschiedliche technische Strukturen in ihrem Zusammenwirken abzubilden. Dieser Rückschluss wird durch die Kopplung an technische Artefaktmodelle möglich, jedoch ist die resultierende Darstellung wenig transparent und nicht intuitiv verständlich. Die Auswirkung von Änderungen am Modell sind auf der Modulebene gut darstell- und identifizierbar. Dies ist jedoch nicht Bestandteil der Spezifikation des Ansatzes, der vielmehr auf das Erzeugen konsistenter Varianten- bzw. Modulkonfigurationen abzielt. Die Abhängigkeiten und Auswirkungen zwischen und auf die internen Entitäten der Module sind nicht darstellbar. Die verfügbare Symbolik des semi-formalen, hierarchisch strukturierbaren Beschreibungsmittels ist wenig differenziert, sodass eine Unterscheidung vor allem der unterschiedlichen Beziehungstypen schwer fällt.

3.4 Fazit und Handlungsbedarf

Im vorliegenden Kapitel erfolgte die Vorstellung und Bewertung einer Vielzahl unterschiedlicher Ansätze. Ein Vergleich der in Kapitel 2 erarbeiteten Problemstellung und den daraus abzuleitenden Anforderungen (siehe 2.4) mit dem Stand der Wissenschaft und Technik für eine disziplinübergreifende und intuitive Beschreibung des mechatronischen bzw. informationstechnischen Systementwurfs zeigt, dass hierbei weiterhin Handlungsbedarf besteht. Alle präsentierten Ansätze sind zur Lösung unterschiedlicher Teilaspekte der Aufgabenstellung dieser Arbeit geeignet. Ein Ansatz, der alle Anforderungen vollständig erfüllt und bezüglich der geschilderten Aspekte des Kapitels 2 optimal einsetzbar ist, ist jedoch nicht verfügbar. Infolgedessen besteht Handlungsbedarf hinsichtlich eines Beschreibungsmittels, das als Kommunikationshilfsmittel für die frühe Entwurfsphase mechatronischer Produkte geeignet ist und dabei explizit die intuitive Verständlichkeit zur Unterstützung kreativer Prozesse sowie den Sachverhalt der Veränderung berücksichtigt.

Bezogen auf die einleitend dargestellten Kriteriengruppen (3.1) sind folgende Einzelergebnisse festzuhalten:

Disziplinäre und phasenbezogene Eignung
Die Betrachtung der disziplinübergreifenden Ansätze des Abschnitts 3.3 zeigt, dass sich zur Integration verschiedener Disziplinen ein verbindendes und fächerübergreifend akzeptierbares Bindeglied anbietet. Hierzu stellt sich eine funktionsorientierte Sichtweise auf das zu beschreibende Produkt als besonders zielführend heraus. Ein Ansatz, der zum einen mit einem geringen Mehraufwand zur Unterstützung früher kreativer Entwicklungsphasen aufwartet, und zum anderen die etablierten Disziplinen Mechanik, Elektronik bzw. Elektrotechnik sowie die Informationstechnik, insbesondere Software, konzeptionell gleichberechtigt in ein Beschreibungsmittel integriert, existiert derzeit nicht. Darüber hinaus zeigt sich, dass der Informationsgehalt mit zunehmender Integration nachvollziehbar auf wesentliche Beziehungen für ein Verständnis zwischen den Disziplinen zu reduzieren ist, um die Informationsfülle gering zu halten. Dennoch zeigt sich die Möglichkeit zur Vergabe von Attributen für Modellobjekte als sinnvoll, da somit im Bedarfsfall der Informationsgehalt erhöht werden kann, beispielsweise um spezifische Eckdaten für Funktionen. Des Weiteren adressiert kein Ansatz die gestellte Anforderung einer Nachvollziehbarkeit von Änderungen und vor allem der Visualisierung der Abhängigkeiten, sowohl hinsichtlich des gemeinsamen, verbindenden Ziels, als auch betreffend einer Abschätzung, welche Systemstrukturen von Veränderungen potentiell betroffen sein könnten. Rückschlüsse auf Regelmäßigkeiten bei auftretenden Veränderungen sind nicht möglich, da die genannten Ansätze keine Datenhistorie vorsehen.

Formale Basis und Modell
Um eine Einbettung eines Lösungsansatzes in bestehende Entwicklungsprozesse zu erleichtern, indem sowohl ein Daten-Import als auch ein Daten-Export zur Weiterverwendung ermöglicht wird, ist ein formales Modell als zielführend anzusehen. Ein derartiges Modell

3.4 Fazit und Handlungsbedarf

stellt gleichzeitig die Grundlage für die rechnergestützte Analyse der Abhängigkeiten und Änderungsauswirkungen dar. Dies setzt weiterhin eine Identifizierbarkeit der Modellelemente voraus. Um die Integration verschiedener disziplinärer Sichten zu ermöglichen, ist zusätzlich ein geeignetes Metamodell notwendig, auf das die spezifischen Aspekte abstrahiert werden können. Das Metamodell unterstützt außerdem aufgrund der einfachen Transformierbarkeit den geforderten Datenaustausch.

Darstellung und Strukturierung
Wie die Betrachtung der vorgestellten Ansätze offenbart, ist einer einfachen und intuitiv verständlichen Symbolik zur Abbildung der Produktbeschreibung der Vorzug zu geben, um die Komplexität der Darstellung gering zu halten. Weithin etabliert sind geometrische Körper, also graphische Darstellungsformen, die bei zunehmender Modellgröße geschickte Strukturierungsansätze bieten sollten, um die Darstellbarkeit auf einem Rechner zu erhalten. Textuelle Darstellungen sind hingegen bei zunehmender Datenmenge als rasch unübersichtlich einzuschätzen und nur speziell für den Datenaustausch geeignet. Um die Anpassung an Anwenderbedürfnisse zu gestatten, sollten Datenmodell und Datendarstellung getrennt implementiert werden.

Die Abbildung 3.19 fasst die Einordnung und Bewertung unterschiedlicher Lösungsansätze aus den Abschnitten 3.2 und 3.3 in einer Übersicht zusammen. Die dargestellten Anforderungen korrespondieren dabei zu den Bewertungskriterien des Kapitels 3.1. Die qualitative Beurteilung der Eignung der einzelnen Beschreibungsmittel, Konzepte, Ansätze und Werkzeuge für die gestellten Aufgaben dieser Arbeit ist in der Form von Kreisdiagrammen wiedergegeben.

3 Stand der Technik

Ansatz \ Anforderungen	Eignung für die Entwurfsphasen	Anwendbarkeit in den Fachdisziplinen und Gewerken	Analyse der Abhängigkeiten und Veränderung	Formale Basis des Ansatzes	Rechnerverarbeitbares Modell (Metamodell)	Darstellung des Modells textuell und graphisch	Einfache Symbolik, geringe (visuelle) Komplexität	Strukturierung des Modells
Übertragbare disziplinspezifische Ansätze								
Unified Modeling Language (UML)	◐	○	○	◐	●	◐	○	◐
Entity Relationship Diagramm (ER)	◐	○	○	◐	○	◐	●	○
Systems Modeling Language (SysML)	●	◐	○	◐	●	◐	○	◐
Structured Analysis and Design Technique (SADT)	◐	●	○	○	○	◐	◐	●
Petri-Netze (PN)	◐	◐	◐	●	◐	●	●	●
Matrix-basiertes Komplexitätsmanagement	◐	◐	◐	●	●	●	◐	◐
Explizit diziplinübergreifende Ansätze								
Zustandsautomaten und STATEMATE	◐	○	○	◐	◐	◐	◐	◐
Domänenspezifische Modellierung mittels SysML	◐	◐	○	◐	●	◐	○	◐
Axiomatic Design	●	●	○	●	●	●	◐	●
Funktionsorientierte Spezifikation nach Huang	◐	◐	○	●	○	●	●	●
Funktionsorientierte Spezifikation nach Buur	◐	◐	○	◐	○	◐	●	●
METUS	◐	◐	○	◐	◐	●	◐	◐
Methode zur Modellierung prinzipieller Lösungen	◐	◐	○	◐	○	◐	◐	◐
MECHASOFT und Mechasoft Modeller (MeSoMod)	○	◐	◐	○	◐	◐	○	●
Spezifikation der Prinziplösung selbstoptimierender Systeme	◐	●	○	◐	◐	●	○	●
Computational Design Synthesis based on Function-Behavior-Structure	◐	◐	○	◐	●	●	◐	●
Modell zur Produktgestaltung (DeCoDe)	◐	◐	◐	●	●	◐	◐	◐
Funktionsorientiertes Entwerfen (FOD)	◐	○	○	◐	◐	◐	○	◐
Funktionshierarchien und Systemstrukturen	◐	◐	◐	◐	●	◐	◐	◐
Variability Modeling	◐	○	◐	◐	◐	◐	◐	◐

Legende: Anforderungen werden vollständig ● teilweise ◐ nicht ○ erfüllt.

Abb. 3.19: Tabellarische Übersicht der Eignungsbewertung

KAPITEL 4

Entwicklung eines funktionsorientierten Konzepts zur Unterstützung früher Phasen der Produktentwicklung in der Informationstechnik

Das vorliegende Kapitel beschreibt das angestrebte Modellierungsziel und die Abstraktions- bzw. Integrationsschritte. Dazu gilt es, die notwendigen Modellelemente und ihre Relationen zu erarbeiten. Im Anschluss ist die Implementierung eines rechnerverarbeitbaren Modells dargestellt. In der Kombination aus Datenmodell und Datendarstellung wird ein funktionsorientiertes Beschreibungsmittel definiert. Abschließend gilt es, die Methode der Anwendung des Beschreibungsmittels zu verdeutlichen.

Inhaltsverzeichnis

4.1		Grundidee und Modellentwurf	66
	4.1.1	Modellierungsziel	68
	4.1.2	Sichten auf das Produkt	75
	4.1.3	Logische Beziehungen im Produkt	80
	4.1.4	Funktionsorientierte Kopplung der Sichten	82
	4.1.5	Änderungsmanagement	86
4.2		Modellimplementierung als Beschreibungsmittel	90
	4.2.1	Datenmodell	90
	4.2.2	Datendarstellung	102
	4.2.3	Datenversionierung	114
4.3		Methode der Modellierung	122
4.4		Zusammenfassung	125

Die Diskussion der statischen und dynamischen Komplexität im Rahmen der Entwicklung mechatronischer Produkte in Kapitel 2 zeigt anschaulich, dass die kritische Phase die des Entwurfs der Produkte ist. Hier sind Entscheidungen von entsprechender Tragweite und bedeutendem Einfluss auf alle nachgelagerten Phasen der Produktentwicklung zu treffen. Aufgrund der geschilderten Produktkomplexität (siehe dazu 2) sowie der heute erforderlichen interdisziplinären Vorgehensweise (siehe 2.3) und den entstehenden Anforderungen hinsichtlich einer Zusammenarbeit von Experten unterschiedlicher Disziplinen (siehe dazu 2.4 bzw. 3.4) ist eine integrative Lösung für die Zusammenarbeit notwendig.

Wie die Erörterung im Rahmen von Kapitel 3.3 und 3.4 zeigt, sind zufriedenstellende Lösungen für die frühen Phasen des Produktlebenszyklusses jedoch nicht verfügbar [VDI04], [Fra06]. Die einschlägige Literatur unterstützt dieses Analyseergebnis und unterstreicht den Bedarf sowohl nach einer disziplinübergreifenden Zusammenarbeit als auch nach einer methodisch und technologischen Unterstützung der Kooperation, bietet jedoch bislang keinen allgemeingültigen Lösungsansatz an (siehe hierzu Kapitel 2).

Ein solcher Lösungsansatz muss eine Reihe von Anforderungen (3.4) aufgreifen, darunter auch die Einordnung in übliche Entwicklungsprozesse der Mechatronik. Daraus ist abzuleiten, dass eine Weiterverwendung des resultierenden Modells der angestrebten Modellbildung zielführend ist und ein entsprechendes konzeptionelles Design der Lösung erfordert.

Unabhängig von der betrachteten Phase im Lebenszyklus eines Produkts existieren bestimmte Voraussetzungen für die Integration von Experten einzelner Fachbereiche: ein gewisses grundlegendes Instrumentarium [SCJ98]. Dieses Instrumentarium zeichnet sich durch die drei Bestandteile: *Beschreibungsmittel*, *Methode* (inkl. Konzepte) und *Werkzeuge* zur Unterstützung der Anwendung aus [SCJ98].

Das vorliegende Kapitel beschreibt in Kongruenz hierzu ein auf funktionsorientierter Abstraktion und Modellierung basierendes graphisches Darstellungs- und Analysekonzept. Zu diesem Zweck erfolgt einleitend die Diskussion der Grundlagen eines Modellentwurfs in 4.1 sowie der für eine zweckangepasste Modellierung notwendigen Modellelemente. Die Überführung des prinzipiellen Entwurfs in ein rechnerverarbeitbares Modell erläutert anschließend Kapitel 4.2. Des Weiteren wird eine Methode zum Einsatz des Modells dargestellt (4.3) und abschließend auf Optionen für eine mögliche Umsetzung dieses Modells in Form eines funktionalen Softwarewerkzeugs in Kapitel 5 eingegangen.

4.1 Grundidee und Modellentwurf

Die Ausarbeitung einer Lösung (Beschreibungsmittel, Methode und Werkzeugunterstützung) für die Entwurfsphase einer mechatronischen Produktentwicklung muss eine Reihe von Anforderungen aufgreifen. Die Lösungsanforderungen aus (2.4 und 3.4) lassen sich prinzipiell auf folgende essentielle Aspekte zusammenfassen - die Reihenfolge der Darstellung impliziert dabei keinerlei Priorisierung oder Wertung:

- (**LA1**) Datenbasis für die interdisziplinäre Zusammenarbeit in den frühen Phasen der mechatronischen Produktentwicklung
    - effiziente Nutzbarkeit
    - integrierendes, rechnerverarbeitbares Modell
- (**LA2**) Reduzierung der Modellkomplexität
    - hoher Abstraktionsgrad
    - geringe Detaillierungstiefe
- (**LA3**) Anschauliche und praktikable Darstellung des Modells
    - interdisziplinäre Verständlichkeit
    - möglichst allgemeinverständliche, disziplinneutrale Symbolik
    - geringe visuelle Komplexität
- (**LA4**) Gemeinsames Problemverständnis und Identifikation durch gemeinsame Kommunikationsgrundlage
- (**LA5**) Nachverfolgen bzw. Nachvollziehen der Änderungen des Entwurfs als Grundlage eines Veränderungsmanagements
    - Tracing[1] der Veränderungen
    - Identifizierbarkeit aller Modellbestandteile
- (**LA6**) Werkzeug zur zielgerichteten Unterstützung und Bewertung der Konzepte
    - leicht erlernbar
    - produktiv nutzbar

Im Allgemeinen erfolgt die Auseinandersetzung mit der geschilderten Aufgabenstellung im Rahmen des Systementwurfs (Systems Engineering). Der Begriff System bezeichnet dabei ein Menge an Einzelelementen aus unterschiedlichen Disziplinen (Software, Hardware, Personen etc.), die gemeinschaftlich integriert das Ziel verfolgen, die gestellten Produktanforderungen zu erfüllen [BFF98], [Wei06]. Der zweite Begriff, Engineering, bezeichnet ein methodisches, strukturiertes Vorgehen zum Erreichen der gesteckten Aufgaben [BFF98], [Wei06]. Diese Arbeit ist auf einen Teil der gesamten Systems-Engineering-Aufgabe begrenzt und greift, fokussiert auf mechatronische Produkte, insbesondere die Unterstützung des Entwurfs heraus. Diesen Fokus bezeichnet Frank [Fra06] als Prinziplösung.

---

1 Der Begriff *Tracing* ist hierbei der gebräuchlicheren Bedeutung im Rahmen der Ablaufverfolgung von Programmen oder der Fehlersuche (Debugging) entlehnt und orientiert sich am logischen Zusammenhang des Nachverfolgens und der potenziell entstehenden Auswirkungen.

Als Grundlage der weiteren Entwurfsschritte ist einleitend die Frage zu erörtern, wie eine disziplinübergreifende Datenbasis, letzten Endes also ein Datenmodell, konzipiert und dabei gleichermaßen eine gezielte Informationsreduktion berücksichtigt werden kann.

4.1.1 Modellierungsziel

Zur Realisierung des angestrebten Ziels **LA1** (effiziente, rechnerverarbeitbare Datenbasis) eines integrierenden Modells bieten sich grundsätzlich zwei unterschiedliche Herangehensweisen an: zum einen eine Modellierung mit den etablierten Beschreibungsmitteln der einzelnen Disziplinen [AKRS06] und eine spätere Zusammenführung (Variante 1) sowie zum anderen eine explizit einheitliche Modellierung von Beginn an. Eine abgeschwächte Interpretation der Variante 1 ist bei Frank [Fra06] beschrieben: Unterschiedliche, jedoch nur bedingt an Disziplinen gebundene Modelle werden zur Spezifikation eines Gesamtmodells eingesetzt und mittels Schnittstellendefinitionen vernetzt[1]. Bei der zweiten Realisierungsmöglichkeit gilt es, darüber hinaus noch zwischen einer Modellierung mit einem bereits in einer oder mehreren Disziplinen eingesetzten (Variante 2*a*) und der Etablierung eines neuen Beschreibungsmittels (Variante 2*b*) zu differenzieren.

Die Nachteile der ersten skizzierten Variante sind leicht nachvollziehbar: Es existiert eine große und weiter zunehmende Zahl von (disziplinspezifischen) Beschreibungsmitteln [SCJ98], [ATAF+09]. Schnieder et al. [SCJ98] sprechen in diesem Zusammenhang von einer eher divergierenden als konvergierenden Zahl. Diese Beschreibungsmittel bieten uneinheitliche Detaillierungsgrade, werden durch unterschiedliche Werkzeuge unterstützt (mitunter ist auch keine Unterstützung verfügbar oder angedacht) und liefern nicht zwingend eine rechnerverarbeitbare Datenbasis. Die verfügbaren Beschreibungsmittel verfolgen eigenständige Konzepte und spiegeln des Weiteren lediglich die dem ursächlichen Einsatzzweck entsprechenden Eigenschaften und Möglichkeiten wider [SCJ98]. **LA1** (effiziente, rechnerverarbeitbare Datenbasis) ist somit nicht erfüllt. Die Forderung **LA6** (Werkzeugunterstützung) ist bei vielen Beschreibungsmitteln nur disziplinintern erfüllt. Eine Bewertung dieser Behauptung gespiegelt an der vorgestellten Lösung dieser Arbeit wird in Kapitel 6 erfolgen. **LA5** (Tracing der Änderungen) ist mehrheitlich nicht erfüllt, siehe dazu Abschnitt 3. Die Forderungen **LA2** (Reduzierung Modellkomplexität) und **LA3** (anschauliche, praktikable Darstellung) stehen leicht nachvollziehbar für disziplinspezifische Beschreibungsmittel nicht im Vordergrund und sind dementsprechend nicht oder nur eingeschränkt erfüllbar.

Zur Modellkopplung aus etablierten Modellen der an der Entwicklung beteiligten Disziplinen ist zusätzlich anzumerken, dass gerade in der betrachteten frühen Entwicklungsphase die Zuordnung der Aufgaben zu den einzelnen Disziplinen noch nicht endgültig abgeschlossen ist, wodurch eine spezifische Modellierung deutlich an Nutzwert verliert [GM], [VDI04],

---

[1] die Arbeiten erfolgten im Rahmen des SFB614 – „Selbstoptimierende Systeme des Maschinenbaus" und berücksichtigen Anforderungen, Umwelt, Zielsysteme, Funktionen, Wirkstrukturen, räumliche Darstellungen und Anwendungsszenarien.

[Fra06]. Dieser zunächst naheliegende Ansatz muss also als unzureichend bewertet werden. Als zielführender muss der gewählte Ansatz angesehen werden, sich zunächst von den bekannten Methoden und Beschreibungsmitteln zu lösen und auf einer neutralen Basis eine gemeinschaftliche Denk- und Arbeitswelt bzw. Kommunikationsgrundlage zu erzeugen [Lip00].

Hinsichtlich der Variante einer Verwendung eines Beschreibungsmittels einer Disziplin für eine einheitliche Modellierung, stellt sich die disziplinübergreifende Bekanntheit, Anwendbarkeit oder Akzeptanz des Beschreibungsmittels als problematisch dar und verletzt folglich die Forderung **LA4** (Problemverständnis und Kommunikationsgrundlage). Auch dieser Ansatz ist für das angestrebte Ziel dieser Arbeit folglich zu verwerfen.

Für den Lösungsansatz einer Zusammenführung getrennter disziplinspezifischer Modelle wird eine Modellkopplung offensichtlich zusätzlich zur eigentlichen Modellierung erforderlich [AKRS06], [Bar09]. Für den Ansatz einer Modellkoppelung ist weiterhin zwischen einer Realisierung durch eine Beschreibung der zu integrierenden Modelle durch ihre Schnittstellen ohne Detailsichten oder aber die vollständige Übernahme der Detailinformation und der Schnittstellen in das Integrationsmodell zu differenzieren [RGMG04]. Generell bedarf die Generierung eines Kopplungsmodells der Spezifikation einer Semantik der Kopplung bzw. des entstehenden Modells, umsetzbar in Metamodellen und Graph-Grammatiken [HSH09], [RGMG04], [AKRS06], [ARS05].

Darüber hinaus sind ausgefeilte Verfahren zur Zusammenführung und zum Vergleich uneinheitlicher semantischer Modelle erforderlich, wie sie u. a. von Bartelt [Bar09] oder Schmidt [Sch07] beschrieben werden. Bartelt [Bar09] wirft weiterhin die Frage nach der Sicherstellung der syntaktischen und semantischen Konsistenz eines zusammengeführten Modells auf. Diese Konsistenz ist disziplinübergreifend noch zweifelhafter, da bei Bartelt [Bar09] allein die Domäne der Softwareentwicklung berücksichtigt wurde. Zusätzlich wird auf technologische Ansätze wie die Verwendung von kommentierten, XML-basierten Austauschformaten, die durch Konfigurationsmanagement- oder Versionsverwaltungssysteme verwaltet werden müssen, und spezielle Sperrmechanismen oder das Teamwork unterstützende Software verwiesen [Bar09]. Die Anforderungen **LA1** (effiziente, rechnerverarbeitbare Datenbasis) bis **LA6** (Werkzeugunterstützung) sind durch diese Ansätze nicht effizient erfüllbar.

Die Integration mehrerer Modelle zu einem Gesamtmodell bedingt nicht nur Herausforderungen hinsichtlich der semantischen Kopplung, sondern nach Moody [Moo09] ebenfalls im Bereich der kognitiven Fähigkeiten des Nutzers, dem die Aufgabe aufgelegt wird, eine mentale Informationsverdichtung (oder Integration) über mehrere Modelle hinweg vorzunehmen und v. a. zu bewahren, auch bei Veränderung der Modelle oder ihrer Relationen. Dieser Sachverhalt ist unabhängig davon, ob ein identisches oder unterschiedliche Beschreibungsmittel für die Einzelmodelle eingesetzt werden [Moo09], und resultiert in einem entsprechenden Zusatzaufwand zur Beherrschung oder Unterstützung des Integrationsvorgangs.

Auf der Basis der oben diskutierten Probleme baut der hier vorgestellte Ansatz auf eine explizit einheitliche und integrierende Modellierung auf der Basis eines disziplinübergreifenden und rechnerverarbeitbaren Metamodells (Umsetzung der Variante 2*b*), um die Arbeit auf anforderungsgerechter Betrachtungsebene ohne weiteren Mehraufwand zu ermöglichen. Dieser Aufwand ist leicht nachvollziehbar: Die Anzahl notwendiger Transformationen bzw. Abbildungen zwischen den unterschiedlichen Beschreibungsmitteln (Variante 1 und durch Semantik bedingt Variante 2*a*) steigt mit der Menge der zu berücksichtigenden Modelle. Für jedes zu integrierende Modell m resultiert rein logisch der Bedarf nach wenigstens zwei Abbildungsvorschriften, insgesamt dementsprechend also $2 * (m - 1)$ Abbildungen [BG09]. Das Sicherstellen der Konsistenz der Modelle sowie ihrer Abbildungen erhöht die Komplexität und den Aufwand der Variante nachvollziehbar zusätzlich. Ein weiterer entscheidender Nachteil der Varianten 1 und 2*a* besteht in der Annahme, dass die Granularität der modellierten Informationen nicht in allen Modellen identisch und darüber hinaus durch Unterschiede bei der logischen Information gekennzeichnet ist. Somit sind mehrere Modelle zur Erreichung eines ausreichenden Problemverständnis erforderlich [BGH+98] - die Schnittstellenkomplexität, unter Berücksichtigung der Forderung nach Weiterverwendung der modellierten Daten im Entwicklungsprozess, steigt. Aufgrund divergierender Begrifflichkeiten (Begriffssysteme), Konzepte oder Abstraktionsgrade sind modellübergreifende Zusammenhänge und Überschneidungen u. U. nicht identifizierbar oder auflösbar [JDE08]. Becker et al. fordern in diesem Zusammenhang, unter der Einschränkung des Vorliegens identischer Sachverhalte, dass verschiedene Akteure das gleiche Beschreibungsmittel (Sprachkonstrukt) nutzen sollten [BRS95]. Auf Erwägungen hinsichtlich der Konsistenz und Kopplung unterschiedlicher Modelle oder Spezifikationstechniken kann durch die Auswahl der Variante 2*b* verzichtet werden. Analog reduziert die Wahl der Variante 2 den zu betreibenden Aufwand eines Veränderungsmanagements. Eine vereinfachende Interpretation der oben erläuterten Zusammenhänge zwischen der inhaltlichen (semantischen) Überdeckung und den resultierenden Aufwendungen für die Transformationen sowie den relativen kognitiven Aufwand zeigt die Abbildung 4.1 anhand zweier Beispielkonstellationen. Mit zunehmender Überdeckung, was rein logisch betrachtet zu mehreren sehr ähnlichen oder sinnvollerweise zu einem integrierten Modell führt, sinkt der relative, subjektive kognitive Aufwand. Dieser ist verständlicherweise von individuellen Fähigkeiten und dem Kontext abhängig zu machen. Gleichzeitig sinkt der Aufwand für Abbildung und Transformation.

Die Forderung nach einem adäquaten Management der Veränderungen des Produkts, seiner Komponenten und daraus resultierend des Modells wird gesondert in Kapitel 4.1.5 thematisiert. Zu diesem Zweck ist zunächst ein konzeptionelles Modell zu definieren. In Kapitel 4.2 wird diese Grundlage in der Verbindung aus Datenmodell, Datendarstellung und Datenmanipulation zu einem vollständigen Beschreibungsmittel weiterentwickelt.

Einen elementaren Bestandteil eines Beschreibungsmittels stellt die Möglichkeit zur Dateneingabe, also Modellierung, zur Pflege der Daten und zur Weiterverwendung dar. Die erforderliche Implementierung eines Softwarewerkzeugs wird in Kapitel 5 aufgegriffen.

Für die Entwicklung eines problemangepassten Beschreibungsmittels bzw. für das spezifizierte Beschreibungsmittel selbst wird in der Literatur auch die Bezeichnung domänenspezifische Sprache (engl. *Domain Specific Language* – DSL) genannt. Bei der DSL handelt

4.1 Grundidee und Modellentwurf

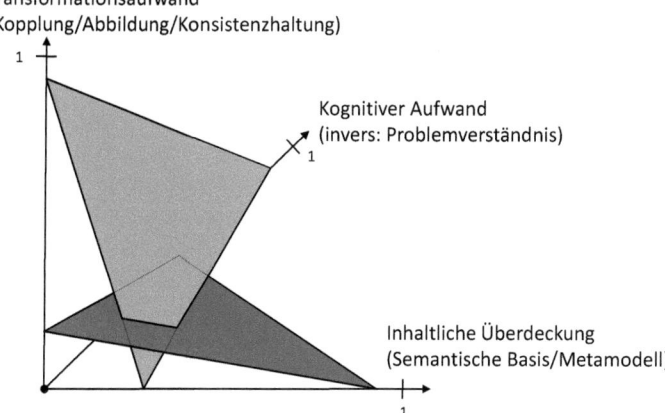

Abb. 4.1: Aufwendungen und semantische Überdeckung

es sich um eine spezialisierte Sprache für ein bestimmtes Anwendungsgebiet oder einen bestimmten Typ von Problem. Die Notation der Sprache kann dabei textuell oder graphisch sein [Gra08], wobei nach Graf [Gra08] die graphischen Darstellungsformen ebenfalls als domänenspezifische Modellierungssprachen (engl. *Domain Specific Modeling Language* – DSML) bezeichnet werden. In der Literatur [MHS05] werden zwei grundsätzliche Arten von DSLs unterschieden:

- interne DSL: Interne DSLs basieren auf wesentlichen Implementierungen der Wirtssprache, sind folglich eine Untermenge einer generellen Sprache (z. B. eine UML2-Profilerweiterung).
- externe DSL: Bei externen DSLs erfolgt hingegen eine Neudefinition der Sprache von Grund auf.

Die Konzepte der Sprache entstammen dem Problembereich und basieren auf einer definierten Syntax und Semantik. Eine DSL wird für eine Problemdomäne entworfen und zeichnet sich durch leichte Erlernbarkeit aufgrund eines beschränkten Sprachumfangs aus [MHS05].

Konzeptionelles Modell

Die konzeptuelle Modellierung stellt eine Unterdisziplin des Anforderungsmanagements (Requirements Engineering) dar [ATAF+09]. Der Ansatz der konzeptionellen Modellierung für den Kontext der Modellierung von Informationssystemen ist in der Literatur bereits umfassend beschrieben [Oli07]. Als Informationssystem wird ein System aus vernetzten Informationen bezeichnet.

Definition 4.1.1.1 (Informationssystem) *Ein Informationssystem dient im Verständnis der Informatik der rechnergestützten Erfassung, Speicherung, Verarbeitung, Pflege, Analyse, Benutzung, Disposition, Übertragung und Anzeige von Informationen [DUD88].*

Ein solches System aus Informationen in wechselseitigen Relationen, die auf eine bestimmte Art organisiert sind, wird auch als Wissen bezeichnet [Cap86], [Lin00]. Ergänzend wird die allgemeine Charakteristik eines Modells auf vier elementare Eigenschaften zurückgeführt: Modelle bestehen aus Modellelementen, diese Modellelemente stehen in Relation zueinander, Modellelemente können Wertspezifikationen enthalten und Modellelemente sind einem Metamodelltyp zuzuordnen [Bar08].

Als zielführend erscheint eine Abgrenzung dahingehend, dass ein Informationssystem den Zustand einer Domäne beschreibt [Oli07]. Für den Aufbau einer Domäne gilt folgende auf [Oli07] und [KE06] aufbauende Definition:

Definition 4.1.1.2 (Domäne) *Eine Domäne besteht aus Objekten und Beziehungen zwischen diesen Objekten. Sie umfasst weiterhin Konzepte. Die ontologische Betrachtungsweise der Domäne wird als Konzeptionalisierung (oder konzeptionelle Modellierung) bezeichnet [Oli07].*

Die tatsächliche Spezifikation, also der Ausbau als Wissensbasis des konzeptionellen Schemas, wird als Ontologie bezeichnet [Oli07]. Die Instanziierung des Schemas als konzeptionelles Modell (oder Konzeptmodell) bedingt des Weiteren die Aufnahme der Informationen über die tatsächlichen Objekte und deren Relationen sowie die Klassifizierung der Information bzgl. der Objekt- und Relationsklassen [Oli07].

Für das Umfeld der Datenbankverwaltungssysteme wird die Strukturierung der Gegenstandsmengen (Objekte) und ihrer Beziehungen ebenfalls unter dem Begriff des konzeptuellen Entwurfs gefasst [KE06]. Für die konzeptuelle Modellierung beschreiben Kemper und Eickler [KE06] mehrere mögliche Datenmodelle (u. a. objektorientierte Entwurfsmodelle wie UML) und die Möglichkeit der Darstellung des konzeptuellen Schemas mit einer graphischen Beschreibungssprache. Diese konzeptuellen Schemas sind i. d. R. nicht zur Implementierung geeignet. Es handelt sich vielmehr und reine Beschreibungsmodelle mit graphischer Notation und reichhaltigen Modellierungskonstrukten, um die realen Gesetzmäßigkeiten abzubilden [KE06]. Unter realen Gesetzmäßigkeiten ist die Gegenstandsebene der Modellbildung, also die interessierenden logischen und physischen Entitäten, zu verstehen [Ste05].

Der primäre Zweck konzeptueller Modellierung wird weiterhin als Erhebung eines qualitativ hochwertigen konzeptuellen Schemas eines Systems definiert [Tha09]. Dabei existieren drei grundlegende Dimensionen: die Konstrukte einer Modellierungssprache, die Datengewinnung innerhalb einer bestimmten Domäne und das Engineering [Tha09]. In der Literatur ist dargestellt, dass es heute keine universelle und einheitliche Sprache für alle Aspekte und alle Facetten eines Betrachtungsgegenstandes gibt. Daraus ist zu folgern, dass eine Reihe unterschiedlicher Modelle existiert, die unterschiedliche Aspekte eines Systems fokussieren

4.1 Grundidee und Modellentwurf

[Tha09]. Einschränkend ist anzuführen, dass Modelle, die zur Spezifikation unterschiedlicher Sichten auf ein Problem oder ein Produkt herangezogen werden, konsistent und in integrierter Form vorliegen müssen [Tha09]. Dargestellt wird weiterhin eine Differenzierung zwischen konzeptuellen Modellen und mentalen Modellen [SCJ98], [Wei07]. Mentale Modelle sind demnach vereinfachte Darstellungen realer oder hypothetischer Situationen und werden für komplexere kognitive Aktivitäten wie das Problemlösen verwendet [Wei07], [Dut94]. Sie leiten primär das Verständnis eines Individuums [BFK+06]. Die Theorie gründet sich auf die Annahme, dass der Mensch aus Eindrücken ein mentales Modell aufbaut und gegen dieses Modell Manipulationen vornimmt [JLB91]. Ein inhaltlicher Unterschied zwischen den Modellen liegt nicht vor, jedoch repräsentieren mentale Modelle überwiegend die gedankliche Leistung eines Individuums (also die Vorstellung über einen Sachverhalt bzw. dessen Interpretation) [Wei07], [Dut94], [JLB91], während konzeptuelle Modelle i. d. R. bewusst gestaltete, fachlich akzeptable Realitäten darstellen. Bierbaumer et al. [BFK+06] schränken ein, dass mentale Modelle nicht zwingend vollständige Abbildungen eines Originalsachverhaltes darstellen. Für eine Bewertung unterschiedlicher Beschreibungsmittel postulieren Schnieder et al. [SCJ98], dass diese umso leichter verstanden werden, je höher die Überdeckung mit mentalen Modellen ausfällt.

Anaby-Tavor et al. [ATAF+09] definieren, dass konzeptuelle Modellierung den Prozess der formalen Dokumentation einer Problemdomäne zum Zweck des Verständnisses und der Kommunikation zwischen den beteiligten Akteuren (nach [ATAF+09] Stakeholder) darstellt. Kung und Solvberg [KS86] unterstützen diese Auffassung und schließen, dass konzeptuelle Modelle die Beurteilung einer Domäne und die Kommunikation zwischen den Akteuren unterstützen sowie eine Möglichkeit der Dokumentation darstellen.

Der prozentuale Einsatz konzeptueller Modelle erfolgt nach einer empirischer Untersuchung zu gut der Hälfte zum Zweck der Modellierung von Organisationsstrukturen, IT-Architekturen bzw. Technologien und Kompetenzen in Unternehmen [ATAF+09]. Eine Übertragung der konzeptuellen Modellierung auf die Modellbildung eines mechatronischen Produkts ist aufgrund dessen gut nachvollziehbar.

Aus den obigen Definitionen wird für die vorliegende Arbeit als zunächst angestrebtes Modellierungsziel ein konzeptionelles Modell für die Domäne der Mechatronik und dementsprechend mechatronischer Produkte abgeleitet. Das Konzept dieses Modells soll so gehalten sein, dass eine Übernahme in Form eines individuellen mentalen Modells leicht möglich wird. Im Rahmen dieser Betrachtung steht das Verständnis der notwendigen und hinreichenden Modellbestandteile im Vordergrund. Darauf aufbauend und gemäß obiger Forderungen erfolgt in 4.2 die umfassende Diskussion einer rechnerverarbeitbaren Implementierung der grundlegenden Konzepte.

Abstraktion und Informationsreduktion

Das Prinzip der Abstraktion, für den Aufbau eines konzeptuellen Modells wird als das In-Relation-Setzen von Betrachtungsgegenständen (Objekte oder Entitäten) E mit den Konzepten K dargestellt [Tha09], [Ste00]. Diese Relation R wird durch Einschränkungen ihrer Anwendbarkeit ρ, ihrer Modalität oder Starrheit θ und durch das Vertrauen ψ auf die Relation charakterisiert. Das entstehende Modell wird in einer Gruppe G akzeptiert und ist gültig für einen bestimmten Betrachtungsausschnitt W der Realität.

Hinsichtlich der Erstellung eines konzeptionellen Schemas bleibt einzuschränken, dass nicht zwangsläufig die Gesamtheit der Objekte und Beziehungen einer Domäne in ein Informationssystem aufgenommen werden müssen. Vielmehr ist es als ausreichend anzusehen, eine Untermenge für eine zweckangepasste Betrachtung zu berücksichtigen [Oli07]. Dabei erfolgt eine Abgrenzung zwischen dem konzeptionellen Schema der Domäne und dem tatsächlichen konzeptionellem Schema des Informationssystems. Diese Einschränkung stützt den Ansatz des vorliegenden Entwurfs, eine gezielte Komplexitätsreduktion durch Verzicht auf Information zu erreichen. Janschek [Jan09] schränkt ein, dass die Wahl der richtigen Abstraktion und Vereinfachung keinen festen Regeln unterliegt, sondern von einem ingenieurmäßigen Gespür und der Festlegung der für den Modellierungszweck wesentlichen Eigenschaften abhängt. Steimann beschreibt es als die Aufgabe des Modellierenden, die möglichen Relationen auf eine kleinere Anzahl (Primitive) zurückzuführen [Ste00].

Olivé [Oli07] differenziert hinsichtlich des Grades an Informationsreduktion zwischen Vollständigkeit und Korrektheit des konzeptionellen Schemas. Nach der beschriebenen Definition stellt im Fall eines vollständigen konzeptionellen Schemas die Domäneninformation eine Untermenge des Konzeptmodells dar. In einem korrekten Schema ist hingegen das Konzeptmodell eine Untermenge der Domäneninformation. Liegt ein vollständiges und korrektes Schema vor, besteht Deckungsgleichheit. Die Grafik 4.2 veranschaulicht diese Bewertung.

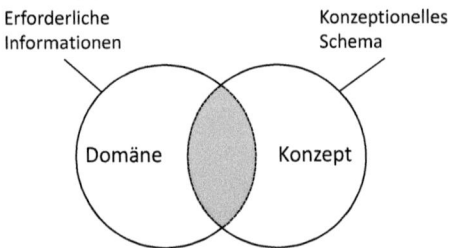

Abb. 4.2: Schnittmenge Konzept- und Domänenmodell [Oli07]

Aufgrund der in **LA2** (Reduzierung Modellkomplexität) geforderten Informationsreduktion ist der Festlegung des Detaillierungsgrades des Konzeptmodells auf ein korrektes Schema der Vorzug zu geben.

Bedingt durch die bereits einleitend dargestellte Eingrenzung der Modellierung auf die

Entwurfsphase eines mechatronischen Produkts ist der mögliche Detaillierungsgrad auch hinsichtlich der zur Verfügung stehenden Informationen beschränkt. Eine stärkere Detaillierung der technologischen und organisatorischen Informationen über ein Produkt erfolgt gemäß der etablierten Vorgehensmodelle der mechatronischen Produktentwicklung [VDI04] erst nach dem Übergang von der Gesamtsystementwicklung zur disziplinspezifischen Detailentwicklung. Die abstrakte Darstellung einer Entwicklungsaufgabe, sodass sie von allen Beteiligten effizient verstanden werden kann, erfüllt **LA4** (Problemverständnis und Kommunikationsgrundlage) vollständig.

Die effektiv notwendigen Sichten auf ein Produkt und damit die erforderlichen Informationen über die beteiligten Disziplinen, deren Detailinformationen sowie die notwendigen Relationen und Abhängigkeiten zwischen den einzelnen Disziplinen werden im nachfolgenden Absatz genauer diskutiert.

4.1.2 Sichten auf das Produkt

Im Rahmen des Systementwurfs gelangen verschiedene Modelltypen zum Einsatz, die jeweils unterschiedliche Sichten auf das untersuchte mechatronische Produkt gestatten [Jan09]. Der Begriff Sicht beschreibt verschiedene Verhaltenseigenschaften [Jan09]. Janschek [Jan09] skizziert eine Modellhierarchie und stellt auf oberer Ebene das qualitative Systemmodell mit identifizierten Produktaufgaben, einer Systemstruktur und Schnittstellen heraus. In der hierarchischen Betrachtung schließt sich in der Folge der disziplinspezifische Entwurf mittels disziplinspezifischer Modelle an [Jan09].

Für den Entwurf eines funktionsorientierten Konzeptmodells gilt es, die dafür relevanten Sichten des Systemmodells zu identifizieren. Dazu erfolgt zunächst eine Einordnung des Begriffs der Sicht in der Form einer auf [Jan09] und [Sch99] aufbauenden Definition:

Definition 4.1.2.1 (Sichten) *Sichten auf ein mechatronisches Produkt spiegeln auf der Ebene eines qualitativen Systemmodells sowohl Produktaufgaben (auf der Basis der Produktanforderungen), also Produktfunktionen, als auch die mit Komponenten aus unterschiedlichen Disziplinen realisierte und detaillierte Systemstruktur wider.*

Dem Sichtenkonzept ist eine Abstraktion zugrunde gelegt, die anstelle von unterschiedlichen Modellen mit unterschiedlichem Betrachtungsfokus und somit unterschiedlicher Semantik [Ste05] auf verschiedene Modelle einer Problemdomäne setzt. Diese unterschiedlichen Modelle stellen Sichten auf ein gemeinsames Problem dar. Arnold et al. [ADEK05] vertreten den Ansatz, zu jeder Technologie eines Produktmodells eine eigene Sicht zu schaffen. Die Grundidee entbehrt jedoch nicht den konzeptionellen Bedarf nach sichtenübergreifend verbindenden Strukturen. Eine synergetische Betrachtung unterschiedlicher Sichten in einem integrierten, funktionsorientierten Produktmodell erfordert eine sinnvolle Kopplung, da andernfalls die Sichten als isolierte Artefakte vorlägen.

Identifikation der Sichten

Wie bereits im Kapitel 2 dargestellt, bestehen mechatronische Produkte aus technologischen Komponenten unterschiedlicher disziplinärer Herkunft, die wiederum in verschiedenartigen, logischen Wirkbeziehungen und Abhängigkeiten stehen können. Die Grafik 4.3 stellt dies überblicksartig dar, wobei keine Rücksicht auf die tatsächlichen durchschnittlichen Anteile der Disziplinen genommen wird. Die Darstellung erfolgt neutral und gleichberechtigt, da quantitative oder prozentuale Verteilungen für die Analyse der Sichten keine nennenswerte Bedeutung besitzen.

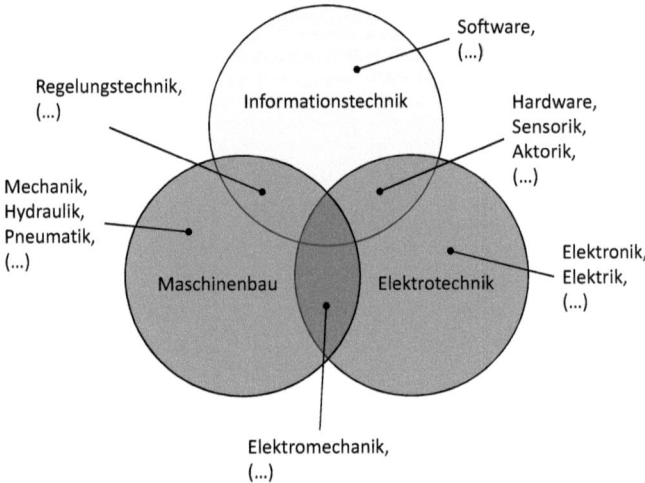

Abb. 4.3: Ausprägung mechatronischer Disziplinen in Anlehnung an [Lip00]

Anhand der Grafik zeigt sich anschaulich, dass die Menge der Disziplinen in zwei wesentliche Gruppen teilbar ist: Disziplinen, die mehrheitlich physikalische, greifbare Komponenten erzeugen sowie Disziplinen, die überwiegend virtuelle, logische Konstrukte beitragen. Dieser Sachverhalt ist in der Grafik 4.3 durch verschiedene Schattierungen dargestellt.

Hinsichtlich der Identifikation der einzelnen Entitäten der Problemdomäne (mechatronisches Produkt) ist eine eindeutige Identifizierbarkeit innerhalb des konzeptuellen Modells erforderlich [Oli07]. Entitäten werden mindestens durch die Eigenschaften Name, Typ, Klasse und Hierarchie charakterisiert. Bei Relationen zwischen diesen Entitäten besitzen die Typzugehörigkeit, evtl. vorliegende formale Randbedingungen, der Grad sowie die Darstellung charakterisierende Eigenschaften. Diese Forderung unterstützt zum einen den gewählten Ansatz der Auswahl von relevanten Sichten, also Entitätsklassen, und unterstreicht zum anderen den Bedarf nach einer Identifikation und Strukturierung der Komponenten der Entitätsklassen für den Aufbau des konzeptuellen Modells.

Zur Analyse des Aufbaus und der Abhängigkeiten mechatronischer Produkte wird der

Ansatz einer Zerlegung des betrachteten Produkts in Komponenten erläutert, die den identifizierbaren Produktfunktionen zuzuordnen sind [BDK⁺05]. Die Grafik 4.4 veranschaulicht das sog. Schalenmodell. Eine zweckmäßige Modellierung ist nur durch die Zerlegung des Gesamtsystems in Komponenten und die eindeutige Zuordnung zu Systemfunktionen möglich [BDK⁺05].

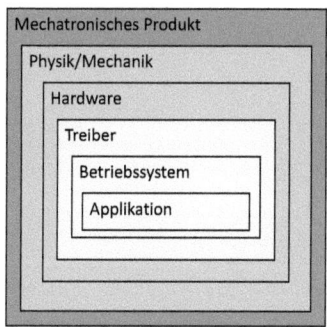

Abb. 4.4: Schalenmodell mechatronischer Produkte nach [BDK⁺05]

Den Kern des Schalenmodells bildet Software, differenziert nach Treiber, Betriebssystem und Applikation. Die Hardware repräsentiert zum einen die technische Ablaufumgebung der Software und zum anderen die Sensorik bzw. Aktorik, über die Software mit der physikalischen Umgebung sowie Mechanik des Produkts interagiert. Die Bedeutung der Software für eine disziplinübergreifende Produktbetrachtung wird somit hervorgehoben [BDK⁺05].

Als etablierte Literatur [1] gilt weiterhin die VDI-Richtlinie 2206 [VDI04], die das Ziel einer ganzheitlichen mechanischen Entwicklung umfassend adressiert. Von besonderer Bedeutung für das vorliegende Konzept ist diese anzusehen, da die Richtlinie als primäres Ziel die Unterstützung der disziplinübergreifenden Entwicklung mechatronischer Produkte verfolgt (vgl. dazu Kapitel 3). Im Rahmen der Richtlinie werden als bedeutende Entitätsklassen für den Entwurf diskrete mechanische, elektronische und informationstechnische Komponenten benannt.

Produkte sind jedoch nicht ausschließlich unter technischen Gesichtspunkten strukturierbar, sondern ebenfalls hinsichtlich funktionsorientierter Aspekte [Con05], [GM06], [VDI04], [VDI97]. Dies umfasst das Zusammenfassen verschiedener Komponenten zu funktionalen Einheiten. Gemäß Pahl et al. [PBFG05] (auch [PBFG97]) sind Funktionen in Analogie zu Komponenten hierarchisch modellierbar: Gesamtfunktionen setzten sich dementsprechend aus Teilfunktionen zusammen. Das Modell der Produktfunktionen wird dabei als Funktionsstruktur bezeichnet. In frühen Entwicklungsphasen sind Funktionen häufig stark lösungsneutral gehalten und werden schrittweise konkretisiert. In diesem Zusammenhang

---

[1] VDI-Ausschuss A127 „Entwicklungsmethodik für mechatronische Systeme"

wird der Bedarf einer Abgrenzung zu den Produkteigenschaften[1] erläutert [Her06]. Die Grafik 4.5 fasst diese Einordnung der Begriffe Funktion und Eigenschaft zusammen.

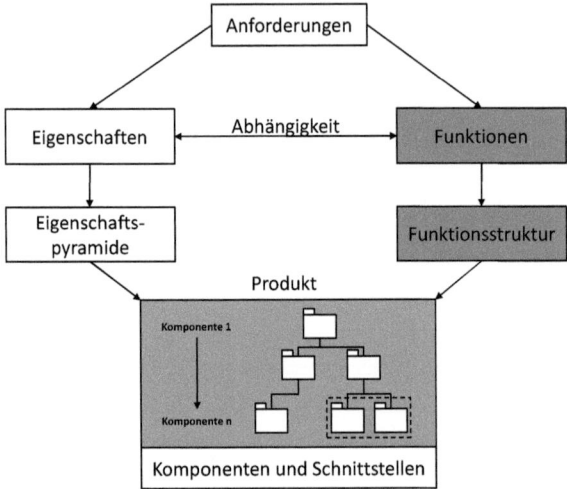

Abb. 4.5: Zusammenhang zwischen Funktion und Eigenschaften in Anlehnung an [Her06]

Während aus Summe der Produktkomponenten die Erfüllung der Produktfunktionen resultiert, ist dies für die Produkteigenschaften nicht zwingend gegeben [Her06]. Die Verknüpfung von technischen Komponenten mit Produktfunktionen ist gemäß Eichinger et al. [EMPL06] möglich.

Auswahl notwendiger Sichten

Als Ergebnis der Identifikation der möglichen und notwendigen Sichten auf die vorliegende Problemdomäne sind die Auswahl und Eingrenzung auf die Sichtweise der klassischen Ingenieurwissenschaften (Elektronik/Elektrotechnik und Maschinenbau/Mechanik) mit einer synergetischen Integration der Informationstechnik (hauptsächlich Software) herauszustellen. Ein entscheidendes zentrales Element einer Systemmodellierung in der Entwurfsphase ist eine funktionsorientierte Sichtweise, deren Relevanz im nächsten Abschnitt noch weiter detailliert wird. Die graphische Darstellung 4.6 verdeutlicht diese Auswahl. Im Rahmen der mechatronischen Produktentwicklung ist eine Vielzahl an Detailsichten denkbar, auch in Abhängigkeit vom zu entwickelnden Produkt, die für einen ersten Modellierungsschritt zielführend einzugrenzen ist.

---

[1] Der wesentliche Unterschied gemäß der Ausführungen nach Herczeg [Her06] liegt in der Möglichkeit einer (De)Komposition der Funktionen.

4.1 Grundidee und Modellentwurf

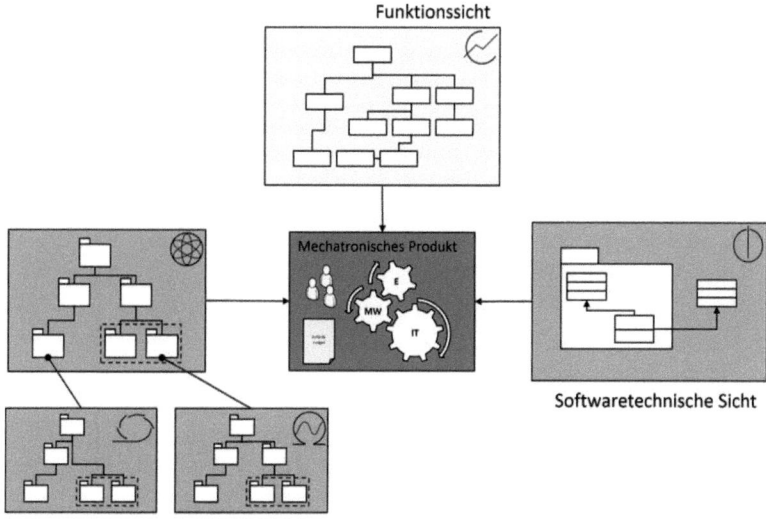

Abb. 4.6: Relevante Sichten eines konzeptuellen Entwurfs

Die Grafik 4.6 zeigt anschaulich die beiden wesentlichen Entitätsklassen (oder Gruppen) der Produktkomponenten- physikalische und virtuelle bzw. logische Sicht. An zentraler Stelle steht die Funktionshierarchie. Die Entitäten der physikalischen Sicht werden als gestaltbehaftete Bauteile bezeichnet [PBFG97]. Die Abbildung der Strukturen erfolgt bauteilorientiert entsprechend der physikalischen Ausprägung des Produkts. Dieser Ansatz wird auf Softwarekomponenten bzw. Funktionen übertragen und dementsprechend auch diese logischen, virtuellen Produktaspekte in einer (De)Kompositionsstruktur dargestellt. Der Ansatz, Softwarestrukturen als Bauteil aufzufassen,[1] wird in der Literatur als möglich beschrieben [DIN04]. Dettmering [Det07] unterstützt ebenfalls diesen Ansatz und weist im Rahmen der automobilen Softwareentwicklung zusätzlich auf die Möglichkeit einer Clusterbildung der dekomponierten Softwarebausteine hin. Durch die Modellierung eines Produkts in der aufgezeigten Weise entsteht eine zweidimensionale, vernetzte Struktur, die zum einen hierarchische Aspekte und zum anderen funktionale Zusammenhänge berücksichtigt.

Sichten innerhalb des gezeigten Konzepts entsprechen dem jeweiligen Verständnis bzw. dem tatsächlichem Aufbau der Produktstruktur aus dem Blickwinkel einer Disziplin. Sichten stellen Hierarchien in der Form einer Baumstruktur dar. Die Produktarchitektur wird somit in mehrere Teilbäume zerlegt. Das Bilden von Sichten entsprechend der im Kontext der

---

[1] Im Rahmen des sog. Baseline-Ansatzes werden Softwarebauteile allerdings als ausführbare, kompilierte Codeeinheiten aufgefasst.

Modellierung berücksichtigten Disziplinen unterstützt [ADEK05].

Eine grundlegend neue Herangehensweise stellt der Ansatz dar, nicht, wie in der etablierten Literatur, z. B. [VDI04], vorgeschlagen, die Funktionsstruktur sukzessive durch Produktkomponenten zu ersetzen, sondern sowohl technische, als auch logische und funktionsorientierte Sichten in einem Entwurfsmodell zu integrieren. Diese ergänzende Darstellung bietet insbesondere hinsichtlich des Umgangs mit Veränderung entscheidende Vorteile, da die potenziellen Auswirkungen auf Komponenten und eben auch auf zu erfüllende Funktionen einfach nachvollzogen bzw. vorab analysiert werden können. Von hoher Wichtigkeit ist hierfür eine entsprechende Kopplung der Modellinformationen, also der unterschiedlichen Sichten.

4.1.3 Logische Beziehungen im Produkt

Für den Umgang mit komplexen Produkten[1] beschreibt Herczeg [Her06] auf der Basis von Kokkolaras et al. [KMP06] den Bedarf einer Zerlegung und Strukturierung, also der sukzessiven Dekomposition des Systems in die Subsysteme, Komponenten und letztlich Einzelteile. Booch et al. [BME$^+$07], Parnas et al. [PCW06] und Soni et al. [SNH95] unterstützen diese hierarchische Strukturierung gleichberechtigt für Softwaresysteme bzw. das Softwareengineering. Zur Modellierung komplexer Strukturen vertreten Daenzer und Huber [DH02] die Auffassung, dass die Elemente eines Systems auf abstraktem Niveau erfasst und in Beziehung zueinander zu setzen sind. Die für diese Arbeit relevanten Beziehungen werden im Weiteren vertieft.

Sichteninterne Relationen

Hieraus resultiert offensichtlich der Bedarf nach einem grundlegenden Beziehungstyp zur Abbildung hierarchischer Strukturen. Als allgemeinster Beziehungstyp wird die Ganzes–Teil–Beziehung eingeführt, die v. a. im Bereich der Objektorientierung oder allgemein der Softwareentwicklung auch als Aggregation[2] oder Komposition[3] geläufig ist [BME$^+$07], [Oli07], [Wei06]. Die Spezifikation der UML grenzt beide Beziehungstypen nicht eindeutig gegeneinander ab und verweist auf die Definitionsmöglichkeit in Abhängigkeit vom angestrebten Anwendungsumfeld.

Eine Vielzahl der Relationen zwischen Modellobjekten sind auf diese Beziehungsklasse zurückzuführen [Oli07], [OMG08], [OMG07a], [OMG09b], [OMG09a]. In Anlehnung an Olivé [Oli07] lässt sich somit zur weiteren Eingrenzung außerdem definieren, dass bei der geschilderten Ganzes–Teil–Beziehung zwischen zwei Objekten G und T

---

[1] Herczeg [Her06] beschränkt sich dabei nicht explizit auf mechatronische Produkte.
[2] Nach Weilkiens [Wei06] charakterisiert die Aggregation eine Klasse als Aggregat.
[3] Im Unterschied zum reinen Aggregationscharakter ist gemäß Weilkiens [Wei06] und Booch et al. [BME$^+$07] bei der Komposition das Aggregat existenziell verantwortlich für die Teile.

4.1 Grundidee und Modellentwurf

- T ein Bestandteil von G oder
- G ein Verbund aus T (und evtl. weiteren Objekten)

ist. Die Bedeutung der Ganzes–Teil–Beziehung für die Modellierung der Problemdomäne im Rahmen dieser Arbeit wird dadurch verstärkt, dass gemäß der grundsätzlichen Definition mechatronischer Produkte und ihrer Entwicklung (siehe 2.1) sowohl das Gesamtprodukt als auch seine Komponenten Verbünde aus Einzelelementen (Entitäten oder Objekten) darstellen [Fra06]. Für das angestrebte Modellierungsziel ist die Ganzes–Teil–Beziehung zur Strukturierung der Relationen folglich unabdingbar [Fra06] und als ausgesprochen zuträglich anzusehen.

Nach der Literatur [BD09], [Oli07], [BME+07] sind Ganzes–Teil–Beziehungen asymmetrisch: D. h. falls T ist Teil von G gilt, kann G nicht zur gleichen Zeit ein Teil von T sein. Häufig ist diese Art der Beziehung des Weiteren transitiv: D. h. falls T ein Teil von G ist und G ein Teil von $G2$, so ist auch T ein Teil von $G2$. Die Transitivität ist jedoch nicht immer sichergestellt.

Selbst bei der Modellierung kleiner Produkte erreicht die Anzahl der Modellelemente, trotz der vorgenommenen Identifikation notwendiger Sichten und einer Reduktion der Komplexität der Informationen, rasch ein Maß, das eine übersichtliche graphische Darstellung erschwert. Im Hinblick auf ein rechnerverarbeitbares Modell ist die Datenmenge zunächst zweitrangig, obwohl auch hierbei die Leistungsfähigkeit und Schnelligkeit der Algorithmen von der zu verarbeitenden Datenmenge abhängt. Neben einer noch weitergehenden Reduzierung der modellierten Produktdetails bietet sich deshalb die Gruppierung zusammengehöriger Elemente an. Dieses Vorgehen bietet potenziell die Option, eine Gruppe als Kapselung mehrerer Elemente (auch unterschiedlicher Sichten, außer der Funktionssicht) in Analogie zu einem einzelnen Modellelement zu verwenden. Die Beziehungen zwischen Elementen außerhalb und innerhalb der Gruppe bleiben erhalten, werden jedoch bei der Darstellung zu Beziehungen mit der Gruppe statt mit ihren internen Elementen zusammenführbar. Einen ähnlichen Ansatz verfolgen die Sprachen UML und SysML durch das Paket-Prinzip [OMG08], [OMG09b], [OMG09a], [Wei06].

Sichtenübergreifende Relationen

Während die logische Ganzes–Teil–Beziehung gut geeignet erscheint, die Strukturierungen der technologischen Sichten abzubilden, bedingt die im Abschnitt 4.1.4 einzuführende Kopplungsaufgabe einen zusätzlichen Beziehungstyp. Das identifizierte, verbindende Element für diese Kopplung stellen, wie erarbeitet, die Produktfunktionen dar, die auf den an das Produkt gestellten Anforderungen basieren bzw. daraus abzuleiten sind. Aus diesem Grund und der Tatsache, dass die Modellierung im Rahmen eines Systems-Engineering-Vorgangs erfolgt, ist es naheliegend, die etablierten Beziehungstypen dieses Prozesses zu berücksichtigen. Die bekannte Sprache des Systems Engineering SysML (siehe Kapitel 3.3) bietet als Beziehungstyp zur Beschreibung der Umsetzung von Produktanforderungen die Erfüllungsbeziehung genannt «*satisfy*» [OMG08].

Eingesetzt wird diese Beziehung nach Spezifikation im Kontext der Anforderungsmodellierung [FMS08], [OMG08], [WS09b], [Ozk06]. Die Erfüllungsbeziehung trifft keine nähere Aussage, zu welchem Teil eine Anforderung erfüllt wird [OMG08]; für die gestellte Modellierungsaufgabe dieser Arbeit ist dies allerdings auch nicht erforderlich. Die in der Softwareentwicklung bedeutende Sprache UML stellt den Stereotyp[1] dieser Beziehung unter der Bezeichnung «*realize*» bereit. Beide Sprachen setzen auf die geschilderten Beziehungstypen, um die Auswirkungen von Designänderungen auf die Anforderungen (dies gilt ebenso umgekehrt) zu modellieren [OMG08], [FMS08], [Wei06].

Da die modellierten Produktfunktionen die logische Fortführung bzw. Umsetzung der Anforderungen darstellen, erscheint es leicht nachvollziehbar, die Erfüllungsbeziehung in den vorliegenden Kontext zu übertragen und als zweites grundlegendes Strukturierungselement des vorgeschlagenen Konzeptmodells einzusetzen. Der oben beschriebene Anwendungsfall der Modellierung von Änderung unterstützt diese Übertragung zusätzlich.

4.1.4 Funktionsorientierte Kopplung der Sichten

Mit Hinblick auf eine disziplinübergreifende konzeptuelle Modellierung kommt einem zentralen, die einzelnen beteiligten Sichten auf einen Entwicklungsprozess verbindenden Element eine hohe Bedeutung zu. Als zentrales Element eines Entwicklungsprozesses steht die zu erreichende Produktfunktion im Vordergrund. Der Begriff der Funktion ist in der Literatur jedoch nicht einheitlich belegt und deshalb eingangs wie folgt definiert:

Definition 4.1.4.1 (Funktion) *Für die vorliegende Arbeit ist die Funktion eine zu realisierende, zunächst lösungsneutrale, abstrakte Beschreibung des angestrebten Verhaltens des Systems[2]. Funktionen werden durch unterschiedliche technologische Komponenten realisiert. Komponenten erfüllen dementsprechend Funktionen. Eine 1 : 1 Beziehung liegt hierbei nicht zwangsläufig vor. Eine unterschiedliche Anzahl von Komponenten kann eine verschiedene Anzahl von Funktionen erfüllen ($n : m$) und umgekehrt. Je stärker die Sichten dekomponiert werden, desto lösungsbezogener werden die Funktionen [Jan09], [BME+07].*

[Jan09] beschreibt den Ansatz der funktionsorientierten Modellierung für den Entwurf mechatronischer Systeme als geeigneten natürlichen Zugang, da Wirkflüsse (Zusammenhänge) und Beziehungen im Vordergrund der Betrachtung stehen. Als einfacher pragmatischer Ansatz hierfür hat sich gemäß Janschek [Jan09] das Verfahren der Strukturierten Analyse[3]

---

[1] Ein Stereotyp ist als besonderer Klassentyp zu definieren. Stereotypen charakterisieren die Beziehung [BME+07], [BD09], [OMG08].
[2] Nach [Hub84] eine von bestimmten Bedingungen abstrahierte Eigenschaft mit hoher Relevanz für technische Systeme.
[3] auch SA, engl.: Structured Analysis

4.1 Grundidee und Modellentwurf

herausgestellt. In der Literatur wird darüber hinaus zwischen der Funktionshierarchie und der Funktionsstruktur unterschieden: Die Funktionshierarchie korreliert dabei mit dem skizzierten natürlichen Zugang, die Funktionsstruktur hingegen entspricht einer Verkettung der elementarsten Funktionen (der Hierarchie) mit Flüssen bzw. dem Belegen mit Eingangs-/Ausgangswerten [Geh05].

Eine Funktion wandelt eingehende Daten nach definierten Regeln in ausgehende Daten um [Jan09]. Ihre Bezeichnung wird i. d. R. aus Prädikat und Objekt gebildet. Weiterhin stellen Daten- und Steuerflüsse übliche Modellelemente der funktionsorientierten Modellierung dar [Jan09], [PL08]. Gegenstand der funktionsorientierten Modellierung mittels strukturierter Analyse ist außerdem eine logische-kausale (wirkungsmäßige) Vernetzung der erhaltenen Funktionen über Daten und Signalflüsse (vgl. [VH03] und [Jan09]). In [VDI04] werden die Flüsse als Stoff-, Energie- und Informationsfluss definiert.

Diese Detaillierung ist im Hinblick auf das angestrebte Ziel einer gemeinsamen Wissensbasis und Kommunikationsgrundlage jedoch nicht erforderlich. Für den vorliegenden Ansatz werden die unterschiedlichen Flüsse auf ihre gemeinsame Basisrelation zurückgeführt, die der logischen Assoziation zwischen zwei Elementen . Gehrke [Geh05] unterstützt diesen Ansatz grundsätzlich und begründet den Bedarf vor allem mit der fehlenden Lösungsneutralität flussverketteter Funktionsstrukturen. Eine flussbasierte Verkettung erfordert zudem ein hohes Maß an Erfahrung und Kenntnisse über das modellierte Gesamtprodukt, was im angestrebten Fokus der frühen Entwicklungsphase nicht besonders zuträglich ist. Der hier vorgestellte Verzicht auf eine stärkere Detaillierung der Beziehungen trägt somit maßgeblich zur Reduktion der Komplexität nach Anforderung **LA2** bei.

Entscheidend für das konzeptuelle Modell ist der faktische Zusammenhang zweier Entitäten; die Modellierung der damit verknüpften materiellen oder immateriellen Flüsse ist auf der vorgestellten Betrachtungsebene zunächst nicht erforderlich und auch nicht hilfreich. Die visuelle Komplexität wird somit deutlich reduziert und **LA2** (Reduzierung Modellkomplexität) erfüllt. Die identifizierten Assoziationen und somit die notwendigen Wirkbeziehungen werden im folgenden Abschnitt detailliert.

Den Schwerpunkt einer funktionsorientierten Sichtweise bilden die Funktionen und Aktionen, die innerhalb eines Systems stattfinden [SCJ98]. Die Abstraktion des Systems erfolgt dementsprechend unter Betrachtung der durch das System zu erfüllenden Aufgaben (Funktionen [SCJ98]). Das Paradigma der Objektorientierung hebt dabei die strikte Trennung zwischen Funktionen und Daten auf [SCJ98]. Dies unterstützt den Ansatz der Reduktion der unterschiedlichen Flüsse auf eine gemeinsame Basisbeziehung.

Die einzelnen diskutierten Sichten auf das mechatronische Produkt sind weitestgehend als Baumstrukturen gehalten und repräsentieren eine zunehmende Dekomposition in Einzelelemente bzw. Komposition (Aggregation) zu Subsystemen und Systemen. Die Strukturierung der technologischen Sichten Mechanik, Elektronik und Software verfolgt lediglich den Ansatz einer Ganzes-Teil-Hierarchisierung. Eine weitergehende Strukturierung mittels einer logischen Erfüllungsbeziehung findet nur jeweils bilateral zwischen den modellierten Elementen der funktionalen Sicht und den technologischen Sichten statt. Innerhalb einer einzelnen Sicht auf das Produkt werden keinerlei weitere Vernetzungen vorgenommen, d. h., einzelne technologische Modellelemente stehen nicht in Erfüllungsbeziehung. Die Abbildung 4.7 verdeutlicht den beschriebenen Aufbau des Modells.

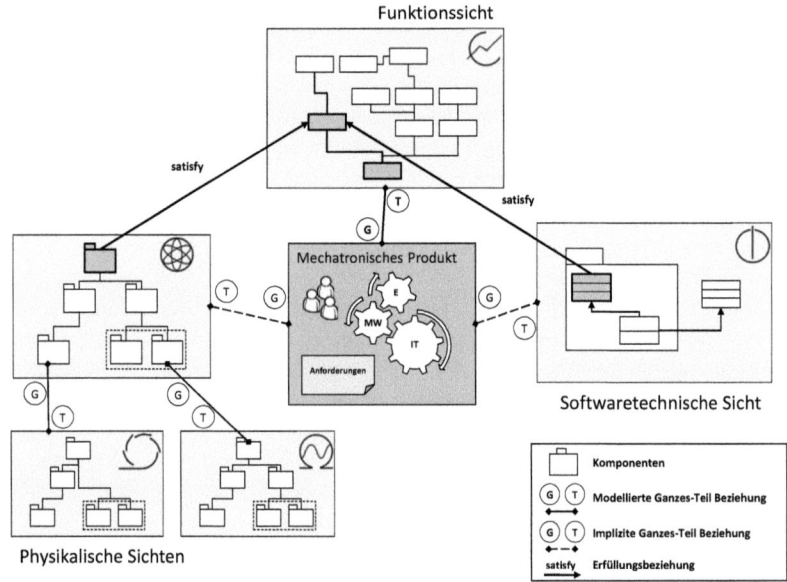

Abb. 4.7: Funktionsorientierte Kopplung der Sichten

Somit liegt eine Vernetzung und Kopplung der disziplinspezifischen technologischen Sichten in der Erfüllung der Produktfunktionen vor. Durch die Zuordnung einzelner Funktionen zu technologischen Elementen zeigt sich eine Funktionsstruktur des modellierten Produkts. Im Einklang zu der Theorie der mechatronischen Entwicklung stellt die zunehmende Entwicklung des Konzeptmodells folglich einen logischen Übergang von Systemlastenheft zu Pflichtenheft dar. Kaiser [K+97] schlägt hierbei die Unterteilung in Funktionen, die sukzessive Auflösung in Objekte und die anschließende Verkettung der Funktionsblöcke vor, die entsprechend unterschiedlichen Disziplinen zuzuordnen und durch unterscheidbare Schnittstellen verbunden sind.

Janota und Botterweck [JB08] diskutieren einen konzeptionell ähnlichen Ansatz zur Integration von Funktions– (Feature Model [JB08]) und Architekturmodellen. Der Fokus liegt dabei jedoch ausschließlich auf gleichartigen Softwaresystemen. Das dargestellte Vorgehen setzt auf ein Modell der Funktionen (bei Janota und Bottweck [JB08] als Fähigkeiten bezeichnet) eines fertig entwickelten Produkts und deren Erfüllung durch implementierte und konfigurierte Softwarekomponenten. Dieser Ansatz ist demnach nicht lösungsneutral und

4.1 Grundidee und Modellentwurf

somit auch nicht deckungsgleich zu einem funktionsorientierten Konzept.

Helms et al. [HSH09] favorisieren mit dem Ziel eines rechnerinterpretierbaren Modells (künstliche Intelligenz) einen generellen Kopplungsansatz zwischen Produktfunktionen und technischen Strukturen, der als logisches, verbindendes Element das geplante oder resultierende Verhalten berücksichtigt. Das vorgestellte Vorgehen basiert weiterhin auf der graphbasierten Transformation der Teilmodelle hin zu einem Gesamtmodell. Der Modellierungsaufwand für die Grammatiken widerspricht der Forderung **LA1** (effiziente, rechnerverarbeitbare Datenbasis) dieser Arbeit und die zusätzlich notwendige Sicht *Verhalten* der Anforderung **LA2** (Reduzierung Modellkomplexität).

Die wesentliche Neuerung dieser Arbeit zur Erreichung eines besseren Systemverständnisses unter Reduktion der visuellen Komplexität und einer vereinfachten Darstellung liegt in der Reduzierung der Abhängigkeitsstruktur zwischen den Disziplinen durch ein einzelnes integrierendes Bindeglied. Das vorgestellte Konzept stellt folglich eine logische Erweiterung des Ansatzes nach Frank [Fra06] dar, worin prinzipiell bereits die Möglichkeit besteht, Funktionen durch Systemelemente zu erfüllen.

Alternativ zu einer Vernetzung mittels Funktionen ist ebenfalls eine Verbindung über die Geschäftsprozesse denkbar. Zu diesem Zweck sind die in Prozessmodellen identifizierbaren, verallgemeinerten Komponenten (Aktivitäten, Rollen, Dokumente, Methoden, Produkte) bzw. die Relationen, in denen sie stehen können, auf den vorliegenden Konzeptansatz abzubilden. Wie eine Studienarbeit dazu zeigt, ist dies prinzipiell möglich. Die Untersuchung offenbart allerdings, dass die Abbildung der Elemente aus Geschäftsprozessen auf die dargestellten Wirkbeziehungen nicht immer eindeutig möglich ist und dass teilweise zyklische Abhängigkeiten entstehen.

Die Basis des vorliegenden Konzeptes besteht darin, dass die disziplinübergreifende Vernetzung ausnahmslos über die logischen Bindeglieder erfolgt, wodurch eine erhebliche Reduzierung der Anzahl der notwendigen Relationen im Vergleich zu üblichen Integrationsansätzen erreicht wird. Hinsichtlich der gestellten Forderung nach einem disziplinübergreifenden Verständnis auf hoher Abstraktionsebene ist diese Detaillierungstiefe ausreichend. Die vielfältigen, theoretisch modellierbaren Abhängigkeiten zwischen den Produktelementen werden auf abstraktere Relationen reduziert. Es erfolgt eine Harmonisierung der disziplinspezifischen Modelle: Die Relationen zwischen Modellen werden auf Relationen zwischen jeweils einer technologischen und der funktionalen Sicht zurückgeführt. Durch die Verbindung der Disziplinen mittels gemeinsam erbrachter Produktfunktionen wird zum einen die Integration unterschiedlicher Fachbereiche überhaupt möglich, zum anderen werden die Auswirkungen von Veränderungen auf alle an einer Funktion beteiligten Komponenten bzw. Baugruppen darstellbar **LA5** (Tracing der Änderungen). Das Konzeptmodell basiert infolgedessen faktisch auf einer gemeinsamen Schnittstelle zwischen den realisierenden Technologien, den Produktfunktionen.

Dieses Vorgehen ist zweifellos kongruent zum bekannten Ansatz der objektorientierten Analyse und des objektorientierten Designs: Verschiedene Klassen (hier: Sichten) reagieren unterschiedlich auf einheitliche Informationen einer gemeinsamen Schnittstelle[1]. Durch die Verbindung mittels einer gemeinsamen Schnittstelle stehen diese Klassen indirekt in Kontakt, und ein Informationsaustausch wird realisierbar.

Da sich eine eindeutige Abgrenzung und Disziplinzuordnung für eine ganze Reihe mechatronischer Komponenten schwierig gestaltet, ist eine Zusammenfassung unterschiedlicher Sichten legitim. Als Beispiel sei hier ein Elektromotor angeführt, der nachweislich mechanisch–physikalische Bestandteile enthält und gleichwohl eine elektronische bzw. elektrische Komponente darstellt. Eine integrierende Sicht (z. B. physikalische Komponenten), als Verbindung mechanischer und elektronischer Komponenten ist dementsprechend vorstellbar.

Von entscheidender Bedeutung ist, neben der Identifikation und Abgrenzung der relevanten Sichten, die Analyse der logischen Beziehungen innerhalb eines Produkts, die unter der Prämisse der obigen Diskussion von Belang für die konzeptuelle Modellierung sind.

4.1.5 Änderungsmanagement

Wie bereits in Kapitel 2.2 dargestellt wurde, unterliegen mechatronische Produkte über ihren gesamten Lebenszyklus unterschiedlichen Arten von Veränderungen (dynamisches Problem, siehe Kapitel 2.2). Veränderung betrifft jedoch nicht nur das fertige Produkt, sondern v. a. auch die Phase des Entwurfs, in der zunehmend detaillierte Entwurfsmodelle anzufertigen sind. Objekte des Modells werden hinzugefügt oder entfernt, die Relationen zwischen den Objekten sowie die logischen Beziehungen unterliegen Veränderungen [Ste00]. Die Lösungsanforderungen **LA4** (Problemverständnis und Kommunikationsgrundlage) (teilweise) und **LA5** (Tracing der Änderungen) unterstreichen den Bedarf nach einer Berücksichtigung der Veränderung beim Einsatz des erarbeiteten konzeptuellen Modells.

Durch das Analysieren und Darstellen der Veränderungen an zwei oder mehr diskreten Modellversionen wird zum einen das Nachvollziehen dieser Handlungen als auch deren Resultate und Auswirkungen auf weitere Modellkomponenten möglich. Über einen ausreichend großen Zeitraum betrachtet, wobei die notwendige Zeitspanne nicht allgemeingültig zu beschreiben ist, sind sogar Schlüsse auf Regelmäßigkeiten oder häufig modifizierte Strukturen möglich. Aus der Interpretation dieser Änderungsverfolgung werden somit Handlungsempfehlungen hinsichtlich einer Restrukturierung, Auflösung von kritischen Strukturen oder Abhängigkeiten potentiell ermöglicht. Lanza [Lan03] diskutiert Metriken[2], die unter Berücksichtigung der Modellhistorie Rückschlüsse auf änderungsintensive Modellkomponenten gestatten.

---

1 In der OOAD wird dies als Polymorphie bezeichnet.
2 Im primären Fokus steht dabei jedoch Software.

4.1 Grundidee und Modellentwurf

Allgemeine Anforderungen

Die Version eines Datenobjekts korrespondiert zu einer Momentaufnahme des Objektzustandes [Zhu03]. Diese Auffassung ist zweifellos auf das gesamte Modell, bestehend aus einer Menge von Objekten, übertragbar. Versionen sind im Rahmen des Engineerings häufig mit der zeitlichen Entstehung eines Produkts verbunden. Insofern sind Versionen als zeitlich nacheinander entstehende Evolutionsstufen darstellbar. Eine neue Version geht häufig durch Veränderung aus einer älteren hervor und ersetzt oder erweitert diese [ADEK05].

Für die vorliegende Arbeit soll der Begriff Version folgendermaßen verstanden werden:

Definition 4.1.5.1 (Version) *Als Version wird in der vorliegenden Arbeit ein diskreter Entwicklungszustand des Entwurfsmodells für ein dediziertes Produkt verstanden. Dieses kann und wird sich über die Zeit weiterentwickeln. Dabei sind unterschiedliche Arten der Veränderung möglich. Die unterschiedlichen zeitdiskreten Momentaufnahmen des Produkts sind Versionen.*

Der Versionsbegriff ist jedoch nicht ausschließlich und isoliert an das Modell gebunden. Eine Version des Modells liegt dann vor, wenn sich mindestens ein Element des Modells verändert hat. Diese Veränderung betrifft also Entitäten des Modells in Art und Eigenschaften sowie die Beziehungen zwischen den Entitäten. Dies unterstreicht einmal mehr den Lösungsbedarf für **LA5** (Tracing der Änderungen).

Im Gegensatz dazu soll eine Variante[1] unterschieden werden:

Definition 4.1.5.2 (Variante) *Für die vorliegende Arbeit sind Varianten zeitlich parallel existierende, vergleichbare Ausprägungen eines Ergebnisses und somit potenziell gegeneinander austauschbar. Eine Variante des Modells ist mit der Variante des Produkts verbunden. Bei einer grundlegenden Ausdifferenzierung der wesentlichen Produktfunktionen oder -eigenschaften liegt eine Variante des Produkts und damit des verknüpften Entwurfsmodells vor.*

Im Rahmen einer Entwicklung, speziell im Systementwurf, ist von einer stärkeren Relevanz von Versionsvergleichen auszugehen. Die versionsbasierte Betrachtung ist auch alternativ als Modellevolution zu verstehen. Aus der Summe der zeitdiskreten Evolutionen resultiert eine zeitliche Ordnung der Modellversionen und aus der rechnergestützten Analyse der Zusammenhänge letztlich eine Modellhistorie, die hinsichtlich verschiedener Informationen untersucht werden kann. Bei parallelen Entwicklungen oder zur Analyse unterschiedlicher Entwicklungen gewinnt der Vergleich von Varianten an Bedeutung.

---

1 Nach DIN 199-4 sind Varianten „Gegenstände ähnlicher Form und/oder mit einem i. d. R. hohen Anteil an identischen Baugruppen." [DIN77]

Bei Modellen gilt es zwischen zwei grundlegenden Arten von Differenzen[1] zu unterscheiden: symmetrische und asymmetrische Differenzen [Kel07]. Asymmetrische Differenzen dienen einer Transformation des diskreten Modellzustands $M1$ in den Zustand $M2$. Dazu wird ein Informationsdelta[2] genutzt, das je nach mathematisch–logischer Betrachtung aus Subtraktion oder Addition der Modelle $M1$ und $M2$ entsteht. [Kel07] weist darauf hin, dass asymmetrische Differenzbildung i. d. R. im Rahmen von Versionsverwaltungssystemen bei der Datenspeicherung in sog. Repositories, eingesetzt wird[3]. Für den Einsatz bei der Versionierung der Entwurfsmodellversionen im Rahmen dieser Arbeit ist der Ansatz zu verwerfen, da die jeweiligen diskreten Datensätze nicht allein für sich gültig und vollständig wären. Eine symmetrische Differenz hingegen wird definiert als die Menge der Komponenten, die nicht in einem Durchschnitt der beiden Elementmengen $M1$ und $M2$ enthalten ist. Somit spielt kein Modellzustand eine besondere Rolle - es wird von einem gemeinsamen Durchschnitt aller Elemente ausgegangen.

Symmetrische Differenzen stellen die Grundlage aller üblichen Differenzanzeigewerkzeuge und Algorithmen dar, die durch die Suche nach identischen Elementen Modelle bzgl. ihrer Unterschiede analysieren [Kel07]. Diese an die Mengenlehre angelehnte Betrachtungsweise setzt allerdings voraus, dass Modellelemente eindeutig identifizierbar sind. Andernfalls stellen die Modelle Multimengen dar, die nicht trivial informell zu analysieren sind.

Wenzel [Wen07] weist ebenfalls darauf hin, dass eine Vielzahl an Versionsverwaltungssystemen[4] existiert, jedoch für graphische Beschreibungsmittel ein alternativer Ansatz zu dokumentengetriebenen Werkzeugen notwendig wird. Die konventionellen Techniken sind v. a. auf textuelle Dokumente (begrenzt auch binäre) ausgerichtet und für Modelle und insbesondere für graphische Beschreibungsmittel nur bedingt geeignet [Ohs04a], [Ohs04b], [KWN05] und [Sch07]. Die Unzulänglichkeit (oder zumindest ein wenig praktikabler Einsatz) der bekannten Versionsverwaltungssysteme ist im Wesentlichen darin begründet, dass die Datenrepräsentation eines Modells zur Speicherung in Dokumenten bzw. Dateien nicht eindeutig ist [Ohs04a]. Die Modellimplementierung ist aufgrund der definierten Syntax und Semantik und einer allenfalls umgesetzten Identifizierbarkeit der Entitäten vollkommen unabhängig von der Datendarstellung bei der Speicherung. Dies betrifft v. a. die Position der Daten in der gespeicherten Datei bzw. in unterschiedlichen Versionen dieser Speicherdatei: Die Position kann variieren, da die Dateidarstellung aus dem Modell automatisch erzeugt wird, und sie ist für das Modell auch nicht von Belang - für die textbasierten Verwaltungssysteme bedeutet dies jedoch häufig bereits eine Differenz.

Im Hinblick auf mögliche Versionierungsstrategien ist zuerst zwischen linearer und hierar-

---

1 Unter Differenz ist die Komponentenmenge eines Modellzustands $M1$ zu verstehen, die im korrespondierenden Zustand $M2$ nicht mehr enthalten ist oder einen inhaltlichen Unterschied aufweist.
2 Die Menge aller Differenzen wird als Delta bezeichnet.
3 In der Regel wird bei dieser Art der Datenverwaltung eine Ausgangsversion gespeichert und fortan lediglich die Änderungen in der Form einzelner Deltadatensätze. Die aktuellste Version entsteht durch das Anwenden aller Deltas auf den Ursprung.
4 häufig aus der Softwareentwicklung - wie z. B.: CVS, SVN, GIT, Microsoft SourceSafe, ClearCase etc.

4.1 Grundidee und Modellentwurf

chischer Versionierung zu unterscheiden. Im Fall einer linearen Versionierung besitzt jede Version genau eine Vorgänger- und Nachfolgeversion. Es bildet sich eine einfach verkettete Liste an Versionen. Eine solche Sequenz wird auch als Revisionierung bezeichnet [ADEK05]. Im Gegensatz dazu ist bei einer hierarchischen Versionierung eine unterschiedliche Anzahl an Nachfolgeversionen möglich. Es ist leicht nachvollziehbar, dass ein linearer Ansatz aufgrund der geringeren Komplexität sowohl für Menschen als auch für rechnergestützte Verarbeitung effizienter handhabbar und zu bevorzugen ist. Eine Versionierungsstrategie, die auf Zuständen der Daten zu bestimmten Zeitpunkten fußt, ist als zustandsbasierte Versionierung zu benennen [Ohs04b].

Nach der Auswahl der Versionierungsstrategie gilt es im folgenden Abschnitt die unterschiedlichen Varianten einer Veränderung zwischen den Versionen eines Modells bzw. seiner Entitäten zu beschreiben.

Änderungsklassen

Eine logische Herangehensweise zur Definition der Änderungsklassen stellt die Klassifizierung der Differenzen in Differenzklassen dar [Ohs04b]. Aufbauend auf der Darstellung nach Ohst [Ohs04a] sind folgende Änderungsklassen für das Entwurfsmodell identifizierbar:

- Strukturänderungen: Änderung des Modells. Entitäten oder ihre Relationen wurden gelöscht oder hinzugefügt.
- Intra-Objekt-/Intra-Relationsänderungen: Atomare Änderungen, wie z. B. des Bezeichners. Aber auch Änderungen an Eigenschaften in Art und Ausprägung sowie Änderungen an komplexen Objekten, wie z. B. Gruppen.
- Inter-Objekt-/Inter-Relationsänderungen: Änderungen an Relationen zwischen Entitäten.

Intra-Objekt-Veränderungen umfassen konzeptionell ebenfalls einen Wechsel der Sicht, d. h., die Entitätsklasse innerhalb des Modells wird variiert. Dies ist v. a. in Bereichen denkbar, in denen eine eindeutige Zuordnung zu einer Disziplin und somit zu einer Sicht schwerfällt. Wie oben bereits geschildert, betrifft dies häufig Komponenten an der Schnittstelle zwischen Mechanik und Elektronik.

Für die Darstellung eines Modells sind weiterhin Geometrieinformationen wie Formen, Farben, Dimension und Layout von hoher Bedeutung. Diese Informationen sind für eine Darstellung unerlässlich, ändern allerdings das eigentliche Datenmodell nicht. Insofern erscheint es sinnvoll, analog zur Trennung von Datenmodell und Darstellung, Geometrieinformation bei der Versionierung außer Acht zu lassen.

4.2 Modellimplementierung als Beschreibungsmittel

Auf der Basis des Modellentwurfs in Abschnitt 4.1 schließt sich im Folgenden die Ableitung einer Implementierung des konzeptuellen Modells in der Form eines rechnerverarbeitbaren Datenmodells und in der Erfüllung der entsprechenden Anforderung **LA3** (anschauliche, praktikable Darstellung) einer intuitiven Datendarstellung an. Die Anforderung nach einer effizienten Möglichkeit der Dateneingabe bzw. Datenweiterverwendung sowie der Datenmanipulation werden in Form einer problemdomänenspezifischen Sprache vertieft. Des Weiteren wird aufgezeigt, wie eine konsistente Verfolgung der Änderungen am Modell durch eine entsprechende Umsetzung der Versionierungsstrategie im Rahmen des Datenmodells möglich wird. Unter dem Begriff Implementierung ist an dieser Stelle nicht die Umsetzung in einer Programmiersprache zu verstehen, sondern lediglich die konkrete Detaillierung und Weiterentwicklung des Modellentwurfs.

4.2.1 Datenmodell

Die Umsetzung des Konzeptmodells in ein rechnerverarbeitbares Datenmodell stellt nicht nur die wesentliche Basis zur Erfüllung der Anforderungen **LA1** (effiziente, rechnerverarbeitbare Datenbasis) und **LA5** (Tracing der Änderungen) dar, sondern auch die Grundlage für die Implementierung aller weiteren Konzepte wie Darstellung, Manipulation und Versionierung. Letzten Endes haben die Definitionen der folgenden Abschnitte ebenfalls signifikanten Einfluss auf die Möglichkeiten einer realen Implementierung in Software zur Evaluierung der Konzepte (siehe Kapitel 5).

Datenmodelle repräsentieren die Infrastruktur für die Modellierung eines realen Betrachtungsgegenstandes [KE06]. Das Datenmodell definiert die Modellierungskonstrukte, unter deren Verwendung ein rechnerverarbeitbares Abbild eines Modellierungsobjekts herstellbar wird [KE06]. Datenmodelle stellen zum einen die Möglichkeit der Beschreibung der enthaltenen Datenobjekte[1] und zum anderen die Mittel zur Festlegung der anwendbaren Operationen und deren Auswirkungen[2] zur Verfügung [KE06]. Diesem Sachverhalt wird durch die Definition elementarer Randbedingungen im Rahmen des Abschnitts 4.2.1 Rechnung getragen. Karagiannis und Kühn [KK02] nennen die Modellierungskonstrukte Modellierungssprache und führen weiterhin an, dass eine Modellierungssprache ebenfalls eine Anwendungsmethodik (Prozeduren) sowie Mechanismen und Algorithmen für den Umgang mit den erstellten Modellen erfordert. Beide Forderungen werden im Abschnitten 4.3 behandelt.

Die Zusammenfassung aus Modellierungssprache und Modellierungsprozeduren wird als Modellierungstechnik bezeichnet - unter Einbezug der Mechanismen und Algorithmen zur Manipulation resultiert eine Modellierungsmethode [KK02]. Diese Definition ist weitestge-

---
1 Nach Kemper und Eickler [KE06] auch Datendefinitionssprache (DDL) genannt.
2 Nach Kemper und Eickler [KE06] als Datenmanipulationssprache (DML) zu bezeichnen.

4.2 Modellimplementierung als Beschreibungsmittel

hend kongruent zur Einordnung nach Schnieder et al. [SCJ98] und stellt somit eine sinnvolle Präzisierung für die vorliegende Arbeit dar. Die Abbildung 4.8 fasst die obige Darstellung überblicksartig zusammen und wird in angepasster Form im weiteren Verlauf wiederkehrend als Überblick über den aktuellen Fokus (jeweils hervorgehoben) der Ausarbeitung herangezogen.

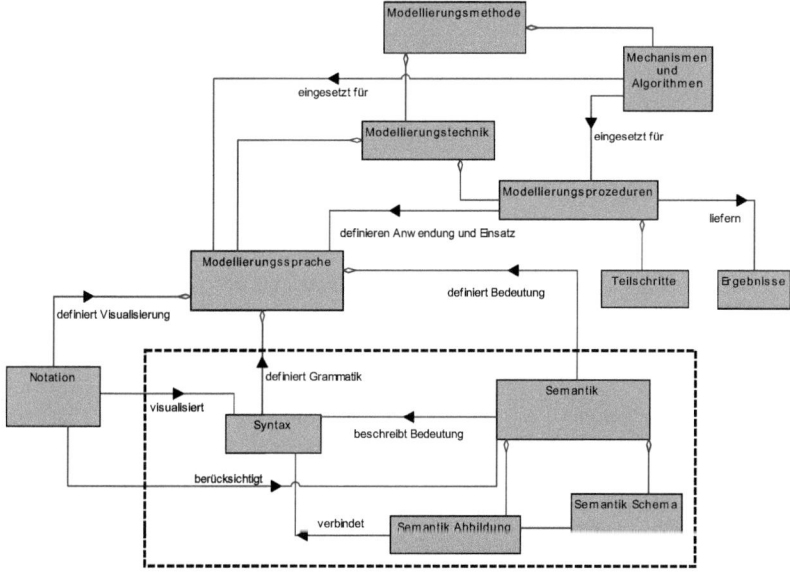

Abb. 4.8: Übersicht Modellierungsmethodik in Anlehnung an [KK02]

Die Definition einer Modellierungssprache, also das Modell der Modellierungssprache, wird als Metamodellierung bezeichnet. Das resultierende Modell als Metamodell. Das Metamodell stellt eine wichtige Grundlage für das angestrebte Datenmodell dar, da sowohl die erlaubte Syntax[1] als auch die Semantik[2] der enthaltenen Elemente definiert werden [HR00].

Definition 4.2.1.1 (Metamodell) *Ein Metamodell verfolgt das Ziel, die Merkmale eines Modells, das es beschreibt, hinsichtlich ihrer Syntax und Semantik zu erfassen und mittels einer Metamodellierungssprache zu spezifizieren. Es ist dabei stets Teil einer Modell–Architektur [Völ00], [OMG05], [OMG06]. Ein Metamodell ist folglich ein Konzeptmodell eines oder mehrerer Modelle [Ste05].*

Metamodellierung gestattet die Definition einer problemangepassten bzw. domänenspezi-

---

[1] Die Syntax beschreibt die grammatikalische Struktur und das Regelwerk eines Modells, darüber hinaus den formalen Aufbau der Wörter aus einzelnen Zeichen und deren Verbindung zu Sätzen.
[2] Die Semantik legt fest, welche Bedeutung die syntaktischen Konstrukte besitzen.

fischen Modellierungssprache. Die Bedeutung (Semantik bzw. Semantikschema) des Modells, der Modellbestandteile und ihrer logischen Beziehungen wurde bereits in Kapitel 4.1 ausgiebig diskutiert. Von Interesse ist infolgedessen im Folgenden die Definition einer Syntax unter Verwendung eines Metamodellansatzes[1] und die Abbildung auf die bereits bekannte Semantik.

Metamodell

Ein klassischer Ansatz zur Integration und Kopplung verschiedener Sichten in ein Modell besteht in der Definition eines Metamodells[2]. Dabei werden i. d. R. die Elemente und Beziehungen der Modellebenen auf eine abstraktere gemeinsame Basis gehoben und somit eine abstraktere einheitliche Syntax geschaffen [Ste05]. Die Spezifikation einer gemeinsamen Metaebene erfordert zweifellos im Vorfeld eine genaue Konzeptionalisierung der zu vereinigenden Sichten und ihrer Beziehungen[Ste05]. Graf [Gra08] benennt auf der Basis von Karragiannis und Kühn [KK02] für einen Metaansatz den Vorteil der Abstraktion zahlreicher Detailaspekte unterschiedlicher Modelle von der verwendeten Modellierungssprache. Das Konzept hierzu wurde in Kapitel 4.1 ausführlich diskutiert und ein gemeinsames Abstraktionsniveau gefunden.

Gemäß obiger Definition 4.2.1.1 ist ein Metamodell stets in eine Modellarchitektur einzubetten und baut auf einer Metamodellierungssprache auf. Nach Graf [Gra08] bieten Metamodelle die Basis für die Erstellung eines Modellsystems, indem sie die verfügbaren bzw. erlaubten Arten von Modellbausteinen und Modellbeziehungen definieren.

Ein gängiger Standard hierfür ist die *Meta Object Facility* (MOF) der *Object Management Group* (OMG)[3]. Die Spezifikation dieser Architektur definiert ein 4–Ebenen–Modell [OMG07a], das in der Darstellung 4.9 wiedergegeben ist[4].

Als Betrachtungsgegenstand der einzelnen Ebenen sind in der Literatur [OMG07a], [Gra08], [Völ00] benannt[5]:

- $M3$: Meta–Metamodell: entspricht OMG MOF–Standard; Definition der M2–Ebene, also Beschreibung einer Modellierungssprache für Modellierungssprachen
- $M2$: Metamodell: Sprachelemente, wie Klassen und Assoziationen; Beschreibung des Modells bzw. der Modellierungssprache
- $M1$: Modell: Abbildung der physikalischen oder logischen Entitäten und Beziehungen;

---

1 Alternativ ist eine Definition mittels Graph–Grammatiken möglich.
2 Dies ist anschaulich bei der bekannten Sprache UML der Fall.
3 Die MOF ist in der Version 1.4 seit 2002 und in der Version 2.0 seit dem Jahr 2006 spezifiziert und verfügbar. Die Version 1.4.1 hat des Weiteren bereits im Jahr 2005 eine Standardisierung im Rahmen der ISO/IEC 19502:2005 erfahren [OMG05], [OMG06].
4 An dieser 4–Ebenen Architektur wird in der letzten Fassung des Standards nicht mehr strikt festgehalten [OMG06].
5 In anderen Quellen, sind die einzelnen Ebenen mit $L0..L4$ benannt [KK02].

4.2 Modellimplementierung als Beschreibungsmittel

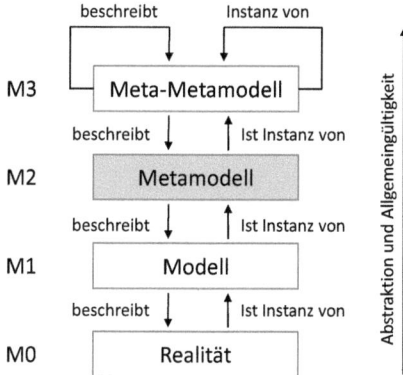

Abb. 4.9: 4-Ebenen Architektur in Anlehnung an [OMG07a]

Benutzerdatenmodell bzw. modellierte Aspekte der Realität

- $M0$: Realität: Objekte oder Daten der zu beschreibenden Domäne (Gegenstände der Sichten)

Die graphische Notation der MOF ist dabei mit Mitteln der *Unified Modelling Language* (UML) realisiert[1]. Dies ist u. a. darauf begründet, dass sowohl MOF (2.0) als auch die UML (2.0) einen identischen Kernmodellierungsansatz teilen[2]. Die realisierten Symbole entsprechen einer Untermenge des UML-Klassendiagramm-Standards. Die CMOF greift hingegen auf einen umfangreicheren Satz an Notationselementen zurück und bietet somit die Option, komplexere Metamodelle, wie die UML 2.0, zu definieren. Die Abbildung 4.10 verdeutlicht die Architektur.

Ein Zurückgreifen auf den etablierten Sprachstandard CMOF für die Definition einer Sprache zur Spezifikation des Datenmodells bietet nicht nur den Vorteil der Glaubwürdigkeit durch eine einheitliche Darstellung - eine Integration in bestehende Methoden, die Vergleichbarkeit und die Möglichkeit des Rückgriffs auf bekannte Visualisierungsansätze ist ebenfalls sichergestellt. Zusätzlich entsteht die Möglichkeit einer statischen Modellvalidierung anhand des Metamodells. Die Abbildung 4.10 zeigt den auf der Grundlage des CMOF-Standards aufsetzenden Meta-Metamodell Ansatz der vorliegenden Arbeit. Das gezeigte Meta-Metamodell ($M3$-Ebene) beschreibt die notwendigen und erlaubten Elemente des im nächsten Abschnitt detaillierten Metamodells ($M2$-Ebene) und des daraus instanziierbaren Datenmodells ($M1$-Ebene).

---

1 MOF 2.0 basiert auf der Weiterentwicklung des MOF 1.4 Standards und nutzt eine Untermenge der UML 2.0 Infrastructure Library [OMG06].
2 Im Detail teilt sich die MOF in die *Essential MOF* (EMOF) und die *Complete MOF* (CMOF). Die EMOF bietet den minimal möglichen Satz an Notationselementen zur Definition eines Modells und ähnelt damit größtenteils MOF 1.4.x [OMG05], [OMG06].

4 Entwicklung eines funktionsorientierten Konzepts

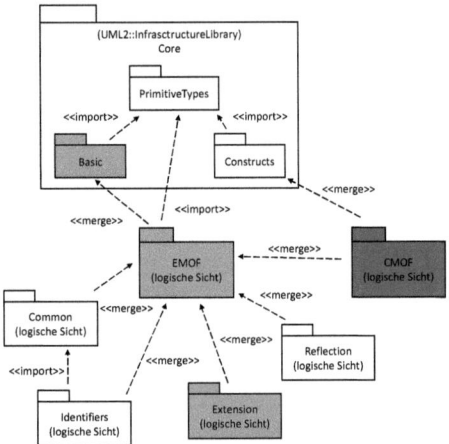

Abb. 4.10: Architektur der MOF nach [OMG06], [OMG07b]

Im Einzelnen finden folgende Elemente auf $M3$-Ebene für die Definition der $M2$-Ebene Verwendung:

- Element: Alle Modellierungskonstrukte stellen Elemente des Metamodells dar. Elemente können wahlweise benannt sein oder einen dedizierten Typ aufweisen.
- Typ: Die auf der Basis des primitiven Elements identifizierten Entitäten weisen verpflichtend einen Typ auf. Darunter ist sowohl die weitergehende Klassifizierung der Entitäten zu verstehen (z. B. die Art der Relation) als auch informationstechnische Datentypen. Eine Sonderform stellt die Aufzählung dar, die eine endliche Liste von Konstanten zur Abbildung auf informationstechnische Zahlenwerte anbietet. Die Menge der Instanzen einer Klasse repräsentiert ebenfalls einen Typ.
- Information: Das Metamodell kann endliche Listen in der Form von Schlüssel-Wert-Paaren zur Informationsanreicherung aufweisen. Diese Informationslisten sind Modellelementen zugeordnet. Im Gegensatz zum MOF-Standard erfolgt im vorliegenden Modell keine Einschränkung auf Listen der Länge l ($|L| \neq 1$ vgl. [OMG07a]).
- Klasse: Klassen sind die grundlegenden Bausteine des Modells. Klassen besitzen Attribute und Referenzen, können aus anderen Klassen abgeleitet werden und potentiell durch Assoziationen mit anderen Klassen in Verbindung stehen. Klassen entsprechen den einzelnen Entitäten des konzeptuellen Modells. Das angesetzte Verständnis deckt sich dabei mit der Bedeutung einer Klasse in der UML. Klassen besitzen wahlweise bestimmbare Eigenschaften.
- Paket: Pakete stellen eine Gruppierung logisch zusammenhängender Klassen bzw. deren Instanzen dar. Pakete können hierbei auch Teil anderer Pakete sein.

4.2 Modellimplementierung als Beschreibungsmittel

- Eigenschaft: Eigenschaften dienen der weitergehenden Charakterisierung einer Klasse und können dabei veränderbar bzw. abgeleitet sein. Eine Eigenschaft besitzt einen Typ und kann mehrfach auftreten. Dieses Mehrfachauftreten wird durch obere und untere Grenzwerte näher eingeschränkt. Assoziationen können des Weiteren ebenfalls Eigenschaften aufweisen.

- Relation: Relationen sind zwischen zwei Klassen in der Form von Assoziation und gerichteter Relation zulässig. Klassen, für die eine Assoziation besteht, können wahlweise eine Referenz besitzen. Das Bestehen einer Referenz gestattet das Erreichen einer Instanz der anderen Klasse. Liegt eine Vorzugsrichtung hinsichtlich des Erreichens anderer Klassen vor, so handelt es sich um eine gerichtete Relation. Jede Relation besitzt genau einen Anfang und genau ein Ende, die typisiert sein können und somit einen Spiegel der Semantik der Beziehung zwischen zwei Modellelementen darstellen.

Das grundlegende Meta-Metamodell in Anlehnung an die $M3$-Ebene (Kern-Modellierungsansatz) und somit einen ersten Teil der Syntax nach Abbildung 4.8 zeigt die Abbildung 4.11.

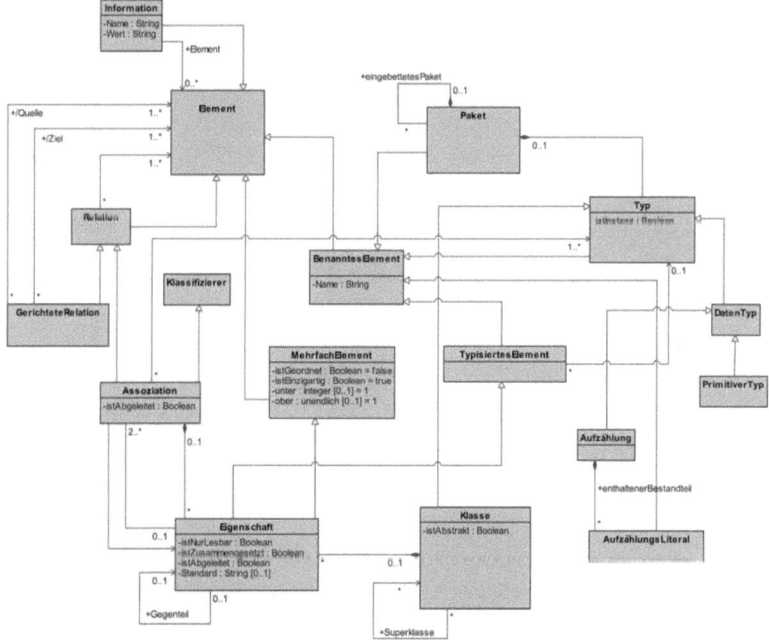

Abb. 4.11: Meta-Metamodell des Datenmodells

Das Ziel des Ansatzes besteht darin, die Heterogenität der Vielzahl an Modellen auf niedrigeren Schichten (also die jeweiligen Sichten) zu akzeptieren und die Lücke zwischen den Modellen durch ein gemeinsames Basismodell zu überbrücken. Die unterschiedlichen

Sichten (siehe 4.1.2 und 4.1.4) der beteiligten Disziplinen auf das Produkt werden somit auf ein grundlegendes, identisches Modell zurückführbar.

Aufgrund des gemeinsamen Basismodells werden die Anforderungen (siehe 2.4) nach Transformationsmöglichkeiten und Weiterverwendung einfach und effizient erfüllbar.

Um die diskutierte Semantik (siehe 4.1) abzubilden und den Lösungsraum für die Erstellung des Datenmodells auf $M2$-Ebene zielführend einzugrenzen, sind im Folgenden Randbedingungen sowie Regeln, sog. Constraints, festzulegen.

Constraints der Modellierung

Aufgrund der Tatsache, dass der beschriebene Metamodellierungsansatz die grundlegende Syntax und Semantik des UML-Klassendiagramm-Standards übernimmt, ist eine Einschränkung auf die Darstellung der wesentlichen semantischen Besonderheiten (siehe hierzu auch 4.1.4) möglich[1]. Die generelle Methodik der Modellierung mit Mitteln der OMG-Sprachstandards wird uneingeschränkt übernommen. Auf eine detaillierte Erläuterung im Rahmen dieser Arbeit kann somit verzichtet werden.

Aufbauend auf der Darstellung der Sichten auf die Problemdomäne und ihrer funktionsorientierten Kopplung sowie den daraus zu identifizierenden Objekten und der Erweiterung um die logischen Beziehungen, in denen diese Objekte stehen können, ist der folgende Abschnitt in die beiden Themengruppen Klassen und Assoziationen geteilt. Die Constraints werden unten zunächst informell beschrieben.

- Klassen
    - Die jeweiligen Sichten auf das Produkt stellen jeweils eine Klasse von Elementen dar. Im Umkehrschluss stellt also die Menge der Elemente gleichen Typs eine Sicht dar.
    - Alle Elemente einer Sicht gehören der gleichen Klasse an.
    - Die Elemente einer Klasse, im allgemeinen Sprachverständnis also Instanzen bzw. Objekte, sind eindeutig identifizierbar zu halten.
    - Objekte bzw. Klassen sind durch die Angabe von Eigenschaften (quantitativ oder qualitativ) näher charakterisierbar.
    - Elemente einer Sicht bzw. Elemente aus weiteren technologischen Sichten sind in Gruppen zusammenfassbar. Ein Gruppieren technischer Elemente mit Funktionen ist mit Hinblick auf einen modularen Modellaufbau denkbar.
- Assoziationen

---

[1] Für die komplette Spezifikation sei auf die Quellen [OMG05], [OMG06], [OMG07b] und [OMG07a] verwiesen.

4.2 Modellimplementierung als Beschreibungsmittel

- Sichteninterne und sichtenübergreifende Assoziationen sind auf zwei definierte Typen beschränkt.
- Innerhalb einer Sicht, also zwischen den Elementen einer gemeinsamen Klasse, liegen ausnahmslos Aggregationsbeziehungen im Sinn der Ganzes–Teil– Strukturierung vor.
- Sichten übergreifend wird lediglich auf die Erfüllungsbeziehung «*realize*» gesetzt.
- Eine Sichten übergreifende Verbindung erfolgt zu keinem Zeitpunkt direkt zwischen zwei oder mehreren technologischen Sichten.
- Technologische Sichten werden ausnahmslos mittels «*realize*» mit den korrespondierenden Produktfunktionen verbunden.
- Relationen bestehen grundsätzlich nur zwischen zwei Objekten.
- Relationen können zur mathematischen Auswertung mit einem quantifizierbaren Zahlenwert belegt werden.

Von besonderem Interesse ist zusätzlich zu obiger Darstellung die Vertiefung der Eigenschaftsangabe für einzelne Klassen und deren Instanzen: Die für das Modell vorgesehene Attributliste ist aus Gründen des einfacheren Umgangs mit Veränderung für alle Knoten prinzipiell identisch und wird zentral festgelegt und gepflegt. Die Angabe quantitativer oder qualitativer Werte ist jedoch für die Objekte nicht obligatorisch, da sie zum einen aufgrund der Integration unterschiedlicher Sichten auf das Produkt nicht zwingend für alle Disziplinen identisch charakterisierbar sind und zum anderen Produkte deutlich differieren, sodass eine generelle Vorgabe wenig sinnvoll erscheint.

Eine stärkere Einschränkung der Modellierung durch restriktive Vorgaben erscheint nicht sinnvoll, da dies für den geforderten effizienten und intuitiven Umgang mit dem Produktmodell potentiell hinderlich ist.

Adaption als Graph

Vor einer abschließenden Darstellung des vollständigen Metamodells ($M2$-Ebene) für die konzeptuelle Modellierung mechatronischer Produkte wird die Überprüfung der Möglichkeit zur Implementierung als rechnerverarbeitbares und praktikabel darstellbares Modell notwendig - siehe **LA1** (effiziente, rechnerverarbeitbare Datenbasis).

Wölkl und Shea [WS09b] verweisen zum Aufbau eines konzeptuellen Produktmodells auf einen Einsatz der SysML und präsentieren einen Ansatz, der auf fünf Diagrammtypen der SysML basiert und zur Weiterverwendung eine zusätzliche Transformation in ein Austauschformat (XMI) notwendig macht. Die Anforderungen dieser Arbeit **LA1** (effiziente, rechnerverarbeitbare Datenbasis) und **LA3** (anschauliche, praktikable Darstellung) sind dadurch nicht erfüllbar. Der Rückgriff auf detaillierte Teilmodelle der SysML widerspricht des Weiteren dem Bedarf nach **LA2** (Reduzierung Modellkomplexität). Da darüber hinaus die Forderung **LA5** (Tracing der Änderungen) mit Mitteln der SysML nicht zu erfüllen ist, ist für die vorliegende Arbeit der Bedarf nach einem anderen Datenmodell abzuleiten.

Vor dem Hintergrund des sowohl aus Gründen der effizienten Transformation und Weiterverwendung als auch der gemeinsamen abstrakten Basis gewählten Metamodellansatzes, ist es als besonders zielführend anzusehen, für die rechnergeeignete Umsetzung eines Modells ganz analog auf ein abstraktes und prinzipiell weitestgehend anwendungsneutrales Datenmodell zu setzen. Für den dargelegten Modellierungszweck bietet sich aufgrund dessen der Einsatz eines Graphenmodells (Graph) an, das auf gerichteten und schlichten Graphen fußt.

Definition 4.2.1.2 (Graph) *Ein Graph G=(E, K) besteht aus einer nicht-leeren endlichen Menge von Ecken (engl. Vertex) E und einer endlichen Menge von Kanten (engl. Edge) K [SS07], [Die06]. Sobald ein Transfer aus der mathematisch formalen Darstellung des Graphen in eine Rechnerimplementierung erfolgt, spricht man zur Differenzierung hingegen i. d. R. von Knoten (engl. Node) und Verbindungen (engl. Link) [SS07]. Eine Kante α als Verbindung der nicht-identischen Ecken u und v wird dargestellt als $\alpha = \overline{uv} = \overline{vu}$. Bildlich ist dies vorstellbar als eine Linie zwischen den Punkten [Die06].*

Graphen stellen eine weitverbreitete kombinatorische Struktur dar, die in Kombination mit allgemeingültigen Algorithmen in vielen Bereichen der Mechatronik einen fundamentalen Beitrag zur Problemmodellierung und Problemlösung leisten. Somit ist nachvollziehbar insbesondere **LA3** (anschauliche, praktikable Darstellung) erfüllbar, da keine Fokussierung auf eine bestimmte Problemdomäne vorliegt.

Die grundlegende Definition des Graph ist kongruent zu dem in Kapitel 4.1 beschriebenen Modellentwurf, da der Grundzusammenhang aus einer Menge von Modellelementen, die in Beziehung zueinander stehen, vollständig abbildbar ist [SS07]. Durch den Einsatz eines Graphen-basierten Modells wird **LA1** (effiziente, rechnerverarbeitbare Datenbasis) erfüllbar und die Lösung der **LA5** (Tracing der Änderungen) begünstigt, da aufgrund der mathematischen Abdeckung der Graphentheorie das Vorhandensein von Verbindungen zwischen Ecken und das Nachverfolgen der Veränderungen effizient möglich wird. Besonders mit Hinblick auf die algorithmische Aufbereitung der Kanten, insbesondere das Finden von Relationen [SS07], bietet das Graph-basierte Modell erhebliche Vorteile [SS07].

Der Graph ist aufgrund des formalen Modells rechnerinterpretierbar und darüber hinaus theoretisch validierbar. Eine Modelltransformation ist in Abhängigkeit von der gemeinsamen semantischen Basis zwischen Quelle und Ziel einfach möglich. Aufgrund der guten Abdeckung der Graphentheorie in der Literatur und der weiten Verbreitung in der praktischen Anwendung entsteht keinerlei Notwendigkeit nach besonderen Softwarewerkzeugen. Eine Weiterverwendung der Daten ist umfassend möglich.

Definition 4.2.1.3 (Schlichter Graph) *Ein Graph G heißt schlicht, wenn er weder Schlingen noch parallele Kanten besitzt. Eine Schlinge liegt vor, wenn Anfangs- und Endecke einer*

4.2 Modellimplementierung als Beschreibungsmittel

Kante identisch sind ($u = v$). Im Fall paralleler Kanten existieren mehrere Kanten zwischen dem gleichen Paar Ecken.

Die Graphentheorie ermöglicht eine einheitliche Problemcodierung, auf der standardisierte Algorithmen angewandt werden können. Durch ihre Allgemeingültigkeit ist es möglich, eine nachhaltige Weiterentwicklung auch durch neue algorithmische Ansätze zu erreichen, ohne eine notwendige Änderung der Notation der Datenbasis zu implizieren. Ein Graphenbasiertes Modell bleibt dementsprechend mit hoher Wahrscheinlichkeit auch bei zukünftigen Entwicklungen weiterhin einsetzbar. Graphen eignen sich des Weiteren in besonderer Weise zur Strukturanalyse und Optimierung.

Da Graphen unabhängig von der gewählten Darstellung zu definieren sind [SS07], unterstützt ein auf Graphen basierendes Modell das in dieser Arbeit gewählte Vorgehen einer getrennten Darstellung des Datenmodells und einer praktikablen sowie leicht nachvollziehbaren Repräsentation. Diese ist aufgrund der Trennung zwischen Daten und Darstellung den geschilderten Anforderungen vollständig anpassbar.

Definition 4.2.1.4 (Baum) *Ein Graph G heißt zusammenhängend, wenn je zwei Ecken aus G durch einen Pfad verbunden werden können. Von einem Pfad wird gesprochen, wenn ein Kantenzug, also eine endliche Menge von Kanten, als Verbindung der betrachteten Ecken vorliegt. Die Ecken des Wegs sind dabei paarweise verschieden. Besitzt ein Graph die gleiche Anzahl Ecken und Kanten $|E| = |V|$ und ist dieser Graph für alle Ecken zusammenhängend, so handelt es sich um einen Kreis (engl. Cycle). Ein Baum ist ein zusammenhängender Graph, der keinerlei Kreise aufweist [SS07]. Die Länge eines Pfades k hierin entspricht der Anzahl seiner Kanten [Die06].*

Eine besondere Ecke eines Baumes, i.d.R der logische Ursprung des Graphen, kann als Wurzel bezeichnet werden [Die06].

Definition 4.2.1.5 (Wald) *Ein Graph, dessen Zusammenhangskomponenten Bäume sind, wird als Wald bezeichnet. Eine Zusammenhangskomponente ist als zusammenhängender Teilgraph von G gekennzeichnet [SS07]. Im Umkehrschluss bedingt dies weiterhin, dass keine nicht-verbundenen (also isolierten) Ecken existieren.*

Eine weitere etablierte Darstellungsform des Graphen ist eine zweidimensionale Matrix. Die Abbildung des Graphen auf ein Matrixmodell wird gemeinhin als Inzidenz– oder Adjazenzmatrix bezeichnet [SS07].

Definition 4.2.1.6 (Inzidenz) *Zwei Ecken u und v werden als inzident zu der Kante ε bezeichnet, wenn $\varepsilon = \overline{uv}$ gilt [SS07]. Eine Ecke v und eine Kante β inzidieren miteinander, wenn $v \in \beta$ gilt[Die06].*

Definition 4.2.1.7 (Adjazenz) *Existiert eine Verbindung $\varepsilon = \overline{uv}$ zweier Ecken u und v, so werden die Ecken auch als adjazent (benachbart) bezeichnet [SS07], [Die06]. Zwei Kanten sind hingegen benachbart, wenn sie eine gemeinsame Ecke aufweisen [Die06].*

Bei der Adjazenzmatrix–Repräsentation eines Graphen **G** als $G \times G$ Matrix resultiert wahlweise eine reine Wahrheitstabelle (0, 1-codiertes Vorhandensein einer Kante zwischen jeweils zwei Knoten[1]) oder alternativ eine Tabelle, in der die modellierten Gewichte der Kanten anstatt der Booleschen Werte aufgeführt sind. Eine matrixbasierte Darstellung des Modells kann speziell die Analyse der modellierten Produktstrukturen und deren Optimierung durch die Anwendung von vielerlei Methoden aus der linearen Algebra unterstützen. Die Lesbarkeit der Matrix ist mit zunehmender Zahl der Elemente jedoch erschwert.

Die Adaption des Metamodells als Graph hingegen bietet bedeutende Vorteile hinsichtlich der Strukturierung der modellierten Daten. Wie Ghoniem et al. [GFC04] und Ware [War00] anschaulich zeigen, unterstützen Graphen (und eine entsprechende graphische Darstellung, basierend auf Knoten und Verbindungen) das Verständnis der modellierten Strukturen insbesondere hinsichtlich des Erkennens von Verbindungen zwischen zwei Knoten und des Weiteren des Findens von Verbindungen.

Aufgrund der obigen Ausführungen zu den charakteristischen Eigenschaften des Graphen ist ein graphbasiertes Modell, in der Verwendung einer knoten- und verbindungsorientierten Darstellung, als optimal geeignet für die geschilderte Aufgabenstellung anzusehen. Die graphische Darstellung bedingt jedoch den Bedarf nach einer angemessenen Werkzeugunterstützung, da bei zunehmender Anzahl der Knoten und Verbindungen die Übersichtlichkeit rasch abnimmt. Kapitel 5 schildert hierzu einen Ansatz.

Unter Verwendung des spezifizierten Meta–Metamodells (siehe Kapitel 4.2.1) wird somit das in der Abbildung 4.12 dargestellte Metamodell eines mechatronischen Produkts realisierbar.

Wie der Abbildung 4.12 zu entnehmen ist, wurden die Modellierungskonstrukte des Kapitels 4.1 an die Struktur (Ecken und Kanten bzw. Knoten und Verbindungen) eines Graph angepasst und entsprechend auf die Realisierungsmöglichkeiten abgebildet:

- Die einzelnen notwendigen Sichten und die daraus abzuleitenden Objektklassen werden als ganzzahlige Knotentypen codiert in der Form einer Aufzählung zusammengefasst. Hierdurch wird sowohl die Option geschaffen, die Knotentypen einfach zu manipulieren und jederzeit zu modifizieren, als auch die Möglichkeit sichergestellt, Darstellung und Datenmodell unabhängig voneinander zu halten. Die Elemente der betrachteten Sichten werden als Knoten (eines bestimmten Typs) abgebildet.

- Analog zur Abbildung des Knotentyps erfolgt eine ganzzahlige Codierung der Relationen Ganzes-Teil (Aggregation) und Erfüllung (Satisfy). Die Relationen werden im

---

[1] Boolesche Werte. Nach dem englischen Mathematiker George Bool.

4.2 Modellimplementierung als Beschreibungsmittel

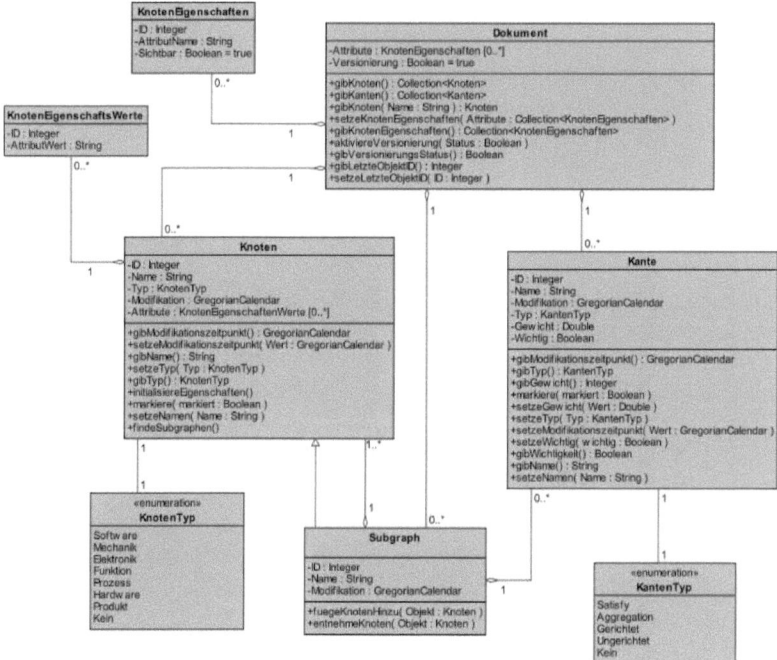

Abb. 4.12: Metamodell als Datenmodell

graphbasierten Modell als gerichtete Verbindungen dargestellt. Verbindungen können durch das Festlegen eines Booleschen Wertes als besonders wichtig klassifiziert werden.

- Das veranschaulichte Prinzip der Informationskapselung durch Gruppierung bzw. Paketbildung findet eine Umsetzung durch einen speziellen Knotentyp: den Subgraph. Subgraphen erlauben die Zuordnung bzw. das Entnehmen von Knoten. Die Verbindungen zwischen den Knoten werden durch die Zuordnung zu einem Subgraphen nicht betroffen.

- Die durch zunehmende Dekomposition gebildeten und detaillierten Sichten stellen im Sinn der Definition Bäume dar. Aus der Verbindung der Bäume entsteht folglich ein Wald, dessen Wurzel das Produkt darstellt.

Alle Modellelemente sind Bestandteile der grundlegenden Struktur *Dokument*, die für die Verwaltung einer Attributliste verantwortlich zeichnet, welche für das Dokument festgelegt und gepflegt wird und somit für alle Elemente einheitlich und konsistent vorliegt. Auf die Anreicherung der Verbindungen mit Attributen wird im Rahmen des vorliegenden Konzepts verzichtet, sodass in der Folge lediglich Knoten charakterisierende Eigenschaften tragen können. Die jeweiligen Eigenschaften der Knoten werden der dokumentenweiten Attributliste zugeordnet und stellen einen wesentlichen Beitrag zur Versionierungsfähigkeit des Modells dar (siehe hierzu 4.2.3). Modellelemente sind weiterhin konsequent mit einer dokumentenweiten (modellweiten), eindeutigen Identifikationsnummer sowie einem Namen versehen. Darüber hinaus erfordern Knoten, Subgraphen und Verbindungen die Angabe eines Änderungszeitpunkts, der wiederum einen wichtigen Beitrag im Hinblick auf die Versionierung des Modells darstellt.

Die Constraints der Modellierung (Kapitel 4.2.1) behalten auch bei der Adaption als Graph ihre Gültigkeit.

Das Metamodell in Abbildung 4.12 veranschaulicht des Weiteren noch eine Reihe an Methoden zur Manipulation bzw. zum Zugriff auf die oben beschriebenen Eigenschaften. Diese Methoden sind für das Verständnis des Modells nicht zwingend erforderlich, stellen aber bereits grundlegende Anforderungen mit Rücksicht auf eine Umsetzung mittels eines Softwarewerkzeugs dar.

4.2.2 Datendarstellung

Die Syntax einer Modellierungssprache definiert, aus welchen Symbolen sie besteht und wie diese kombiniert werden dürfen. Diese Definition umfasst nicht nur erlaubte textuelle Schlüsselwörter, sondern ebenfalls die graphischen Elemente der Darstellung [HR00]. Moody definiert [Moo09], dass eine graphische Notation aus einem Satz an bildhaften Symbolen und des Weiteren aus einem Regelwerk zur Kombination dieser Symbole besteht. In der Verbindung aus dem Regelwerk und der Symbolik entsteht die konkrete Syntax [Moo09], wobei die Semantik, die durch die Symbole abgebildet wird, im Vorfeld im Rahmen der Metamodellierung erfolgte (siehe hierzu 4.2.1). Aus der Kombination der Symbole im Rahmen der Modellierung resultiert eine Metamodell-Instanz, folglich also das angestrebte Modell des untersuchten Produkts, das des Weiteren durch den gewählten Ansatz als nutzbares Datenmodell dienen kann.

Die Basis der beiden im folgenden detaillierten Notationen, graphisch und textuell, ist das in Kapitel 4.2.1 erläuterte Metamodell (der Begriff Darstellung wird Synonym zum Begriff Notation verwendet).

Die Diskussion der möglichen Notationen unter Erfüllung der Anforderung **LA3** (anschauliche, praktikable Darstellung) stellt einen weiteren Entwicklungsschritt gemäß der Übersichtsgrafik 4.13 dar.

Graphische Notation

Visuelle Notationen werden nach Moody [Moo09] in allen Phasen der Produktentwicklung eingesetzt und erfüllen dabei besonders Anforderungen hinsichtlich der Kommunikationsfähigkeit über die Modelle. Die graphische Darstellung ist insbesondere deshalb effektiv, da

4.2 Modellimplementierung als Beschreibungsmittel

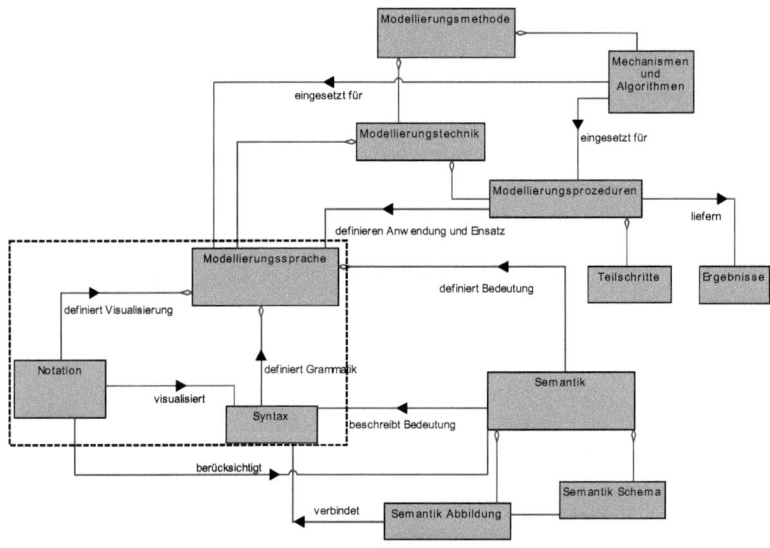

Abb. 4.13: Übersicht Modellierungsmethodik in Anlehnung an [KK02]

das menschliche Gehirn zu großen Teilen[1] auf die parallele Verarbeitung visueller Information spezialisiert ist [Moo09]. Darüber hinaus besteht gemäß Moody [Moo09] eine höhere Erinnerungswahrscheinlichkeit[2] für graphisch aufbereitete Information.

Die graphische, symbolische Notation von Graphen erlaubt es, komplexe Zusammenhänge einfach zu kapseln (ausblenden von Zweigen etc.), was die Akzeptanz und intuitive Verständlichkeit auch bei nicht-technischen Disziplinen unterstützen kann. Die eingesetzten Geometrieelemente zur graphischen Visualisierung und Modifikation der Daten sind auf ein Mindestmaß reduziert, um die visuelle Komplexität und den Einarbeitungsaufwand zu reduzieren und den Modellierungsaufwand bei einem manuellen Modellaufbau gezielt gering zu halten. Diese Reduktion der Symbolik folgt anthropozentrischen Anforderungen, wie durch Schnieder et al. [SCJ98] in einem mentalen Referenzmodell dargestellt. Der Kern des Modells ist die Kapselung von Elementen in Objekten und deren Verbindungen, die des Weiteren mit Attributen versehen sein können. Diskrete Zustände ergeben sich innerhalb dieses Modells in der Form einer Momentaufnahme der Objekte, Relationen und Attribute [SCJ98]. Ein Vergleich des mentalen Referenzmodells (siehe hierzu auch die Diskussion in 4.1.1) nach Schnieder et al. [SCJ98] mit dem Entwurf des Metamodells dieser Arbeit belegt anschaulich die Schlüssigkeit des Ansatzes. Moody [Moo09] beschreibt darüber hinaus, dass die Verständlichkeit der graphischen Darstellung von der Komplexität sowie letzten Endes

---

1 nach Moody [Moo09] ca. 25 % und somit prozentual mehr als die Summe über alle anderen Sinne.
2 auch (engl.) als *Picture Superiority Effect* benannt.

auch von der Menge der verwendeten Symbole abhängig ist, und unterstützt somit implizit das Zurückgreifen auf einen möglichst geringen Satz an graphischen Notationselementen.

Die grundlegende graphische Darstellungsmöglichkeit für Graphen wurde bereits in der Definition des Graph (4.2.1.2) erläutert: Knoten werden in der einfachst möglichen Darstellungsweise als Kreis oder Ellipse visualisiert, Verbindungen als Linien bzw. Pfeile, falls eine Vorzugsrichtung modelliert werden soll. Der Name des Knoten ist in der Mitte des Kreises oder der Ellipse angegeben. Die Abbildung 4.14 zeigt eine solche grundlegende Darstellung.

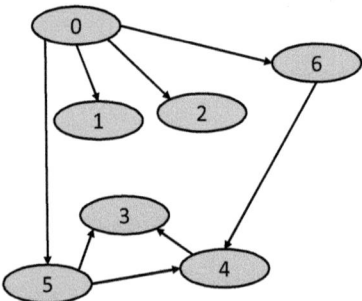

Abb. 4.14: Grundlegende symbolhafte Notation eines Graph

Zur Weiterentwicklung der Syntax gilt es, eine Abbildungsmöglichkeit für die unterschiedlichen Knotentypen bzw. Knotenklassen zu entwickeln. Aufgrund der effizienten Darstellungsmöglichkeit (insbesondere bei der Unterstützung und Umsetzung mittels eines Softwarewerkzeugs) wird im Rahmen dieser Arbeit an der Darstellung eines Knoten als Ellipse festgehalten. Diese Darstellung ist nicht nur effizient im Rechner umsetzbar, sondern bietet eine einfache und neutrale mentale Assoziationsmöglichkeit mit der Bedeutung als Modellelement.

Um die Unterscheidbarkeit zu erhöhen, bietet sich eine Änderung der Hintergrundfarben in Abhängigkeit von der Typzugehörigkeit der Ellipsen an. Der Knotentyp liegt gemäß des präsentierten Metamodells bereits ganzzahlig codiert vor und kann entsprechend eine optionale Berücksichtigung in der graphischen Darstellung erfahren, um die Unterscheidbarkeit der Knoten zu erleichtern. Die Semantik des Knotenobjekts ist von dieser Auswertung nicht betroffen. Da die Farbgebung keinen Einfluss auf die Semantik des Graphenmodells besitzt, kann an dieser Stelle auf einen Vorschlag hinsichtlich der Farben verzichtet werden. Diese sind den Bedürfnissen des Anwenders bzw. den technischen Realisierungsmöglichkeiten anzupassen. Die Literatur beschreibt diesbezüglich eine Grundmenge an visuellen Variablen[1], die den Wahrnehmungsapparat positiv wie negativ beeinflussen können [Moo09].

---

[1] Hierzu zählen: Form, Größe, Farbe, Helligkeit, Orientierung und Textur sowie vertikale und horizontale Position in einer Darstellung [Moo09].

4.2 Modellimplementierung als Beschreibungsmittel

Die oben beschriebene Hervorhebung durch Farben etabliert folglich eine weitere Variable, neben der Form und Größe des Knotens, und beeinflusst dadurch die Wahrnehmung positiv, da Unterschiede in der Farbgebung dreimal schneller wahrgenommen werden können als Unterschiede in der Form von Objekten [Moo09].

Zur Vervollständigung der Syntax sind die Kantentypen des Modells analog in eine Darstellung zu überführen. Aus Gründen der weiten industriellen Verbreitung der Sprachen SysML und UML bietet es sich an, auf eine Darstellung der Kantentypen in Analogie zur Symbolik dieser Beschreibungsmittel zu setzen.

Für Darstellung der Ganzes-Teil-Beziehung wird in der UML [KR08], [BGH+98], [OMG09b], [OMG09a] zwischen Aggregation und Komposition unterschieden. Hierbei gilt die Prämisse, dass sowohl Asymmetrie als auch Transitivität gelten. Nach [Oli07] repräsentiert die Aggregationsbeziehung den Gedanken, dass das Ganze die Summe seiner Teile darstellt. Die graphische Darstellung dieser Beziehungsart erfolgt in der Art einer nicht-ausgefüllten, auf einer Spitze stehenden Raute[1]. Die Raute zeigt mit einer Spitze zum Ganzen, und mittels einer Verbindungslinie ist das entgegengesetzte Ende mit dem Teil verbunden. Das Aufteilen und auch das Zusammenführen mehrerer Aggregationsbeziehungen ist in graphischen Darstellungen gemäß der geltenden Spezifikation erlaubt [OMG09b], [OMG09a].

Eine Verstärkung der Beziehung erfolgt nach [Oli07] in Form der Kompositionsbeziehung, worin die Randbedingung gilt, dass ein Teil zu einem bestimmten Zeitpunkt mindestens Bestandteil eines Ganzen ist. Teile dürfen also nicht isoliert vorliegen. Die Darstellung erfolgt analog zur Aggregation, jedoch wird die Raute ausgefüllt. Die Grafik 4.15 verdeutlicht die obigen Darstellungen.

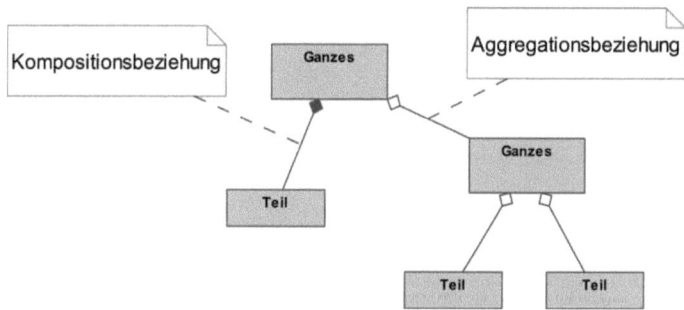

Abb. 4.15: Strukturierungsbeziehung zwischen Modellelementen

Für die Menge an Symbolen des vorliegenden Modells erfolgt die exklusive Auswahl der Aggregationsbeziehung, da die explizite Unterscheidung zwischen existenzabhängi-

---

[1] Im Englischen häufig als diamond bezeichnet.

ger Kompositionsbeziehung und Aggregation selbst im Bereich des Softwareengineerings nicht eindeutig zu treffen und für den Modellierungszweck auch nicht erforderlich ist. Die Mehrzahl der physikalischen Elemente eines Produkts ist für sich isoliert (und nicht als Ganzes–Teil–Gruppe) durchaus existenzfähig, und somit ist die weniger restriktive Darstellung der Aggregation ausreichend. Lediglich für die Darstellung der Softwareelemente erscheint die Darstellung einer Kompositionsbeziehung sinnvoll. Aus Gründen der leichten Erlernbarkeit und intuitiven Nutzung **LA3** (anschauliche, praktikable Darstellung) und **LA4** (Problemverständnis und Kommunikationsgrundlage) soll jedoch dennoch auf unterschiedliche Ganzes–Teil–Beziehungen verzichtet werden.

Zur Notation der Erfüllungsbeziehung bietet die Sprache SysML ([OMG08], [Wei06]) ein Pfeilsymbol an, das zur Verdeutlichung in der Grafik 4.16 abgebildet ist. Die Linie des Pfeils wird aus Gründen der besseren Unterscheidbarkeit gestrichelt gezeichnet. Darüber hinaus trägt der Pfeil die Bezeichnung «*satisfy*».

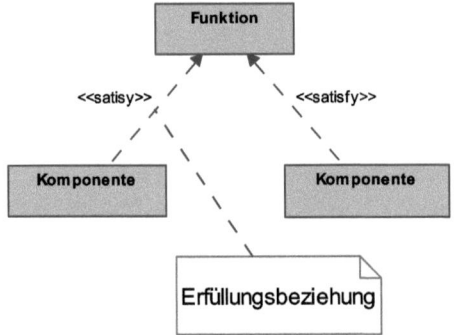

Abb. 4.16: Erfüllungsbeziehung zwischen Modellelementen

Sowohl die Spezifikation der Sprache UML ([OMG09b], [OMG09a]) als auch der SysML ([OMG08], [Wei06]) beschreibt zur Gruppierung von Modellelementen das Paket–Symbol. Das Kriterium für eine Zusammenfassung liegt in der Verantwortung des Anwenders. Im Kontext des beschriebenen konzeptuellen Modells bietet sich die Option, einzelne Knoten innerhalb einer Sicht oder Sichten übergreifend zu Baugruppen sowie Modulen zusammenzufassen. In die Gruppe mit aufgenommene, erfüllte Funktionen können prinzipiell die Schnittstellen der Module repräsentieren.

Die Grafik 4.17 veranschaulicht die Gruppierung als Paket, die im Hinblick auf die Struktur des Graph einen Subgraph darstellt.

Die rechteckige Darstellung ähnelt dabei den gebräuchlichen Piktogrammen unterschiedlicher Betriebssysteme für Ordner bzw. Verzeichnisse. Ein Name für die Gruppe ist wahlweise am oberen Rand anzugeben.

Für alle gezeigten Darstellungen der Verbindungen erscheint es sinnvoll, die Wiedererkennung und Unterscheidung durch wechselweises farbliches Hervorheben zu unterstützen.

4.2 Modellimplementierung als Beschreibungsmittel

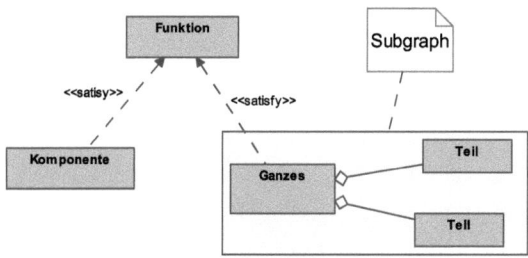

Abb. 4.17: Gruppierung als Paket

Analog zur Erläuterung bei den Konten ändert die Farbwahl die Semantik des Modells nicht. Eventuell modellierte Gewichte können in der Form unterschiedlicher Strichstärken abgebildet werden. Der möglicherweise positive Effekt der Farbgebung wurde bereits hinsichtlich der Knoten beschrieben.

Die Attributliste bzw. deren Referenzierung durch Knoten sowie das Belegen mit charakterisierenden Attributwerten findet keine graphische Notation, um der Anforderung **LA2** (Reduzierung Modellkomplexität) nach geringer Komplexität und praktikablem Einsatz **LA3** (anschauliche, praktikable Darstellung) gerecht zu werden. Das Anlegen und die Pflege einer solchen Attributliste sowie das Vergeben der jeweilige Werte durch die einzelnen Knoten muss eine Unterstützung durch geeignete Softwarewerkzeuge erfahren (siehe 5).

Ebenso wenig werden Informationen zu der Versionierung der Modellelemente graphisch notiert. Die Verwaltung und gezielte Auswertung der Modellveränderungen bedarf leicht nachvollziehbar einer Unterstützung und Umsetzung durch Softwarewerkzeuge eine symbolhafte Darstellung der Versionierung oder weitergehender Zusammenhänge in der ausschließlichen graphischen Darstellung des Modells bietet somit keinen Mehrwert.

Unter Verwendung der in diesem Abschnitt definierten Notationen, lässt sich die Prinzipskizze der funktionsorientierten Modellkopplung (Abbildung 4.7) in die graphische Darstellung 4.18 überführen.

Da die Forderungen **LA1** (effiziente, rechnerverarbeitbare Datenbasis) und **LA6** (Werkzeugunterstützung) Konzepte hinsichtlich der Datenspeicherung, der Datenweiterverwendung, des Datenaustauschs und der Manipulation des Modells ohne graphische Unterstützung notwendig machen, erscheint neben der oben gezeigten symbolhaften Notation eine zusätzliche textuelle Variante sinnvoll.

Textuelle Notation

Zur Ergänzung der im letzten Abschnitt detaillierten graphischen Notation bietet sich die zusätzliche Spezifikation einer textuellen Variante an. Als besonders sinnvoll ist eine synergetische Ergänzung der Notationen anzunehmen, nicht die Etablierung als Alternati-

4 Entwicklung eines funktionsorientierten Konzepts

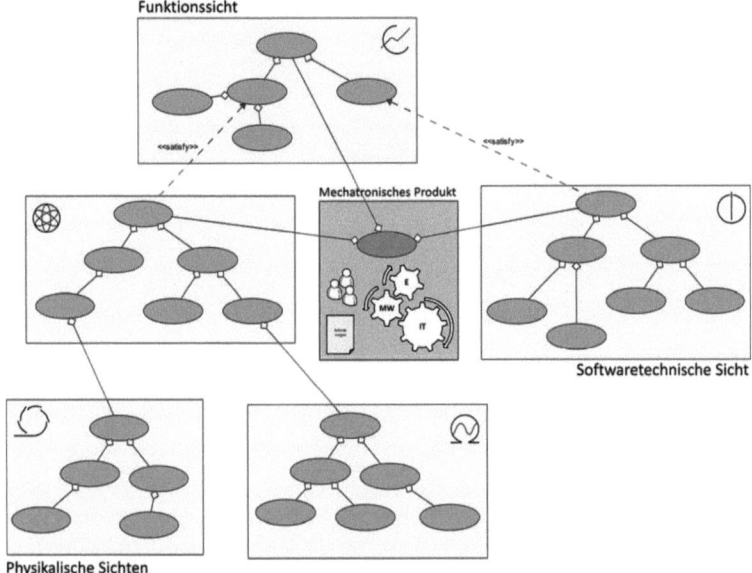

Abb. 4.18: Metamodell in graphischer Darstellung nach Notation 4.14 bis 4.16

ven. Insofern entsteht die Option, die textuelle Darstellung im Hintergrund als definiertes Datenablage- und Austauschformat zu verwenden. Im Folgenden wird zur Lösung dieser Anforderung eine interne domänenspezifische Sprache (DSL) [PTN+07] in XML-Syntax[1] vorgeschlagen. Hierdurch wird nicht nur eine plattform- und implementierungsunabhängige Rechnerinterpretierbarkeit gewährleistet, sondern die Lesbarkeit für den Menschen wird ebenfalls gewahrt. Durch die klare Trennung zwischen Metamodell und Darstellung bleibt die Notation darüber hinaus austauschbar.

Von hoher Wichtigkeit für die Definition der DSL ist die Abstimmung mit der symbolhaften Darstellung zu betrachten: Eine graphisch notierte Modellinstanz wird somit im Rahmen der vorgestellten Lösungen dieser Arbeit ohne semantischen Informationsverlust in die textuelle Darstellung und umgekehrt überführbar. Zur Verdeutlichung ist am Ende dieses Abschnitts ein einfaches Beispiel vorgestellt.

Die Nutzung der XML als Basis für domänenspezifische Sprachen kann als zunehmend akzeptierter Standard im industriellen Umfeld angesehen werden. Wollschlaeger et al. bestätigen dies insbesondere für die Automation [WMRL10]. Für den XML-Standard ist eine große Anzahl an Lösungen und unterstützenden Werkzeugen verfügbar, sodass XML als Basisnotation aufgrund der hohen Interoperabilität [WMRL10] als geeignet anzusetzen ist.

---

[1] Extensible Markup Language (engl. für „erweiterbare Auszeichnungssprache") [W3C10]

4.2 Modellimplementierung als Beschreibungsmittel

Für die Implementierung einer Notation für ein graphbasiertes Metamodell existieren in der Literatur zahlreiche mögliche Basisformate: GXL (Graph eXchange Language) [WKR02], GraphML (Graph Markup Language) [BEH+02], daVinci [FW95], GML (Graph Modeling Language) [Him96], XGMML (eXtensible Graph Markup and Modeling Language) [PK10], GraphXML [HM01], DOT [EGK+02]. Von GXL und GraphML abgesehen, sind die semantischen Abbildungsfähigkeiten der Notationen eingeschränkt und stark auf das Zeichnen von Graphen spezialisiert, darüber hinaus sind auch die Einsatzdomänen eingeschränkt. Ein einheitlicher Standard für eine an graphbasierten Metamodellen orientierte Basisnotation existiert derzeit nicht [BEH+02]. Als besonders geeignet für die Erfordernisse der textuellen Notation dieser Arbeit ist die Sprache GraphML anzusehen, da sie zum einen neben den Kernelementen zur Beschreibung der Struktur eines Graph auch einen flexiblen Erweiterungsmechanismus für anwendungsspezifische Daten bietet und zum anderen eine vollständige XML-Schema Spezifikation vorliegt, sodass eine Validierung des notierten Modells möglich wird. Dies ist insbesondere zielführend für eine Werkzeugunterstützung nach **LA6** (Werkzeugunterstützung), da somit potentielle Datenaustauschvorgänge auf fehlerhafte Daten überprüft werden können und die Konsistenz des Modells sichergestellt werden kann.

Das Basisformat GraphML nutzt keine proprietäre Syntax, sondern basiert vollständig auf dem XML-Standard. Dadurch sind Austausch, Pflege, Modifikation, Erweiterung, Speicherung und Übertragbarkeit in optimaler Weise sichergestellt. Die grundlegende Struktur ist von den anwendungsspezifischen Erweiterungsmöglichkeiten entkoppelt, sodass jegliche Flexibilität für zukünftige Entwicklungen gewahrt bleibt.

Das Resultat der konkreten Modellierung mittels der textuellen Notationselemente wird als Dokument bezeichnet. Der minimale Rumpf eines solchen Dokuments wird durch die Angabe der geltenden Standards und Namensräume sowie das Wurzelelement *graphml* gebildet (Textausschnitt 4.1). Alle weiteren Elemente der Notation sind Unterelemente von *graphml* [BEL10].

```
<?xml version="1.0" encoding="UTF-8"?>
<graphml LastPartID="1234567890" xmlns="http://graphml.graphdrawing.
    org/xmlns">
...
</graphml>
```

Textausschnitt 4.1: GraphML Rumpf

Das Attribut *LastPartID* stellt eine Erweiterung zur Umsetzung der Forderung **LA5** (Tracing der Änderungen) dar und repräsentiert die letzte notierte, eindeutige Identifikationsnummer (ID) aller Elemente. Eine rechnergestützte Verwaltung der Identifikationsnummern bietet sich an.

Auf oberster Hierarchieebene schließt sich die Notation der angestrebten Attribute, gemäß des Konzepts der Basisnotation GraphML also anwendungsspezifische Erweiterungen, der Metamodellinstanz an. Zu diesem Zweck erfolgt die Angabe eines Schlüssels *key* und der

Gültigkeit des Schlüssels (Textausschnitt 4.2) innerhalb des Dokuments [BEL10].

```
<key id="NodeDataKey" for="node"/>
<key id="NodePropertiesKey" for="graph"/>
```

Textausschnitt 4.2: GraphML globaler Schlüssel

Das Gegenstück des Schlüsselelements ist das Element *data*, das die Ausprägung der abzubildenden Daten darstellt. Die Zuordnung zwischen Schlüssel und Daten bzw. zwischen notierten Elementen und Daten erfolgt über die Angabe der Schlüsselwörter (Textausschnitt 4.3) [BEH+02].

```
<data id="NodeProps" key="NodePropertiesKey">
    <NodeProperty ID="0" value="Attributname" visible="true"/>
</data>
```

Textausschnitt 4.3: GraphML globales Schlüsselwort

Die Daten des Schlüssels *NodePropertiesKey* repräsentieren die für die Metamodellinstanz global angelegte und verwaltete Liste der Attribute, jedoch nicht deren spezifische Ausprägungen für die jeweiligen Knoten. Aus diesem Grund erfolgt die Notation ebenfalls auf oberster Ebene unterhalb des *graphml* Elements. Die speziellen Ausprägungen der Attribute werden durch das Schlüsselwort *NodeDataKey* referenziert und innerhalb eines Knotenelements beschrieben, das im übernächsten Absatz noch näher beschrieben wird.

Die grundlegende Notation eines Graph beginnt in der Folge mit dem Element *graph* [BEH+02], das durch eine spezielle ID („main") und die Festlegung der Verbindungsorientierung gekennzeichnet ist (Textausschnitt 4.4).

```
<graph id="Main" edgedefault="directed">
...
</graph>
```

Textausschnitt 4.4: GraphML Notation Graph

Innerhalb des deklarierten Graph sind die Knoten des Modells nach der Spezifikation der GraphML als *node*-Elemente beschrieben [BEH+02]. Für die notwendige Erweiterung der GraphML gemäß der Anforderungen der Metamodellierung werden zusätzlich die Attribute *NodeType, ChangeDate, Location.X* und *Location.Y* eingeführt (Textausschnitt 4.5). Auf diese Weise entsteht zum einen die Möglichkeit, die zwingend notwendige Geometrieinformation einer graphischen Notation, an dieser Stelle die X,Y-Koordinaten des graphischen Objekts in einem Zeichenbereich, und zum anderen das letzte Änderungsdatum des Objekts zu notieren. Die Aspekte des Änderungsdatums werden im Rahmen der Versionierung (Abschnitt 4.2.3) noch genauer erläutert. Das Attribut *NodeType* korreliert zu der ganzzahlig codierten Knotenklasse, wie sie bereits bei der Diskussion der graphischen Notation beschrieben wurde. Das Attribut *id* unterstützt, wie bereits erläutert, die Lösung der Anforderung **LA5** (Tracing der Änderungen) und wird ebenfalls im Rahmen der Versionierung (Abschnitt 4.2.3) noch genauer erläutert.

4.2 Modellimplementierung als Beschreibungsmittel

```
<node id="1" NodeType="0" Location.X="0" Location.Y="0" ChangeDate=" ⤸
   2010-07-06T13:27:30.982+01:00">
   <desc>Knoten</desc>
   <port name="2"/>
   <data key="NodeDataKey">
      <NodeProperty ID="0" value="Attributwert"/>
   </data>
</node>
```

Textausschnitt 4.5: GraphML Knoten

Das Knoten-Element wird durch weitere Unterelemente genauer charakterisiert. Dies sind zum einen der vergebene Name des Knotens und zum anderen die optionale Bezeichnung eines *port*, an den inzidente Verbindungen fest gebunden werden können. Als besonders wichtig ist das Element *data* anzusehen, das die Referenzierung der einleitend global definierten Attributliste gestattet. Die einzelnen *NodeProperty*-Elemente korrelieren zu den definierten *NodeProperties* der Attributliste und können mit spezifischen Werten erweitert werden.

Die Vervollständigung der Syntax bedingt des Weiteren die Angabe eines Elements für die Verbindungen des Graph. Die Angabe eines eindeutigen Bezeichners ist analog zu allen anderen Elementen erforderlich (Textausschnitt 4.6). Die Attribute *source* und *target* bezeichnen die IDs der verbundenen Knoten. Im Vergleich zur Spezifikation der GraphML ist *edge* wiederum mit zusätzlichen Attributen versehen.

```
<edge id="5" source="1" target="3" Important="false" EdgeType="3" ⤸
   Weight="1.0" DiscreteColor="0" ChangeDate="2010-07-06T13:27:30 ⤸
   .982+01:00"/>
```

Textausschnitt 4.6: GraphML Verbindung

Hinsichtlich des Attributs *ChangeDate* sei wiederum auf das Kapitel Versionierung (Abschnitt 4.2.3) verwiesen. Die bereits bei der graphischen Notation erläuterte Verbesserung der Unterscheidbarkeit einzelner Verbindungen findet eine textuelle Abbildung durch die Attribute *Important* (Wichtigkeitskennzeichnung), *EdgeType* (codierte Beziehungstyp), *Weight* (Gewicht der Strichstärke) und *DiscreteColor* (farbliche Hervorhebung). Die geometrische Positionierung ist bei Verbindungen nicht Gegenstand der Attribut-Notation, da sich die Position durch die Verbindung zweier festgelegter Knoten implizit mathematisch in einem kartesischen Koordinatensystem ergibt.

Ein weiteres wesentliches syntaktisches Element zur Abbildung des Metamodells auf die textuelle Notation stellt die Verschachtelung von Graphen dar (Textausschnitt 4.7). Somit resultiert die Möglichkeit, Subgraphen textuell zu notieren. Zur Umsetzung dient eine spezielle Form des *node*-Elements, das als Unterelement neben einer Benennung ein weiteres Element *graph* besitzt [BEL10], [BEH+02].

```
<node id="1" NodeType="-2" ChangeDate="2010-07-06T13:27:30.982+01:00" ⤸
   >
```

4 Entwicklung eines funktionsorientierten Konzepts

```
<desc>Subgraph</desc>
<graph edgedefault="directed">
   ...
</graph>
</node>
```

Textausschnitt 4.7: GraphML Subgraphen

Das Hinzufügen oder Entfernen von Knoten zu einem Subgraph stellt eine Veränderung auf der Ebene der Elementhierarchie dar. Der Vorgang ist also als ein Verschieben oder Umhängen des Knotens vorstellbar. Die modellierten Verbindungen sind vom Verschiebevorgang nicht betroffen und bleiben uneingeschränkt bestehen.

Die Abbildung 4.19 greift eine minimale Variante der graphischen Notation von oben erneut auf, um die Darstellung in textueller Notation und die verlustfreie Überführbarkeit abschließend beispielhaft zu verdeutlichen. Die wahlweise textuelle Notation oder Trans-

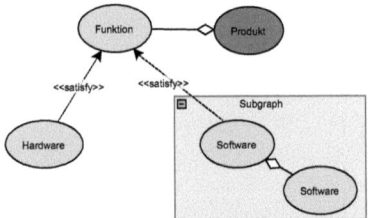

Abb. 4.19: Einfaches Notationsbeispiel

formation der symbolhaften Darstellung des Beispiels führt zu dem unten dargestelltem Ergebnis, wobei aus Gründen der Übersichtlichkeit einige der XML-Attribute gekürzt dargestellt sind. Die Attribute des Beispielgraph sind mit dem jeweiligen Anfangsbuchstaben des Knotennamens und einer Zahl versehen.

```
<?xml version="1.0" encoding="UTF-8"?>
<graphml LastPartID="44" (...) >

<key id="NodeDataKey" for="node"/>
<key id="NodePropertiesKey" for="graph"/>

<data id="NodeProps" key="NodePropertiesKey">
   <NodeProperty ID="0" value="BeispielAttribut" visible="true"/>
</data>

<graph id="Main" edgedefault="directed">
   <node id="6" (...) >
      <desc>Hardware</desc>
      <data key="NodeDataKey">
         <NodeProperty ID="0" value="H1"/>
      </data>
   </node>
```

4.2 Modellimplementierung als Beschreibungsmittel

```
<node id="18" (...) >
   <desc>Produkt</desc>
   <data key="NodeDataKey">
      <NodeProperty ID="0" value="P1"/>
   </data>
</node>
<node id="23" (...) >
   <desc>Funktion</desc>
   <data key="NodeDataKey">
      <NodeProperty ID="0" value="F1"/>
   </data>
</node>

<edge id="30" source="23" target="6"  EdgeType="3" (...) />
<edge id="33" source="18" target="23" EdgeType="2" (...) />
<edge id="42" source="23" target="2"  EdgeType="3" (...) />
```

Textausschnitt 4.8: GraphML Beispiel – Knoten und Verbindungen

Die textuelle Notation der drei Knoten *Produkt*, *Funktion* und *Hardware* und ihrer Verbindungen, die im Beispiel mit der Zahl 3 für eine Erfüllungsbeziehung und der Zahl 2 für eine Aggregationsbeziehung codiert sind, ist leicht nachvollziehbar (Textausschnitt 4.8). Ebenfalls intuitiv verständlich ist die Einführung der *key–data*-Element-Paarung zur Definition einer Attributliste und späteren Referenzierung durch die Knoten.

```
<node id="41" ChangeDate="" NodeType="-2">
   <desc>Subgraph</desc>
   <graph edgedefault="directed">
      <node id="2" (...) >
         <desc>Software</desc>
         <data key="NodeDataKey">
            <NodeProperty ID="0" value="S1"/>
         </data>
      </node>
      <node id="38" (...) >
         <desc>Software</desc>
         <data key="NodeDataKey">
            <NodeProperty ID="0" value="S2"/>
         </data>
      </node>
      <edge id="40" source="2" target="38" (...) />
   </graph>
</node>
</graph>
</graphml>
```

Textausschnitt 4.9: GraphML Beispiel – Verschachtelung

Die Verschachtelung zu einem Subgraph durch den speziellen Knoten *Subgraph* bildet den Abschluss des Notationsbeispiels (Textausschnitt 4.9). Der Subgraph enthält wiederum zwei Knotenelemente, die in bereits bekannter Art und Weise definiert werden.

Die Basisnotation der GraphML-Spezifikation stellt anschaulich eine probate Grundlage für die Anpassung und Erweiterung im Hinblick auf die dargestellten Anforderungen dieser Arbeit dar. Eine verlustfreie bidirektionale Überführbarkeit der Notationen kann durch den gezeigten konzeptionellen Entwurf des Metamodells und die Definition einer angepassten graphischen sowie textuellen Darstellung jederzeit vorgenommen werden.

Der bereits mehrfach aufgebrachte Aspekt der Versionierung und der Identifizierbarkeit wird im folgenden Abschnitt näher charakterisiert.

4.2.3 Datenversionierung

Bereits in Kapitel 4.1.5 wurde der Bedarf nach einem adäquaten und effizienten Umgang mit der Veränderung des mechatronischen Produkts und somit seines Modells eingehend thematisiert. In Anlehnung an Ohst [Ohs04a], zeigte Kapitel 4.1.5, dass unterschiedliche Änderungsklassen für das konzeptuelle Produktmodell identifizierbar sind. Die Tabelle 4.1 ordnet die definierten Modellelemente des Metamodells den Änderungsklassen zu und führt jeweils mögliche Veränderungen an.

Tab. 4.1: Zuordnung der Metamodellelemente zu Änderungsklassen

Element	Struktur	Intraobjekt	Intrarelation	Interobjekt	Interrelation	Beschreibung
Graph	X	-	-	-	-	Hinzufügen und Entfernen von Knoten und Verbindungen sowie Modifikation der globalen von Knoten referenzierten Attributliste. Darüber hinaus Hinzufügen/Löschen von Subgraphen
Knoten	-	X	-	-	-	Modifikation der Eigenschaften: Name, Farbe/-Klasse, Hervorhebung, Position sowie Modifikation eines oder mehrerer Attributwerte der referenzierten globalen Liste
Verbindung	-	-	X	-	-	Modifikation der Eigenschaften: Farbe/Typ, Hervorhebung, Gewicht
Verbindung	-	-	-	-	X	Modifikation der Inzidenz
Subgraph	-	X	-	-	-	Hinzufügen sowie Entfernen von Knoten des Graph. Modifikation der primitiven Eigenschaft Name

Die Interpretation der Tabelle 4.1 zeigt anschaulich, dass, bedingt durch die konzeptionellen

4.2 Modellimplementierung als Beschreibungsmittel

Grundlagen des graphbasierten Metamodells, die Mehrheit der möglichen Änderungen lediglich die Eigenschaften der Modellobjekte betrifft. Dies gilt insbesondere auch für die Verbindung zwischen Knoten: Quelle und Ziel einer Verbindung sind als Eigenschaften der Verbindung dargestellt. Dies stellt eine enorme Vereinfachung bei der Umsetzung eines Veränderungsmanagements dar, da somit lediglich einzelne Objekte eindeutig identifiziert sind und die Änderung der Eigenschaften untersucht werden muss. Eine Modifikationen der geometrischen Positionierung ist semantisch bedeutungslos und nur für die graphische Notation von Interesse (dabei jedoch wiederum lediglich eine Objekteigenschaft). Die etwaige Zugehörigkeit zu einem Subgraph stellt hinsichtlich der mathematischen Zusammenhänge des Graph lediglich die Bildung einer Untermenge der Menge der Ecken und Kanten dar. Bei der Notation resultiert dies in einer Verschiebung in der Hierarchieebene, wodurch die Eigenschaften der verschobenen Knoten und ihrer Verbindungen nicht modifiziert werden, lediglich die Eigenschaften des speziellen Knotentyps *Subgraph*, was wiederum auf eine Intraobjektänderung zurückzuführen ist.

Prinzipiell lassen sich die grundlegenden Anforderungen an die notwendige Versionierungstechnik demnach auf die Identifizierbarkeit der Objekte und eine Auszeichnung der letzten Änderung zusammenfassen. Die Analyse der Veränderungen (siehe hierzu auch 4.1.5) wird dadurch leicht realisierbar.

Versionierungstechniken

Wie im Kapitel 4.2.2 gezeigt, lässt sich das Metamodell mechatronischer Produkte in idealer Weise in der Syntax der XML darstellen. In Kapitel 4.1.5 wurde belegt, dass die Versionierung von graphbasierten Beschreibungsmitteln mit Versionierungswerkzeugen aus dem Umfeld der Informationstechnik nicht zufriedenstellend umgesetzt werden kann, da traditionelle Versionskontroll- und Versionsverwaltungssysteme [Bae05] auf Dateistrukturen ausgelegt sind und die Strukturunabhängigkeit hierarchischer oder graphbasierter Modelle nicht verwalten können [LZG04], [OWK03]. In der Literatur zur Versionierung XML-basierter Datenstrukturen finden sich jedoch grundlegende Versionierungstechniken, die aufgrund der guten Darstellbarkeit des Metamodells als XML-Dialekt (GraphML) in den Kontext dieser Arbeit übertragbar werden:

Wuwongse et al. [WYA05] führen zu diesem Zweck spezielle Versionierungselemente ein, deren Attribute angeben in welcher Version ein Dokument vorliegt (und zuletzt vorlag), und deren Unterelemente abbilden, zu welchem Zeitpunkt die letzte Veränderung erfolgte. Weitere Elemente geben zusätzlich eine Auflistung der veränderten sowie unveränderten Objekte mit deren IDs.

Ein weiterer Ansatz besteht in der Adaption der Struktur des XML-Dokuments. Rosado et al. [RMG06] führen zu diesem Zweck einen Versionsbaum sowie ein Dokument ein, das alle Versionen aller Elemente beinhaltet, sodass eine komplette Historie darstell- und referenzierbar wird. Weiterhin werden temporale Aspekte mittels erweiternder Attribute für die versionierten Elemente durch die Angabe von Änderungsdatum, Änderungszeitpunkt und Gültigkeitsdauer notiert [RMG07].

Da für eine Umsetzung von Ansätzen, die zusätzliche XML-Elemente bedingen, die textuelle Notation des Metamodells modifiziert werden müsste, sind diese Ansätze als nicht praktikabel zu verwerfen.

Lin et al. [LZG04] unterstützen einen XML-basierten Ansatz zur Umsetzung einer Versionierung für Modelle grundsätzlich, solange die geometrischen Informationen einer graphischen Notation des Modells nicht von semantischer Bedeutung sind, da die Semantik der Symbolanordnung (Anordnung der Elemente auf einem virtuellen Zeichenblatt) bei der Überführung in eine XML-Darstellung zunächst verloren geht. Durch die Trennung von Modell und Darstellung im Rahmen dieser Arbeit ist der geschilderte Einwand jedoch unkritisch nicht relevant, da die Positionierung keine semantische Relevanz für das Produktmodell besitzt.

Eine global eindeutige Identifikationsnummer (UUID[1]) wird zur Erreichung der Identifizierbarkeit bei Alanen und Porres [AP03] vorgeschlagen. Da UUIDs aufgrund der hohen Anzahl an Ziffern und Zeichen kaum manuell zu verwalten und zu erzeugen sind, wird der Einsatz von Softwarewerkzeugen zwingend erforderlich. Um im Rahmen des Konzepts nicht an Werkzeuge zur Verwaltung der UUIDs gebunden zu sein, werden die IDs des vorgestellten Ansatzes zunächst als natürliche Zahlen und somit manuell modifizierbar belassen.

Bartelt und Herold [BH06] gehen davon aus, dass unter Verwendung eindeutiger Bezeichner eine erhebliche Effizienzsteigerung beim Vergleich von Graphen möglich wird, da sich das Vergleichsproblem von einem NP-vollständigen Problem[2] zu einem polynomialen Laufzeitverhalten verschiebt. Dickinson et al. [DBDK04] belegen die Umsetzbarkeit eines Vergleichs (Matching) von Graphen auf Basis eindeutiger Identifikationsmöglichkeiten bei Knoten. Attribute der Knoten werden hingegen nicht berücksichtigt. Ein ähnlicher Ansatz ist bei Alanen und Porres [AP03] zu finden.

Für die Versionierung des Datenschemas objektorientierter Datenbanken präsentieren Grandi et al. [GMS03] einen Ansatz, der Objekte bzw. Modifikation mit einem Zeitstempel versieht (Branching and Temporal Versioning). Unter Verwendung des Zeitstempels wird eine Rekonstruktion des Objektzustandes zu diskreten Zeitpunkten darstellbar [GMS03]. Die Grundlage des Ansatzes liegt in der Identifizierbarkeit der Objekte. Gemäß Grandi et al. [GMS03] ist der Ansatz besonders bei gerichteten, azyklischen Graphen zielorientiert umsetzbar. Sowohl auf der Basis des gerichteten, azyklischen Graph, der mit dem Metamodell dieser Arbeit korreliert, als auch bedingt durch die Tatsache, dass ein objektorientiertes Datenschema ein konzeptuelles Modell darstellt, erscheint der Ansatz leicht nachvollziehbar in den logischen Kontext der Problemstellung dieser Arbeit übertragbar.

---

1 engl. Universally Unique Identification Number
2 Ein NP-komplexes Problem gilt in der Komplexitätstheorie als nur mit exponentieller Rechenzeit lösbar, da keine Vereinfachungen der Struktur erkennbar sind.

4.2 Modellimplementierung als Beschreibungsmittel

Für das funktionsorientierte Modell werden auf der Basis der vorgestellten Konzepte sowie der erforderlichen Randbedingungen und möglichen Vereinfachungen zwei Lösungen umsetzbar: Dies ist zum einen das Sicherstellen einer eindeutigen Identifizierbarkeit durch die Angabe einer Identifikationsnummer der Objekte in der Modellinstanz und zum anderen das Erreichen einer Tracing-Möglichkeit hinsichtlich der am Modell vorgenommen Änderungen durch ein temporales Tagging[1]. Ohst [Ohs04b] bezeichnet dieses Tagging als Zeitmarke. Eine Auszeichnung der Modellelemente mit dedizierten Versionsnummern erfolgt hingegen nicht, da die Versionen dieser linearen Versionierung aus der Analyse der Zeitmarken entlang einer Zeitachse ableitbar werden.

Eine Angabe des letzten Modifikationszeitpunkts durch einen Zeitstempel (hier synonym für Tag verwendet) erfolgt durch Einfügen des Datums nach amerikanischem Muster in der Form Jahr/Monat/Tag sowie der Uhrzeit in Lokalzeit,bis auf die 1000stel Sekunde, gemäß internationaler Standards [ISO04], [WW98]. Die Notation des Stempels (Textausschnitt 4.10) enthält als Trennzeichen für die Datumsangabe Bindestriche sowie bei der Angabe der Uhrzeit Doppelpunkte bzw. Punkt ab dem Zehntel. Beide Aspekte, Uhrzeit und Datum, sind durch den Buchstaben *T* verbunden.

```
2010-07-06T13:27:30.982+01:00
```

Textausschnitt 4.10: GraphML Notation Zeitstempel

Die Darstellung nach Maßgabe der ISO 8601 [ISO04] erscheint zielführend, da die überwiegende Mehrheit der Programmiersprachen, Auszeichnungssprachen (z. B. XML) und Werkzeuge im informationstechnischem Umfeld die Verarbeitung und Interpretation ohne Mehraufwand unterstützt. Um die Umrechnung in andere Zeitzonen zu ermöglichen, ist der Zeitangabe die Abweichung von der koordinierten Weltzeit[2], in Stunden, durch das Pluszeichen abgesetzt, nachgestellt. Die Angabe erfolgt im Rahmen der bereits vorgestellten textuellen Notation als Wert des Attributs *ChangeDate*. Bei einer graphischen Darstellung hingegen ist keine explizite Notation möglich. Für eine Umsetzung resultiert folglich der Bedarf nach einer geeigneten Werkzeugunterstützung zur Verwaltung des Zeitstempels im Hintergrund.

Sowohl die IDs als auch die Tags werden für die gesamte Elementhierarchie eingeführt. Somit entsteht weiterhin die Option, das Vorliegen konsistenter Modellinstanzen zu überprüfen: Modellbestandteile, deren Tag in einem definierten Zeitintervall angesiedelt werden kann, können für einen Betrachtungszeitpunkt als gültig angenommen werden, sodass nicht nur eine absolute Veränderung des Modells darstellbar wird, sondern auch quantifizierbare Zeitrahmen angegeben werden können, in denen die Veränderung erfolgte.

Die Änderungshistorie wird nicht in einer Modellinstanz abgelegt und folglich weder graphisch noch textuell notiert. Die Historie resultiert wie bereits im Kapitel 4.2.1 eingeführt,

---

1 tagging (engl. mit einem Etikett versehen)
2 koordinierte Weltzeit international UTC (engl. Universal Time Coordinated) genannt.

aus dem Vergleich von mindestens zwei diskreten (und gespeicherten) Modellinstanzen und bedingt eine Unterstützung durch angepasste Algorithmen zur Auswertung und Darstellung.

Ein weiterer Lösungsaspekt zur Umsetzung der Versionierung besteht in der bereits erläuterten Verwendung (siehe 4.2.2) einer modellweiten Attributliste, deren Einträge durch die Menge der Knoten ID-basiert referenziert werden. Die Schlüssel bleiben folglich global erhalten und es resultiert nur der Bedarf, die Werte für die jeweiligen Knoten zu taggen. Darüber hinaus stellt es sich als praktikabel dar, Attribute der modellweiten Liste nur hinzufügen, nicht jedoch zu löschen. Die Überprüfung der Konsistenz der Zuordnung zwischen Schlüsseln und Werten wird somit hinfällig. Um dennoch eine Modifikation der Attributliste konzeptionell zu ermöglichen, bietet sich das Vorgehen an, neue Attribute (Schlüssel) jederzeit hinzufügen zu können sowie nicht mehr benötigte als „nicht sichtbar" zu kennzeichnen. Die Notation der Knoten ist davon nicht betroffen: Vsorhandene Werte bleiben zu jedem Zeitpunkt vollständig erhalten, neue Werte werden angefügt. Bei einer graphischen Darstellung entsteht weiterhin die Möglichkeit, nicht mehr „sichtbare" Attribute auszublenden.

Um die bereits angesprochene Analyse der linearen Versionierung umzusetzen, existieren unterschiedliche Ansätze, die Gegenstand des nächsten Abschnitts sind.

Analyse der Änderungen

In der Literatur existiert eine Vielzahl unterschiedlich spezialisierter Algorithmen für den Vergleich von Modellen und die Errechnung von Differenzen [LZG04], [Ohs04b]. Für das Auffinden von Unterschieden und Gemeinsamkeiten bei XML-basierten Dokumenten u. a. bei Wang et al. [WDC03] (X-Diff), Cobéna et al. [CAM02] (XyDiff) und Chawathe et al. [CRGMW96], mit dem Fokus insbesondere auf UML-Diagramme u. a. bei Ohst et al. [OWK03] und Kelter et al. [KWN05]. Weitestgehend unabhängig von den verglichenen Metamodellen finden sich Ansätze u. a. bei Alanen und Porres [AP03] und Treude et al. [TBWK07] (SiDiff). Darüber hinaus existieren vielerlei Algorithmen und Werkzeuge für den Vergleich von unstrukturierten, textbasierten Dokumenten.

Da der vorliegende Ansatz dieser Arbeit zum einen ein Modell darstellt, das Grundelemente der UML im Metamodell übernimmt, und zum anderen in die Form einer XML-basierten Darstellung transformierbar ist, erscheint es zielführend insbesondere die Ergebnisse der Literatur aus diesem Bereich näher zu betrachten.

Ohst [Ohs04b] unterteilt die in der Literatur gefundenen Ansätze in Algorithmen für eine Differenzberechnung bei

- textuellen Dokumenten,
- strukturierten Dokumenten (die Semantik wird durch ein Metamodell definiert),
- Bäumen,
- XML-Dokumenten und

- Modellen der Softwareentwicklung (UML)

ein. diese Einteilung ist nicht ganz trennscharf, da Überschneidungen existieren: So handelt es sich bei einem XML-Dokument i.d.r. um einen Baum, der eine Sonderform des Graph darstellt. Ohst [Ohs04b] stützt die Unterteilung ebenfalls auf die möglichen vereinfachenden Annahmen, z. B. die Vergabe von ID-Attributen bei XML-Dokumenten.

Die grundlegende Herangehensweise an das Problem des Vergleichens und der Differenzbildung ist dabei weitestgehend vergleichbar. Ein Ansatz besteht in der Berechnung der notwendigen mathematischen Operationen, um zwei Graphen (insbesondere Bäume) einander anzugleichen. Ein Alternativansatz basiert auf der Suche nach korrespondierenden Knoten und dem anschließenden detaillierten Vergleich der Attribute [Ohs04b]. Die so erhaltenen Differenzen finden im Allgemeinen eine Dokumentation als sogenannte Edit-Skripte [WDC03] oder Delta-Baumstrukturen [Ohs04b] und können für eine Vorwärts- oder Rückwärtstransformation der Modelle (Modellversionen) eingesetzt werden.

Die Suche nach korrespondierenden Knoten in den zu vergleichenden Dokumenten (Modelle) erfordert weiterhin entweder die Verwendung eindeutiger Identifizierer oder aber Techniken zur Bestimmung der Ähnlichkeit, unabhängig von einer Identifizierbarkeit [Ohs04b].

Die Komplexität des Problems und somit die Effizienz der Differenzberechnung ist abhängig davon, ob die Daten als geordnete oder ungeordnete Baumstrukturen vorliegen. Die Lösungskomplexität wird durch die Vergabe eindeutiger Identifizierer reduzierbar [Ohs04b]. Die Option, gänzlich auf die Angabe von IDs zu verzichten, zeigen Kelter et al. [KWN05]. Die Analyse der Veränderungen stützt sich dabei lediglich auf die Eigenschaften (Attribute) sowie auf Methoden und deren Signaturen. Die Anwendbarkeit ist leicht nachvollziehbar stark auf Modelle eingeschränkt, die überwiegend Attribute und Methoden darstellen (z. B. UML-Klassendiagramm).

Die Komplexität steigt hingegen bei der Annahme, dass unter Umständen mehrere Modellinstanzen durch paralleles Bearbeiten entstehen und automatisiert durch den Rechner zusammengeführt werden sollen. Hier entsteht zusätzlich die Notwendigkeit für ein Konfliktmanagement bei Modifikation an einem Knoten in mehreren parallel existierenden Modellversionen (also ungeplanten Varianten) und einer Misch-Logik für Knoten, die lediglich in einer oder der anderen Version enthalten sind.

Da im Vordergrund dieser Arbeit die Präsentation eines funktionsorientierten Entwurfsmodells steht (siehe 4.1.1) und nicht die Betrachtung der umfassenden Möglichkeiten für eine Differenzbildung sowie das Mischen parallel modifizierten Daten, erfolgt dementsprechend hier die Einschränkung auf das Problem des Auffindens und Darstellens von Veränderungen. Diese Veränderungen stellen die Unterschiede zwischen zwei diskreten Modellierungszeitpunkten dar, wodurch die Darstellung und nachfolgende Analyse der Änderungen zwischen den daraus abzuleitenden zwei Modellversionen ermöglicht wird.

Für das vorgestellte Metamodell dieser Arbeit sind einige weitere vereinfachende Einschränkungen möglich:

- die zu vergleichenden Modellinstanzen basieren auf einem identischen Metamodell,
- die vollzogene Trennung zwischen Modell und Darstellung entbehrt dem Bedarf, geometrische Informationen als kritisch für die Semantik der Darstellung zu berücksichtigen,
- die Modellelemente sind durch eindeutig zu vergebende Identifikationsnummern identifizier- und zuordenbar,
- wenn für jeweils zwei zu vergleichende Elemente sowohl die ID als auch der letzte Zeitstempel übereinstimmen, ist davon auszugehen (ohne willentliche Modifikation durch den Nutzer oder technische Fehler), dass die beiden Elemente identisch sind.

Aufgrund dieser Einschränkungen wird ein vereinfachter Vergleich umsetzbar [LZG04], der auf dem Auffinden identischer Identifikationsnummern und der anschließenden Suche nach Unterschieden beruht, sofern die Elemente mit unterschiedlichen Zeitstempeln versehen sind. Zwei Elemente sind als korrespondierend anzusehen, wenn sowohl ihre IDs als auch der Zeitstempel der letzten Modifikation übereinstimmen. Auf die Berechnung von Prüfsummen zur Absicherung der Ähnlichkeit wird aus diesem Grund verzichtet.

Die Einführung eindeutiger IDs reduziert das NP-komplexe Problem[1] eines algorithmischen Vergleichs auf eine lineare Laufzeit [OWK03].

Die Grundlage des zweistufigen Vergleichs bilden zwei Modellinstanzen, im Folgenden vereinfachend als $DokA$ und $DokB$ bezeichnet, deren jeweilige Elemente bzw. Objekte als einfache lineare Liste angenommen werden. Der Vergleich beginnt an der ersten Objektposition für $DokA$ und iteriert mittels Schleifendurchläufen die Liste der Objekte, solange noch Objekte in der Liste existieren. Für das bei der Iteration jeweilige erhaltende Objekt gilt es festzustellen, ob eine Verbindung oder ein Knoten vorliegt.

Im Fall einer Verbindung resultieren drei Möglichkeiten:

1. Auf der Basis der ID und des Zeitstempels ist Gleichheit anzunehmen. Die Verbindung wird hinsichtlich des Vergleichs nicht weiter berücksichtigt.
2. Die IDs korrespondieren, der Zeitstempel jedoch nicht. Folglich ist eine Modifikation anzunehmen und die Verbindung wird einer Änderungsliste für die spätere Anzeige hinzugefügt.
3. Die ID ist in $DokB$ nicht auffindbar. Die Verbindung wurde hinzugefügt oder entfernt und einer Änderungsliste für die spätere Anzeige hinzugefügt.

Das Hinzufügen zur Änderungsliste erfolgt als Schlüssel-Wert-Paare, wobei der Schlüssel der ID des gerade verglichenen Objekts entspricht sowie der Wert dem korrespondierenden Objekt aus $DokB$ oder Null. Auf diesem Weg ist eine spätere Referenzierung der Änderungen in der Version $DokB$ aus der logischen Sicht von $DokA$ möglich (analog in Gegenrichtung).

---

[1] Ein NP-komplexes Problem gilt in der Komplexitätstheorie als nur mit exponentieller Rechenzeit lösbar, da keine Vereinfachungen der Struktur erkennbar sind.

4.2 Modellimplementierung als Beschreibungsmittel

Für den Fall, dass das verglichene Objekt einen Knoten repräsentiert, bleiben die oben angeführten Möglichkeiten unverändert bestehen und werden entsprechend auf den Knotenvergleich übertragen:

1. Ähnlichkeit ist anzunehmen.
2. Knoten wurde zwischen $DokA$ und $DokB$ modifiziert. Eintrag in Änderungsliste.
3. Knoten kann in $DokB$ nicht mehr gefunden werden, folglich also gelöscht oder hinzugefügt. Eintrag in Änderungsliste.

Liegen keine weiteren Objekte in der Liste vor, so ist der Vergleichslauf abgeschlossen.

```
begin
    Delta := [];
    Objekt := 0;
    ListenPosition := DokA.ersteObjektPosition();
    while ListenPosition ≠ 0 do
        Objekt := DokA.objektAnPosition(ListenPosition);
        if Objekt.istInstanz(Verbindung)
            then
                prüfeVerbindung(Objekt) fi
        if Objekt.istInstanz(Knoten)
            then
                prüfeKnoten(Objekt) fi
    od
where
proc prüfeVerbindung(Objekt) ≡
    if DokB.enthält(Objekt.ID)
        then
            TestObjekt := DokB.objektMitID(Objekt.ID);
            if Objekt.Zeit = TestObjekt.Zeit
                then
                    ignoriere(Objekt);
                else
                    Delta.hinzufügen(Objekt,TestObjekt,Objekt.ID); fi
        else
            Delta.hinzufügen(Objekt,0,Objekt.ID); fi
.
where
proc prüfeKnoten(Objekt) ≡
    (...)
.
    ListenPosition := DokA.nächsteObjektPosition();
end
```

Abb. 4.20: Vergleichsalgorithmus

Der gezeigte Algorithmus (4.20) fasst die obigen Darstellungen anschaulich zusammen und basiert auf obigen Einschränkungen und Vereinfachungen sowie auf einem vorausgesetzten Wohlverhalten des potenziellen Anwenders, da ohne weitergehende Absicherung der Knotenähnlichkeit potentiell eine hohe Fehlerquote resultieren kann, falls Modellinstanzen verglichen werden, die keine Versionen darstellen, oder aber fehlerbehaftet sind.

In einer zweiten Stufe der Deltabildung erfolgt der detaillierte, sukzessive Vergleich der Objekte der Änderungsliste. Für den hier umgesetzten 2-Wege-Vergleich führt die Blickrichtung des Vergleichs $DokA \rightarrow DokB$ oder $DokA \leftarrow DokB$ allerdings zu unterschiedlichen, relativen Ergebnissen[1]. Die Auswertung des Hinzufügens oder Löschens ist trivial und anhand der vorbereiteten Änderungsliste leicht durchzuführen, da der zweite Werteintrag zu null gesetzt wurde. Die Analyse der Modifikationen basiert zunächst auf einem Vergleich der Attribute der Objekte wie Name, Gewicht, Farbe/Typ und zum anderen bei Knoten auf dem Festlegen der globalen Attributliste des $DokA$ als Referenz sowie dem Vergleich der jeweiligen Attributwerte gegen diese Referenzliste.

4.3 Methode der Modellierung

Im Anschluss an die Vorstellung der Modellierungsziele (4.1) und der möglichen Realisierung (4.2) bleibt die Frage der Anwendung bzw. der Methode der Anwendung des gezeigten Modells zu erörtern. Gemäß der Übersicht nach Karagiannis und Kühn [KK02] beinhaltet das methodische Vorgehen eine Modellierungstechnik, die aus Prozeduren und deren Teilschritten besteht, und führt idealerweise zu Ergebnissen. Der Aspekt einer Anwendungsmethode stellt bei Schnieder et al. [SCJ98] eine Anforderung zur Präsentation eines Beschreibungsmittels dar, wodurch die Wichtigkeit der Auseinandersetzung mit der Methode unterstrichen wird.

Schnieder et al. [SCJ98] definiert eine Methode als eine auf einem Regelsystem aufbauende, planmäßige Vorgehensweise zur Erlangung von Erkenntnissen und praktischen Ergebnissen. Findet eine Methode durch Softwarewerkzeuge Unterstützung, handelt es sich um ein Verfahren [SCJ98].

Im Vorfeld der Erörterung einer Anwendungsmethode ist die Frage des anvisierten Nutzerkreises zu klären. Dieser umfasst zum einen die Experten der beteiligten Disziplinen, als auch zum anderen Experten der übergreifenden Prozesse und Methoden (Management, Projektleitung), die die Detailinformationen auf einem höheren Abstraktionsniveau vernetzen und zueinander ins Verhältnis setzen. Im Rahmen des beschriebenen Modellierungszwecks Systems-Engineering im Einzelnen also:

- Projektleiter (organisatorisch und technisch),
- Bereichsverantwortliche Mechanik, Elektronik und Informationstechnik (sowohl Soft-

---

[1] Für eine absolute Aussage ist ein drittes Dokument $DokC$ erforderlich, gegen das $DokA$ und $DokB$ verglichen werden (3-Wege-Vergleich).

4.3 Methode der Modellierung

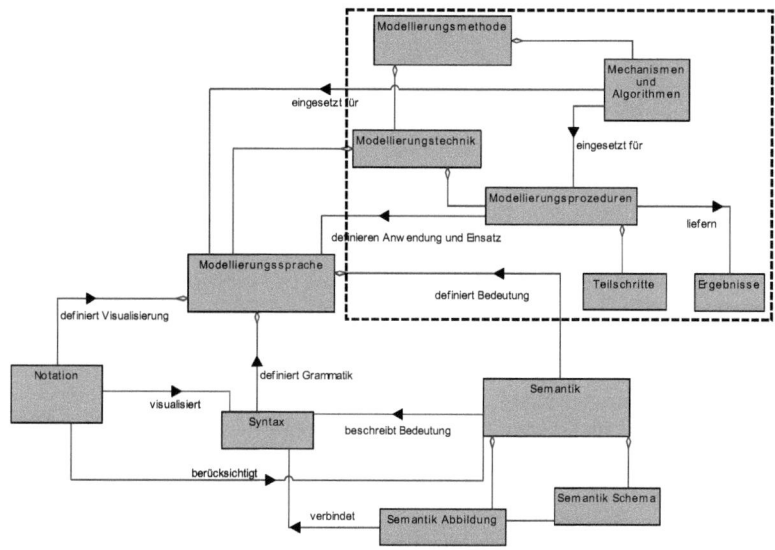

Abb. 4.21: Übersicht Modellierungsmethodik in Anlehnung an [KK02]

ware als auch IT-nahe Elektronik),

- Verantwortliche aus Einkauf und Marketing und
- Schnittstellenbeauftragte.

In Abhängigkeit von der Detaillierung des Modells bzw. im Zusammenhang mit Modifikationen während der Entwicklung oder des Einsatzes des Produkts gewinnt die Beteiligung von

- Entwicklern,
- Konstrukteuren,
- Designern und
- Programmierern

an Bedeutung. Das Modell kann darüber hinaus ebenfalls als Kommunikationsmittel mit internen oder externen Kunden/Auftraggebern Verwendung finden.

Die Frage nach dem Zeitpunkt der Anwendung des erläuterten Modells wurde bereits implizit in Kapitel 4.1.1 beantwortet. Der primäre Anwendungsfokus liegt im Bereich des Systems Engineering, also einer sehr frühen Phase der mechatronischen Entwicklung.

Ausgerichtet am 3-Ebenen-Vorgehensmodell beginnt die Anwendung des in dieser Arbeit vorgestellten Beschreibungsmittels auf der Systemebene im Übergang von einer Systemanforderungsanalyse hin zum Systementwurf. Es erfolgt ein Vorgehen nach dem Top-Down-

Modellierungsansatz. Beginnend bei der Anforderungsdefinition erfolgt eine zunehmende Detaillierung des Modells. Zunächst werden die Hauptfunktionen des Produkts und deren Abhängigkeiten herausgearbeitet und abstrakt modelliert [PBFG97]. Gemäß Janschek [Jan09] ist das Verfahren der strukturierten Analyse gut geeignet, um überschaubare mechatronische Produktfunktionalitäten zu identifizieren. Auch Schnieder [Sch99] nennt die Strukturierte Analyse für die Phase des Entwurfs als geeignete Methode.

Fortan folgt der Übergang in die Subsystemebene mit dem wesentlichen Schritt einer Dekomposition, also Zerlegung des Produkts in die beschriebenen Sichten Mechanik, Elektronik und Software (Informationstechnik/IT). Die einzelnen Systeme und Subsysteme werden sukzessive weiter dekomponiert bzw. werden im Umkehrschluss Subsysteme und Systeme durch Aggregation elementarer Komponenten zusammengesetzt. In mehreren Iterationsschritten wird das Modell verfeinert, bis die Komponenten nur noch aus elementaren Einheiten bestehen, der Detaillierungsgrad nimmt entsprechend zu. Erarbeitete charakterisierende Eigenschaften des Produkts bzw. der Teile sind als Attribute darstellbar.

Zu berücksichtigen ist die Hierarchie, also Festlegung der Rangordnung, der Produktelemente. Dabei gilt es, auf eine produktive und intuitive Strukturierung in der Form einer Baumstruktur zu achten. Dedizierte Strukturebenen sind nicht vorgesehen. Die Verschiedenartigkeit der mechatronischen Produkte erlaubt keine zufriedenstellende Vereinheitlichung; diese ist darüber hinaus für den Modellierungszweck auch nicht erforderlich und würde vielmehr den Freiraum der Modellierung unnötig einschränken.

Abschließend erfolgt eine Strukturierung, also Festlegen der Beziehungen zwischen den bereits modellierten Elementen des Entwurfs. Im Rahmen der Dekomposition [Kal98] (bzw. Aggregation) ist eine der beiden vorgegebenen Strukturierungen des Metamodells bereits erfüllt. Als Fortführung werden einzelne Elemente, bevorzugt aber nicht zwingend auf Subsystem- oder Komponentenebene, in der Erfüllung bestimmter Funktionen an die Modellelemente der Funktionssicht gebunden. Dies erfolgt mittels Erfüllungsbeziehung. Es bietet sich an, den Prozess iterativ solange fortzusetzen, bis alle Funktionen bzw. Funktionshierarchien erfüllt werden. Dabei resultieren, wie bereits erläutert, nicht nur 1 : 1 Beziehungen, sondern ebenfalls Mehrfachzuordnungen $n : m$. Die funktionsorientierte Kopplung ist somit vollzogen und führt zu einer prinzipiellen Abbildung der Produktarchitektur mit einer grundlegenden Aufteilung der Funktionen auf physikalische Komponenten und Software.

Gemäß des 3–Ebenen–Vorgehensmodells erfolgt nunmehr der Übergang in die konkrete disziplinspezifische Entwicklung und Ausgestaltung. Diese Phase ist, wie auch weitere nicht im Vordergrund stehende Phasen, in Abbildung 2.3 dunkel ausgeblendet. Aufgrund der gestellten Anforderungen dieses Modellentwurfs ist der Detaillierungsgrad des Modells nicht mehr ausreichend hoch, um die späteren Phasen effektiv zu unterstützen.

Der entscheidende Mehrwert des in dieser Arbeit gezeigten Beschreibungsmittels liegt in der durchgängigen Anwendbarkeit zu Zwecken der Dokumentation, des Austausches und der Kommunikationsunterstützung über mehrere Phasen des Entwurfs hinweg, beginnend bei den Systemanforderungen. Das entstehende Modell ist während der angezeigten

Analyse- und Entwurfsphasen bis an den Übergang zur disziplinspezifischen Entwicklung einsetzbar und erweiterbar. Durch das diskutierte Veränderungsmanagement (siehe 4.1.5 und 4.2.3) werden Änderungen im Rahmen der Analyse und des Entwurfs nachvollziehbar und dokumentierbar. Das rechnerverarbeitbare Modell und die Notation als XML-Dialekt ermöglicht eine Weiterverwendung der modellierten Systemzusammenhänge im Rahmen der konkreten Entwicklung, da die Strukturen in Eingangsformate für die disziplinspezifischen Werkzeuge transformiert werden können. Hierdurch ist eine Einbettung in eine vorherrschende Werkzeuglandschaft möglich.

4.4 Zusammenfassung

Im vorangegangen Abschnitt wurde ein Lösungskonzept präsentiert, das die in Kapitel 2 definierten Herausforderungen eines interdisziplinären Produkt- bzw. Systementwurfs und den Umgang mit iterativen Änderungen adressiert. Das Konzept gründet sich auf den Entwurf und die Implementierung eines Beschreibungsmittels zur Unterstützung der frühen Phasen des Systems Engineering.

Als konzeptionelle Basis für das Metamodell des Beschreibungsmittels wurde zunächst das Modellierungsziel festgelegt und aus Gründen der Komplexitätsverringerung hinsichtlich des Verständnisses ein akzeptabler Grad an Abstraktion und Informationsreduktion vorgestellt. Die Verringerung beinhaltete die Identifikation der notwendigen disziplinspezifischen Sichten auf das Produkt und die prinzipiellen logischen Beziehungen die innerhalb der Sichten sowie übergreifend existieren. Als wesentliches Element eines Beschreibungsmittels für die frühen Analyse- und Entwurfsphasen der Produktentwicklung wurde eine Möglichkeit der gleichberechtigten Integration der verschiedenen Sichten, mit der Menge der Produktfunktionen als verbindendem Element, erläutert. Durch die gesamthafte Darstellung wird das Erkennen und Kommunizieren von technischen und logischen Produktzusammenhängen produktiv unterstützt. Zu diesem Zweck wurde eine Lösung zur Identifikation und Analyse der Historie der Modellentitäten vorgestellt.

Für das Metamodell wurde eine Umsetzung mit den Mitteln der Graphentheorie beschrieben. Das somit gut rechnerverarbeitbare Modell ist sowohl graphisch als auch textuell (GraphML) notierbar, Umsetzungsmöglichkeiten mit einfacher, intuitiv verständlicher Symbolik der beiden Darstellungen wurden präsentiert.

Abschließend wurde eine Methode zur Anwendung des Beschreibungsmittels geschildert, die sich an weithin bekannten Vorgehensmodellen (V-Modell nach VDI 2206 [VDI04], 3-Ebenen-Vorgehensmodell [BDK$^+$05]) orientiert, um in etablierte Arbeitsabläufe einbettbar zu sein.

KAPITEL 5

Realisierung eines Softwareprototyps

Das in Kapitel 4 gezeigte Konzept und die Umsetzung als graphbasiertes Modell bedingen einen Bedarf nach einer Werkzeugunterstützung, insbesondere zur Umsetzung der angepassten Notationen und der Pflege und Analyse der Änderungshistorie. Die Effizienz der Anwendung und die Akzeptanz werden durch die Qualität der Unterstützung erheblich beeinflusst. Die beschriebene Realisierung stellt zudem die Grundlage für die Evaluierung des Konzepts anhand eines Anwendungsbeispiels in Kapitel 6 dar.

Inhaltsverzeichnis

5.1	Werkzeugarchitektur		128
	5.1.1	Eingesetzte Technologien	129
	5.1.2	Architektur und Basiskomponenten	131
5.2	Werkzeugimplementierung		132
	5.2.1	Implementierung des Datenmodells	132
	5.2.2	Implementierung der graphischen Darstellung und Interaktion	135
	5.2.3	Implementierung von Versionsmanagement und Auswertung	137
	5.2.4	Implementierung der Auswirkungsanalyse	138
5.3	Zusammenfassung		141

Für eine Umsetzung als funktionaler Prototyp des in Kapitel 4 vorgestellten Entwurfsmodells gilt es, zunächst eine Architektur festzulegen und in diesem Zug eine Technologieauswahl hinsichtlich der Realisierung zu treffen (Kapitel 5.1).

Im Anschluss daran folgt in Abschnitt 5.2 die Darstellung der konkreten Implementierungskonzepte unter Einsatz der vorab ausgewählten Technologien.

5.1 Werkzeugarchitektur

Zur Umsetzung des Lösungskonzepts aus Kapitel 4 existieren leicht nachvollziehbar technologische Hilfsmittel auf unterschiedlichen Ebenen.

Auf unterster Ebene sind dies unterschiedliche Programmiersprachen und damit einhergehend unterschiedliche Funktionsbibliotheken[1], die nicht an einen Verwendungszweck gebunden sind. Darauf aufbauend existieren mehr oder minder erweiterbare und offene Projekte[2] sowie kommerziell erhältliche Softwarewerkzeuge[3] zur Definition von Metamodellen und anschließenden Erstellung von Modellinstanzen. Die textuelle oder graphische Notation ist dabei teilweise an den Mitteln der UML orientiert oder weitestgehend frei zu definieren. Für die Bearbeitung von graphbasierten Modellen finden sich darüber hinaus etliche graphische Editoren[4], die ähnlich Bildverarbeitungsprogramme eine weitestgehend freie Modellierung, (ohne implizierte Semantik) mit umfangreicher Symbolik, von Graphen gestatten. Des Weiteren finden sich Werkzeuge, die Operationen wie Vergleich oder Trans-

---

1   yFiles Klassen für Graphen
    http://www.yworks.com/en/products_yed_about.html,
    JGo: GoDiagramm für Diagramme und Graphen
    http://www.nwoods.com/go/jgo.htm,
    JUNG, the Java Universal Network/Graph Framework
    http://jung.sourceforge.net/site/
2   Eclipse Graphical Modeling Project (GMP): Eclipse EMF und Eclipse GEF
    http://www.eclipse.org/modeling/gmp/
3   MetaEdit+ von MetaCase – Warenzeichen der MetaCase Consulting
    http://www.metacase.com/mep/
4   yEd Graph Editor von yWorks GmbH
    http://www.yworks.com/en/products_yed_about.html,
    Graphviz – Graph Visualization Software
    http://www.graphviz.org/,
    GraphEd – Graph Editor and Layout Program
    http://www.cs.sunysb.edu/~algorith/implement/graphed/implement.shtml,
    uDraw(Graph)
    http://www.informatik.uni-bremen.de/uDrawGraph/

5.1 Werkzeugarchitektur

formation auf Graphen unterstützen[1]. Auf oberster Ebene hingegen zeigen sich projekt- bzw. zweckangepasste Werkzeuge, die häufig aus dem Forschungsumfeld stammen und teilweise selbst Prototypenstatus aufweisen (siehe Kapitel 3).

Auch ohne eingehenden Beweis ist leicht nachvollziehbar, dass reine Editier-, Versionierungs- oder Transformationswerkzeuge einen hohen Anpassungsaufwand und die Auswahl weiterer ergänzender technologischer Hilfsmittel bedingen. Die Projekte und kommerziellen Anwendungen zur Spezifikation von Metamodellen und späteren Verwendung dieser Modelle generieren aufgrund ihrer starken Problem-Unspezifität einen hohen Einarbeitungsaufwand und zusätzlich den Bedarf nach Ergänzung um weitere Aspekte wie der Änderungsverfolgung. Analog bedingen vorhandene Prototypen und Softwarewerkzeuge aus dem Forschungsumfeld Erweiterungen, die Kenntnisse über die aktuelle Implementierung und generell das Vorhandensein von Schnittstellen und Quelltexten notwendig machen.

Für die vorliegende Arbeit bleibt deshalb der Rückgriff auf problemunspezifische Mittel auf unterer Ebene als zielführend und effizient abzuleiten.

5.1.1 Eingesetzte Technologien

Die Grundsatzentscheidung zugunsten einer händischen Umsetzung des prototypischen Softwarewerkzeugs auf unterer Ebene bedingt die Notwendigkeit der Festlegung geeigneter Basistechnologien.

Programmiersprache

Als portable und weitestgehend plattformunabhängige, objektorientierte Programmiersprache findet die Sprache *Java*[2] Verwendung [GH05]. Aufgrund der flachen Lernkurve und kostenfrei verfügbaren Entwicklungsumgebungen ist Java für die prototypische Implementierung im Forschungsumfeld gut geeignet. Da die notwendige Ausführungsumgebung[3] ebenfalls gebührenfrei verfügbar und des Weiteren in modernen Betriebssysteminstallationen standardmäßig enthalten ist, wird ein Einsatz des Softwarewerkzeugs und v. a. die Evaluation des Prototyps im Unternehmensumfeld einfach umsetzbar. Zielführend ist weiterhin das Zurückgreifen auf ein Rahmenwerk für die grundlegenden und wiederkehrenden Aufgaben der Applikationsentwicklung und den gesamten Lebenszyklus einer Applikation. Dies beinhaltet typische graphische Bedienelemente, Persistenz, Bedienerinteraktion, Ereignisbehandlung sowie standardisierte Lösungen für das Prozessmanagement. Dieser Anforderung wird durch das *Swing Application Framework (JSR 296)*[4] Rechnung getragen,

---

1 MOFLON. Modellanalyse, Modellintegration, Modelltransformation
   http://www.moflon.org/
2 ursprünglich entwickelt von Sun Microsystems http://java.sun.com/, heute Oracle Corporation
3 Java Virtual Machine (JVM)
4 https://appframework.dev.java.net/

das den Entwicklungsaufwand trotz der Festlegung auf die Ebene einer Eigenentwicklung erheblich reduziert.

Eingebettete Datenbank

Wie bereits geschildert, zielt die technische Umsetzung des Konzepts nach Kapitel 4 auf Portabilität und Einfachheit ab, um mit geringem Aufwand im Unternehmensumfeld evaluiert werden zu können. Aus diesem Grund und aufgrund der Tatsache, dass das erläuterte Modell in einer auf XML-basierenden Notation dargestellt werden kann (siehe 4.2.2), erfolgte die Auswahl einer in der Sprache Java gehaltenen, eingebetteten XML-Datenbank. Die Verwendung einer relationalen Datenbank bzw. eines relationalen Datenbankmanagementsystems würde einen zusätzlichen Abbildungsaufwand der Datenstruktur erforderlich machen und ist aus diesem Grund zu verwerfen [HGS09].

Im Rahmen dieser Arbeit findet die Datenbank *BaseX* aus dem Forschungsumfeld[1] Verwendung.

Der Einsatz einer Datenbank entbindet vom notwendigen Management einer dateigestützten Datenhaltung und ist gleichzeitig effizienter und leistungsfähiger [GHS07]. Über die reine Datenablage hinaus entstehen weitere Optionen, wie die Verwendung von Abfragesprachen, um gezielt Informationen aus dem Gesamtdatenbestand zu extrahieren. Dies ist insbesondere für ein Veränderungsmanagement als zielführend anzusehen.

Graphen-Datenmodell und Darstellung

Aus Gründen der Effizienz bei der Entwicklung gestaltet es sich praktikabel, für die graphische Darstellung des funktionsorientierten Konzepts (siehe 4.2.2) und das Instantiieren eines graphbasierten Modells auf nutzbare Bibliotheken für die Anwendung mit der Sprache Java zurückzugreifen.

Zur Implementierung einer problemangepassten graphischen Darstellung wird die Bibliothek *JGo: GoDiagramm*[2] eingesetzt. Diese bietet umfassende Gestaltungsoptionen für die symbolhafte Notation und kapselt eine Reihe notwendiger Funktionalitäten wie das Rückgängigmachen von Bearbeitungsschritten, das Ausschneiden oder das Kopieren von Symbolen und Symbolgruppen. Die Anforderungen an die Darstellung nach Kapitel 4.2.2 sind mittels JGo: GoDiagramm vollständig umsetzbar.

Aufgrund der Tatsache, dass die Darstellungsbibliothek zwar ein rudimentäres, unspezifisches graphbasiertes Datenmodell verwendet, dies jedoch keine Analyse- und Auswertungsfunktionen bietet, wird weiterhin auf die Bibliothek *JUNG – the Java Universal Network/-*

---

[1] Uni Konstanz: http://www.inf.uni-konstanz.de/dbis/basex/
[2] JGo: GoDiagramm für Diagramme und Graphen
http://www.nwoods.com/go/jgo.htm

Graph Framework[1] zurückgegriffen. JUNG bietet zahlreiche Algorithmenimplementierungen aus der Graphentheorie und der Datenanalyse, wodurch Abbildung und Auswertung der Veränderung im Rahmen des Softwarewerkzeugs unterstützt werden.

Datenaustausch und GraphML

Zum Zweck eines effizienten und objektorientierten Umgangs mit der textuellen Darstellung des Modells (siehe 4.2.2) findet außerdem die Technologie *XMLBeans*[2] Verwendung.

XMLBeans realisiert eine Abbildung der XML-Strukturen auf Datentypen (Klassen) der Sprache Java. Eine Verarbeitung der XML-Daten auf unterer Ebene wird somit hinfällig und eine effiziente Nutzung der Sprache XML möglich. Die Abbildung erfordert die Definition eines XML-Schemas für die spezifizierte Notation GraphML (4.2.2). Mittels des Schemas ist weiterhin eine statische Validierung der GraphML-Dateien umsetzbar, was die Robustheit des Prototyps erhöht und im Gegenzug die Fehleranfälligkeit hinsichtlich des Datenaustausches reduziert.

5.1.2 Architektur und Basiskomponenten

Anhand der oben dargestellten technologischen Möglichkeiten wird eine Rahmenanwendung umsetzbar, wie sie in der Abbildung 5.1 dargestellt ist. Die grundlegende Architektur orientiert sich dabei am bekannten 3-Schichten-Entwurfsmuster Model-View-Controller (MVC) [GHJV09]:

- Das Datenmodell der Anwendung, also Knoten, Verbindungen, Subgraphen und die globale Attributliste, stellt das Modell (Model) dar,
- die graphische Darstellung und Bearbeitung innerhalb einer Zeichenebene repräsentiert die Sicht auf das Modell (View) und
- die Interaktionsschnittstelle zum Anwender (Controller) ist mittels Menüzeile, Werkzeugleiste, Informationsfeldern und einem graphischen Symbolbaukasten realisiert.

Zur Verdeutlichung ist in der Abbildung 5.1 das Modellbeispiel (Abbildung 4.19) aus Kapitel 4.2.2 enthalten.

Die übergeordnete Benutzerschnittstelle und den Kern der Anwendung stellt die Zeichenfläche dar, die durch weitere Komponenten ergänzt wird. Hierzu zählen eine Übersichtsansicht der Zeichenfläche, ein Dialog für die Festlegung von Programmeinstellungen (Farben, Schriftarten, Parameter, Pfade) und eine Filterauswahl zur Eingrenzung der Datendarstellung.

---

1 JUNG, the Java Universal Network/Graph Framework
http://jung.sourceforge.net/site/
2 XMLBeans http://xmlbeans.apache.org/

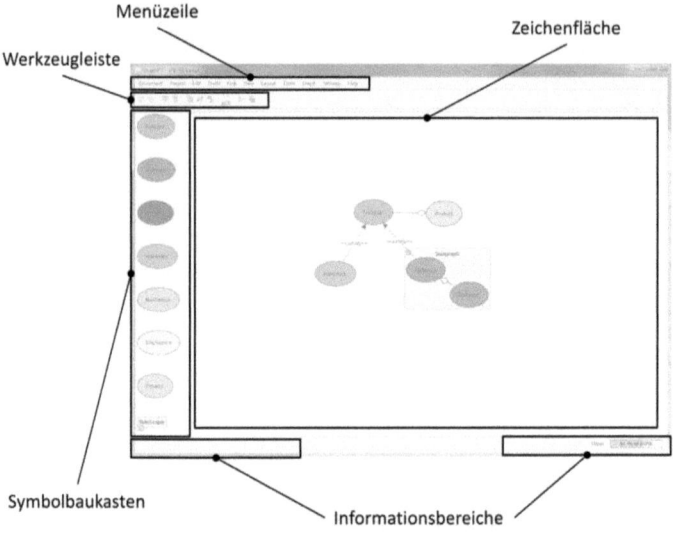

Abb. 5.1: Architektur des Prototyps

5.2 Werkzeugimplementierung

Nach der Klärung grundsätzlicher technologischer Rahmenbedingungen und der Festlegung einer prinzipiellen Architektur der Softwareanwendung gilt es, im weiteren umsetzungsrelevante Feinheiten zu erörtern, die für eine Evaluierung in Kapitel 6 von Bedeutung sind.

5.2.1 Implementierung des Datenmodells

Wie in Kapitel 4.2.1 ausgeführt, sind zum Aufbau einer Modellinstanz Elemente aus verschiedenen Sichten auf das Produkt zu identifizieren und zu modellieren (Knoten). In der Folge steht die Aufgabe aus, diese Elemente zu strukturieren (Aggregation, Erfüllung, Gruppierung) und somit in Relation zu setzen (siehe auch 4.3). Um die Modellelemente näher zu charakterisieren, ist eine Attributliste vorgesehen, die zentral für das gesamte Modell die Schlüssel vorgibt und verwaltet und die durch konkrete Wertausprägungen für einzelne Knoten referenziert wird. Weiterhin sind Knoten und ihre Verbindungen durch ganzzahlige Werte typisierbar. Zusätzlich entsteht der Bedarf nach Datenablage- und Transformationsmöglichkeiten, um eine Einbettung des Modells in etablierte Entwicklungsumgebungen vornehmen zu können.

5.2 Werkzeugimplementierung

Anforderungen

Definition und Modifikation einer globalen Schlüsselliste
Eine Attributliste, bestehend aus fortlaufend nummerierten Schlüsselnamen, ist durch das Modell zu verwalten.

Verwaltung der charakterisierenden Attribute der Knoten
Optionale charakterisierende Werte für die referenzierte globale Schlüsselliste müssen darstellbar und zu verwalten sein.

Aufbau eines graphbasierten Datenmodells
Das Konzept des Datenmodells aus Kapitel 4.2.1 erfordert die Möglichkeit einer Verwaltung von Knoten und Verbindungen. Die Knoten und Kanten des Modells tragen anwendungsspezifische Zusatzinformationen, die entsprechend abzubilden sind. Das Modell benötigt weiterhin Schnittstellen für die Implementierung der Datenhaltung.

Definition und Modifikation der Knoten- und Kantentypen.
Gemäß Abschnitt 4.2.1 sind die acht Knotentypen (Software, Mechanik, Funktion, Prozess, Hardware, Produkt und Kein) sowie die fünf Kantentypen (Satisfy, Aggregation, Gerichtet, Ungerichtet und Kein) ganzzahlig codiert zu realisieren. Darüber hinaus sind Knoten und Verbindungen durch die Vergabe eines Namens und einer modellweit eindeutigen Identifikationsnummer zu beschreiben. Für Verbindungen ist die Vergabe eines Gewichts sowie die Kennzeichnung als besonders wichtig vorzusehen.

Realisierung

Zur Implementierung des Modells dient primär die Bibliothek *JGo*. Für alle geforderten Elemente und Eigenschaften des Datenmodells bietet JGo Rumpfimplementierungen an, die anwendungsspezifisch überschrieben bzw. durch objektorientierte Vererbung erweitert werden. Die codierten Typen für Knoten und Verbindungen werden als Felder der entsprechenden Klassen implementiert. Somit ist die Pflege der Typen zentral vorzunehmen und jederzeit durch Hinzufügen weiterer ganzzahliger Werte erweiterbar. Das Gewicht und die besondere Wichtigkeit einer Verbindung sind als Boolesche Werte als Felder der Klasse für Verbindungen realisiert. Die Interpretation dieser Felder erfolgt im Rahmen der graphischen Darstellung des Modells. Die nicht zwangsläufig eindeutigen Namen sind als Zeichenketten (String) implementiert. Mit den Möglichkeiten der *JGo*-Bibliothek sind Subgraphen, also Knoten-Gruppen, als spezialisierte Knoten umzusetzen. Subgraphen entstehen durch Vererbung aus Knoten und tragen im Gegensatz zu diesen keine weiteren Eigenschaften. Subgraphen sind beliebig hierarchisch verschachtelbar. Durch das Hinzufügen eines Knotens zu einem Subgraph werden die Verbindungen nicht modifiziert und bleiben vollständig erhalten. Ein Entfernen des Knotens aus der Gruppe ist ebenso ohne Datenverlust umsetzbar.

5 Realisierung eines Softwareprototyps

Die für die Benutzerinteraktion wichtigen Funktionalitäten wie Rückgängigmachen, Ausschneiden, Kopieren etc., sind durch eine Manager-Klasse der *JGo*-Bibliothek bereits vollständig implementiert und dem Model zugeordnet.

Um die geforderte Identifizierbarkeit der Objekte zu gewährleisten, ist jedem Objekt, das der Modellinstanz hinzugefügt wird, eine ID zugewiesen. Die Zuweisung und grundlegende Verwaltung der IDs ist Funktionsbestandteil der Bibliothek für das Modell und somit leicht implementierbar.

Weiterhin ist die Verwaltung der globalen Attributliste Gegenstand der Aufgaben des Modells (in der Bibliothek als Dokument benannt). Die Liste ist mit einer Container-Klasse der Sprache Java umgesetzt, somit ist die Nummerierung der Attribute der Liste automatisch umgesetzt. Unter dem Begriff Attribut ist hierbei ein Objekt mit den Eigenschaften Name, ID und Sichtbarkeit zu verstehen. Zu beachten ist, dass, bedingt durch das Versionierungskonzept aus Abschnitt 4.2.3, keine Einträge der Liste entfernt werden können, da Inkonsistenzen aufgrund der Referenzierung durch die Knotenobjekte die Folge wären. Aus diesem Grund wird das Sichtbarkeitsattribut für die Listenelemente eingeführt, das ein Ausblenden des Schlüssels in der späteren Darstellung gestattet. Die Verwaltung der Attribute und der Sichtbarkeit durch den Anwender erfolgt über einen Einstellungsdialog. Das Modell implementiert ein Java-Ereignis für Änderungen an den Einstellungen, um über Modifikation der Liste informiert zu werden. Die Abbildung 5.2 zeigt den Dialog für die Verwaltung der globalen Liste und einen Eintrag für einen Knoten.

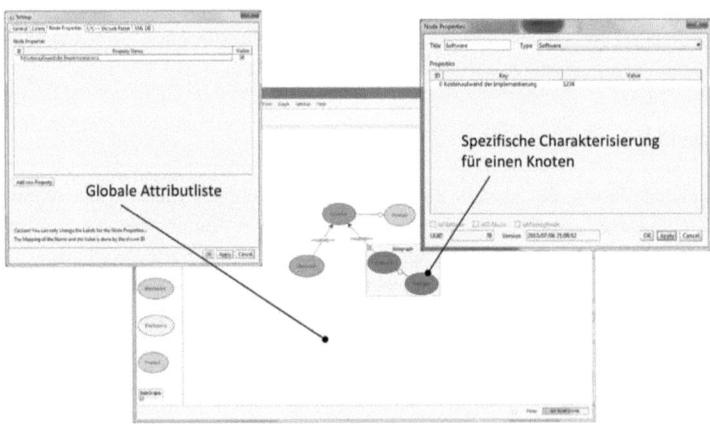

Abb. 5.2: Verwaltung der Attribute

Um die Möglichkeit der Datenhaltung zu schaffen, sind unter Verwendung der Technologie *XML-Beans* Klassen für das Lesen und Schreiben von GraphML-Dokumenten realisiert. Diese Dokumente entsprechen der textuellen Notation aus Abschnitt 4.2.2, da diese Spezifikation als Grundlage für die Definition eines Abbildungsschemas dient. Für eine Speicherung

5.2 Werkzeugimplementierung

wird das Modell der Schnittstelle übergeben, die dieses anhand der Abbildungsvorschrift des Schemas in einen Objektbaum überträgt. Dieser Baum wird als XML serialisiert. Analog sind GraphML-Dokumente wieder zu laden, sofern sie der Spezifikation der textuellen Notation entsprechen. Dieses ist durch eine statische Validierung gegen das Schema mit den Mitteln der verwendeten Technologien sichergestellt. Eine Transformation in andere GraphML-/XML-Formate wird durch eine implementierte XSLT-Schnittstelle[1] möglich.

Die textuelle Darstellung des Modells dient analog auch als Grundlage für eine Datenbankgestützte Datenhaltung mittels der Technologie *BaseX*. Die Datenbankintegration ist konzeptionell mit Hinblick auf einen Projektablauf implementiert: Das Anlegen einer neuen Datenbank entspricht einem Entwicklungsstart. Zu jedem beliebigen Zeitpunkt besteht in der Folge die Möglichkeit, den Arbeitsstand abzuspeichern (engl. commit) und später erneut zu öffnen. Da die XML-Datenbank prinzipiell syntaktisch vollständige XML-Dokumente enthält, in diesem Fall des Typs GraphML, besteht zusätzlich die Option, zu jedem Zeitpunkt Dokumente aus der Datenbank als Dateien abzulegen oder aber von Dateiebene in die geöffnete Datenbank und somit ins Projekt aufzunehmen.

Um die in Kapitel 4.1.1 thematisierte Einbettung in etablierte Entwicklungsprozesse zu unterstützen, ist im Prototyp die Option vorgesehen, eine vorhandene Verzeichnisstruktur nach Quelltexten für die Softwaresicht zu durchsuchen und die Softwarestruktur automatisiert dem Datenmodell hinzuzufügen. Der im Wesentlichen auf regulären Ausdrücken basierende statische Parser[2] berücksichtigt Quelltexte der Sprachen C und C-, Header-Dateien sowie die vorhandene Ordnerhierarchie, in der die Dateien abgelegt sind, um eine Softwaresicht für das Modell abzubilden. Innerhalb der Dateien sucht der Parser zu diesem Zweck eingebundene Header, die zusammen mit der Ordnerstruktur in Knoten abgebildet werden. Das wechselweise Einbinden bzw. Referenzieren ist durch die Verbindungen gezeigt, die im Fall externer Verweise andersfarbig dargestellt werden.

5.2.2 Implementierung der graphischen Darstellung und Interaktion

Neben der bereits beschriebenen Umsetzung des Datenmodells besteht eine zentrale Herausforderung in der Darstellung des Modells und dem praktikablen, intuitiven Umgang mit dieser Darstellung (siehe 4.1). Durch das Zurückgreifen auf weitestgehend plattformunabhängige, überwiegend sogar freie bzw. quelloffene Lösungstechnologien ist bereits ein erheblicher Teil Praktikabilität umgesetzt – Modifikationen und Erweiterungen sind leicht möglich.

---

1 Extended Stylesheet Transformation Language – Sprache zur Formulierung von Transformationsvorschriften zwischen XML-Dialekten
2 von engl. „to parse". In etwa: Analysator

Anforderungen

Abbildung des graphischen Darstellungskonzepts
Die Realisierung des erläuterten Konzepts aus Kapitel 4.2.2 erfordert zum einem die geometrische Darstellung der grundlegenden Elemente wie Knoten, Verbindungen und Subgraphen und zum anderen die Adaption der erweiterten Darstellungsoptionen wie farbliche Hervorhebung, Typisierung, Benennung und Gewichte.

Einfache und intuitive Benutzerinteraktion
Um die visuelle Komplexität der Darstellung beherrschbar zu gestalten, gilt es, wiederkehrende Aufgaben bei der Modellierung möglichst einfach zu halten und zu kapseln. Da die graphische Darstellung des gesamten Produkts bzw. Produktentwurfs ebenfalls einen gewissen Modellierungsaufwand darstellt, muss der Aufwand zum Aufbau und späteren Pflege eines Modells gering gehalten werden.

Realisierung

Die grundlegende Benutzerinteraktion ist durch den Einsatz der Technologie *Swing Application Framework (JSR 296)* bereits abgedeckt. Die übliche, gewohnte Interaktion mit graphischen Oberflächen findet dabei eine vollständige Umsetzung. Dies schließt ebenfalls eine mehrstufige „Rückgängigmachen"-Funktion mit ein.

In Verbindung der Technologien *Swing Application Framework (JSR 296)* und *JGo* sind alle Operationen zum Aufbau und zur Modifikation des Modells in Menüstrukturen, Werkzeug- bzw. Symbolbaukasten und Tastenkurzbefehle (engl. shortcuts) umgesetzt. Die Abbildung 5.3 zeigt einen Ausschnitt der Menüstrukturen zur Modellinteraktion sowie die Symbolleiste, die durch Drag'n'Drop[1]-Interaktion den Aufbau des Modells gestattet. Durch eine Drag'n'Drop-Bewegung ist weiterhin die Verbindung zwischen Knoten durchführbar. Die entsprechende Bewegung erfolgt vom Start- zum Zielknoten. Der Typ der Verbindung wird automatisch durch Unterscheidung der zu verbindenden Knotentypen bestimmt. Routineaufgaben des Modellaufbaus sind somit anforderungsgerecht gekapselt.

Die Abbildung 5.3 zeigt weiterhin die Gruppierung hierarchischer Strukturen der physikalischen Sichten und der Softwaresicht, die seitens der Interaktion ebenfalls durch Menüeinträge und Tastenkurzbefehle modifiziert werden können. Um die Unterscheidbarkeit der Knoten zu erhöhen, sind die Sichten in unterschiedlichen Farben gezeichnet. Diese sind jedoch nach Benutzervorstellung beliebig anpassbar, da keinerlei semantische Relevanz für das Modell besteht.

---

[1] zu deutsch „Ziehen und Fallenlassen"

5.2 Werkzeugimplementierung

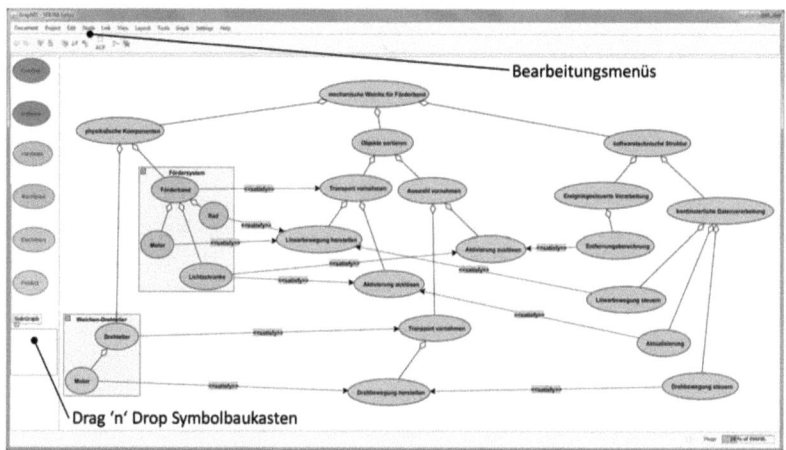

Abb. 5.3: Aufbau eines Modells im Prototyp

5.2.3 Implementierung von Versionsmanagement und Auswertung

Einen Kern des Konzepts dieser Arbeit stellt der Umgang mit Veränderung und dem Nachverfolgen dieser Änderungen während des Produktentwurfs dar (4.1.5, 4.2.3). Seitens des Datenmodells und der Darstellungen wurde der Veränderung durch eindeutige Identifizierbarkeit und einem Auszeichnen aller Objekte mit dem präzisen Änderungszeitpunkt Rechnung getragen. Durch die oben beschriebenen Technologien ist die technische Umsetzung im Rahmen der Implementierung leicht darstellbar und vollkommen automatisiert gekapselt. Eine Herausforderung besteht weiterhin in der Präsentation der Veränderungen bzw. der algorithmischen Auswertung dieser Veränderungen.

Anforderungen

Implementierung des Vergleichsalgorithmus
Die Realisierung der Auswertung der Veränderung gründet sich primär auf eine Umsetzung des beschriebenen Algorithmus 4.20 aus Abschnitt 4.2.3 für zwei Dokumente bzw. Modellinstanzen $DokA$ und $DokB$.

Praktikable Darstellung der Vergleichsergebnisse
Die grundlegende Herausforderung besteht in der Darstellung unveränderter Elemente sowie der gefundenen Differenzen der Dokumente, sodass ein Erkennen durch den Nutzer erleichtert wird. Neben der reinen graphischen Aufbereitung der Gemeinsamkeiten und Unterschiede müssen Detailinformationen abrufbar sein.

Realisierung

Die prinzipielle Umsetzung des in Kapitel 4.2.3 diskutierten Vergleichsalgorithmus stellt mit den technologischen Möglichkeiten der gewählten Programmiersprache keine Schwierigkeit dar. Aufgrund der Tatsache, dass im Rahmen der Umsetzung sowohl eine Datenhaltung in Dateien als auch Datenbank-gestützt eine Umsetzung stattfindet, wurde eine Schnittstelle implementiert, die aus beiden Quellen jeweils zwei Revisionen zum Vergleich und zur Differenzbildung auswählbar macht. Wie bereits in den Abschnitten 4.2.3 und 4.2.3 beschrieben, wird im Rahmen des Prototyps ein Teil der Verantwortung für die Aussagekraft und die Qualität des Vergleichs an den Anwender übertragen, da keine Prüfung vorgenommen wird, ob die ausgewählten Dokumente tatsächlich sinnvoll vergleichbar sind, sie also tatsächlich ähnliche Modellinstanzen darstellen.

Um eine leichte Identifizierbarkeit der Gemeinsamkeiten und Unterschiede zu realisieren, wird eine überlagerte Darstellung innerhalb eines Vergleichsdialogfensters gewählt. Dargestellt wird hierbei lediglich die Sicht aus der Blickrichtung des Vergleichs $DokA \rightarrow DokB$ oder $DokA \leftarrow DokB$. Die Blickrichtung ist jedoch umschaltbar gehalten. In der Darstellung sind anhand ID und Zeitstempel als identisch festgestellte Objekte grau dargestellt, veränderte Objekte hingegen in der regulären, farbigen Darstellung der Zeichenfläche. Gelöschte Objekte sind je nach Blickrichtung nicht mehr enthalten und werden vollständig ausgeblendet. Hinzugefügte Objekte sind in der gewählten Darstellungsfarbe gehalten. Innerhalb des Auswertungsfensters bleiben die vorher beschriebenen Interaktionsmöglichkeiten schreibgeschützt erhalten, sodass genaue Informationen zu den Objekten und den Änderungen durch die bekannten Dialoge abgefragt werden können. Das Layout der graphischen Elemente wird unverändert beibehalten, sodass die Wiedererkennung vereinfacht wird. Ein Konfliktmanagement zwischen den verglichenen Versionen ist im Einklang mit dem Konzept aus Abschnitt 4.2.3 nicht realisiert.

Die Abbildung 5.4 veranschaulicht die Auswertung einer Veränderung gegenüber der bekannten Abbildung 5.3. Dabei wurde ein Knoten aus einer Gruppe gelöst und neu verbunden. Zusätzlich wurde der Wert eines Attributs modifiziert.

Dementsprechend werden in der Darstellung die Verbindung sowie der seitens seiner Eigenschaften veränderte Knoten hervorgehoben. Darüber hinaus wurde eine textuelle zweispaltige Auswertung implementiert, deren Daten zur externen Weiterverarbeitung zur Verfügung stehen.

5.2.4 Implementierung der Auswirkungsanalyse

Neben der Möglichkeit, Änderungen des Entwurfs im Rahmen eines Veränderungsmanagements nachvollziehen bzw. nachverfolgen zu können (siehe 4.1, 4.1.5), gestaltet es sich praktikabel, bereits vor einer Änderung grundlegende Zusammenhänge und Auswirkungen auf unterschiedliche Disziplinen oder Funktionen zu untersuchen. Die Erkenntnis über in-

5.2 Werkzeugimplementierung

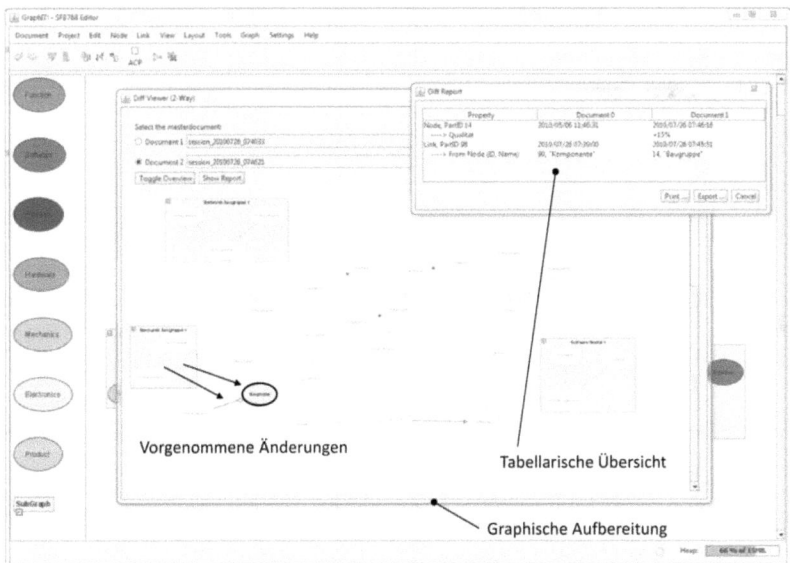

Abb. 5.4: Differenzdarstellung zweier Dokumente

terdisziplinäre Zusammenhänge und Auswirkungen einer Entwurfsänderung wird bereits durch die graphische Darstellung des Modells unterstützt. Eine teilautomatisierte Analyse durch den Softwareprototyp kann diesbezüglich eine Effizienzsteigerung und Vereinfachung darstellen. Die endgültige Entscheidung, ob eine Beeinflussung durch eine Änderung vorliegt, ist letztlich durch das Projektteam bzw. den Nutzer des Werkzeugs zu treffen, da eindeutige formale Entscheidungsgrundlagen nicht im Modell enthalten sind.

Anforderungen

Definition eines Ausgangsknotens
Die Analyse der Auswirkungen beginnt mit der geplanten Änderung eines Knotens. Dazu ist zunächst ein Knoten unabhängig von seiner Zugehörigkeit zu Sichten zu selektieren. Für Verbindungen ist die Einflussanalyse derzeit nicht implementiert.

Analyse der Beeinflussung
In erster Instanz betreffen Änderungen Sicht-interne Nachbarknoten, also Aggregationsbeziehungen. Diese Nachbarknoten sind folglich zu identifizieren. In zweiter Instanz bleibt zu überprüfen, ob der betrachtete Knoten in einer Erfüllungsbeziehung zu einem oder mehreren Funktionsknoten steht. Trifft dies zu, ist die Beeinflussungsanalyse auf den (oder die) Funktionsknoten auszudehnen und zu prüfen, ob mittels Erfüllungsbeziehung weitere Knoten mit

dem Funktionsknoten in Relation stehen. Im Fall, dass dieses Kriterium erfüllt wird, ist die Analyse auf die verbundenen Knoten auszudehnen. Um eine Ausbreitung der Suche auf eine endliche Zahl Knoten zielgerichtet einzugrenzen, soll die Suche in hierarchisch strukturierten Beziehungen nach Erreichen eines Wegs der Länge 1 enden.

Realisierung

Die Umsetzung der obigen Anforderungen stützt sich auf eine Erweiterung des mittels der Technologie *JGo* realisierten Datenmodells mit der Graphen-Bibliothek *JUNG*. Im Rahmen der Implementierung wird deshalb zunächst parallel ein Graph mit den Mitteln dieser Bibliothek erzeugt, der aus Gründen der Effizienz lediglich Referenzen auf die bereits modellierten Objekte enthält.

Die kantenorientierte Suche nach beeinflussten Knoten beginnt an einem selektierten Startknoten, dessen inzidente Verbindungen festzustellen und in einer Liste abzulegen sind. Diese Liste wird iterativ durchlaufen und es wird zu Beginn überprüft, ob die aktuelle Verbindung bereits in der vorher initialisierten Ergebnisliste beinhaltet ist. Ist dies nicht der Fall, werden Verbindung und Ausgangsknoten in die Ergebnisliste übernommen. Zusätzlich ist zu prüfen, ob eine Erfüllungsbeziehung vorliegt. Wird dieses Kriterium durch die Verbindung erfüllt, so wird die Suche für den Knoten an der Spitze der Erfüllungsbeziehung rekursiv fortgesetzt bzw. dort neu gestartet. Die beschriebene Suche stellt somit eine beschränkte Breitensuche dar, die an inzidenten Verbindungen, die keine Erfüllungsbeziehung darstellen, terminiert. Anhand der Ergebnisliste erfolgt anschließend eine Hervorhebung der enthaltenen Knoten und Verbindungen in der graphischen Darstellung.

Die Abbildung 5.5 zeigt eine Einflussanalyse für einen Knoten der physikalischen Strukturen, im Beispiel die Hauptplatine des Produkts, das insgesamt vereinfacht modelliert wurde.

Die durch den Algorithmus identifizierten Knoten und Verbindungen sind in der Darstellung hervorgehoben, wobei die rechteckige Umrandung den Start der Suche repräsentiert.

5.3 Zusammenfassung

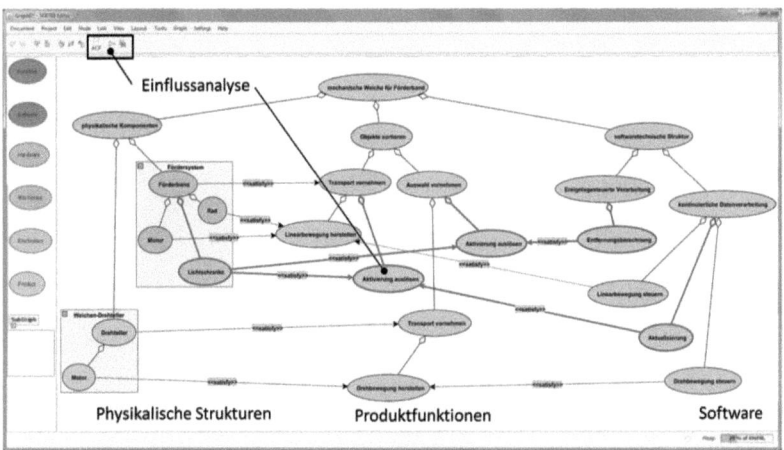

Abb. 5.5: Einflussanalyse für eine Knotenänderung

5.3 Zusammenfassung

Im vorliegenden Kapitel wurde eine Umsetzung des funktionsorientierten Entwurfskonzepts dieser Arbeit präsentiert. Zu diesem Zweck wurden mehrere, im Forschungsumfeld freie, Technologien ausgewählt und zielgerichtet in einen funktionalen Prototypen integriert. Besonderer Wert wurde auf die leichte Erlernbarkeit und einen hohen Bedienkomfort der Software gelegt, um den Anforderungen des Kapitels 4.1 gerecht zu werden. Das Resultat der Implementierung kann im Folgenden als Grundlage für eine Evaluierung des Konzepts dienen und wird in Kapitel 6 evaluiert werden.

KAPITEL 6

Bewertung des Konzepts und der prototypischen Umsetzung

Die abschließende Evaluierung des in Kapitel 4 entwickelten Konzepts hinsichtlich der Erfüllung der definierten Aufgabenstellung (siehe Kapitel 2) dieser Arbeit ist Gegenstand des folgenden Abschnitts. In Vorbereitung dieser Evaluierung wurde in Kapitel 5 die Implementierung eines funktionalen Prototyps vorgestellt. Anhand zweier konkreter Praxisbeispiele wird die Anwendbarkeit und Tragfähigkeit des Modellierungskonzepts demonstriert. Zusätzlich erfolgt eine Bewertung von Konzept und Werkzeug.

Inhaltsverzeichnis

6.1	**Evaluierung anhand des Beispiels Weiche**		144
	6.1.1	Beschreibung des Praxisbeispiels	144
	6.1.2	Anwendung des Beschreibungsmittels	145
	6.1.3	Analyse von Veränderungen und Auswirkungen	147
	6.1.4	Ergebnisbewertung	148
6.2	**Evaluierung anhand des Beispiels Smartphone**		150
	6.2.1	Beschreibung des Praxisbeispiels	150
	6.2.2	Anwendung des Beschreibungsmittels	151
	6.2.3	Ergebnisbewertung	152
6.3	**Zusammenfassung**		153

6 Bewertung des Konzepts und der prototypischen Umsetzung

Im Mittelpunkt des aktuellen Kapitels steht die praktische Evaluierung der technischen Aspekte des im Rahmen dieser Arbeit präsentierten Beschreibungsmittels. Gegenstand der Überprüfung ist somit die Erfüllung der Anforderungen **LA1** (effiziente, rechnerverarbeitbare Datenbasis), **LA2** (Reduzierung Modellkomplexität), **LA3** (anschauliche, praktikable Darstellung), **LA4** (Problemverständnis und Kommunikationsgrundlage), **LA5** (Tracing der Änderungen) und **LA6** (Werkzeugunterstützung) aus Kapitel 4.1.

6.1 Evaluierung anhand des Beispiels Weiche

Als erstes Evaluierungsbeispiel dient im folgenden Abschnitt eine automatisierungstechnische Weicheneinheit, die Bestandteil einer Demonstrationsanlage für hybride Prozesse des Lehrstuhls für Informationstechnik im Maschinenwesen ist.

6.1.1 Beschreibung des Praxisbeispiels

Bei der Weicheneinheit handelt es sich um eine Sonderanfertigung des Unternehmens Festo Didactic[1], die für Schulungs- sowie Demonstrationsaufbauten konzipiert wurde. Eine reale Ansicht auf die Einheit ist der Abbildung 6.1 zu entnehmen.

Abb. 6.1: Weicheneinheit der Demonstrationsanlage

Die Einheit umfasst den motorgetriebenen Drehtisch sowie drei Förderbandanschlüsse. Die Schnittstelle zwischen Förderband und Drehtisch ist jeweils mit einer Lichtschranke versehen, um Objektbewegungen zu detektieren. Je nach Variante der Weiche ist die Objektaufnahme des Drehtisches mit einer weiteren Lichtschranke versehen, um das Vorhandensein eines Transportgegenstands abzusichern. Somit entstehen zwei grundsätzliche Möglichkeiten, die

---

1 http://www.festo-didactic.com/de-de

Hauptfunktion *Objekte sortieren* bzw. *Objekte auswählen* umzusetzen: So kann zum einen nach dem Auslösen der Lichtschranke am Ende des ebenfalls motorgetriebenen Förderbandes die Entfernung bis zum Anschlag an der Dreheinrichtung mathematisch berechnet werden oder zum anderen die optionale weitere Lichtschranke auf dem Drehtisch genutzt werden, um das tatsächliche Vorhandensein zu erkennen. Dieser Laboraufbau wurde bereits von Sim et al. [SLVH09] als Beispiel vorgestellt.

6.1.2 Anwendung des Beschreibungsmittels

Als Grundlage einer Beschreibung mittels des funktionalen Modells dieser Arbeit dient das in Abbildung 6.2 ersichtliche CAD–Modell der Weicheneinheit.

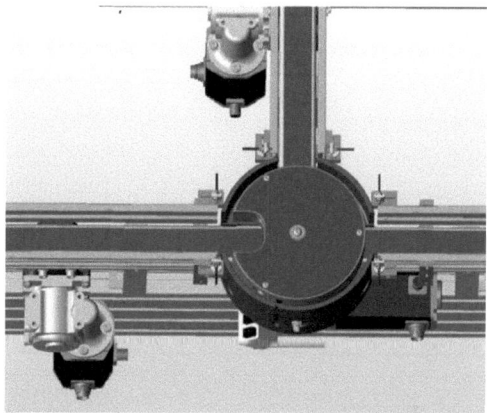

Abb. 6.2: CAD–Modell der Weicheneinheit

Die oben beschriebene Variante A der Einheit ohne zusätzliche Lichtschranke und an den Förderstrecken freigeschnitten veranschaulicht die Skizze 6.3.

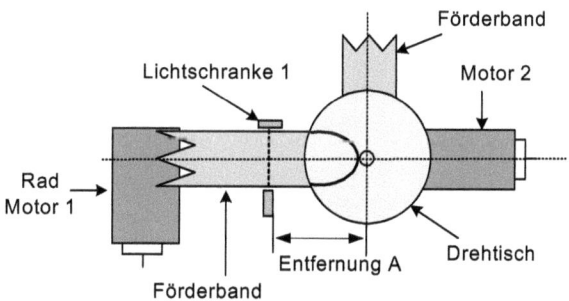

Abb. 6.3: Variante A der Weicheneinheit in Anlehnung an [SLVH09]

Die Weicheneinheit besteht folglich aus der Antriebseinheit für die lineare Förderbewegung, aufgebaut aus Motor, Antriebsrad und Förderband, sowie der Lichtschranke des Bandes und dem motorgetriebenen Drehtisch.

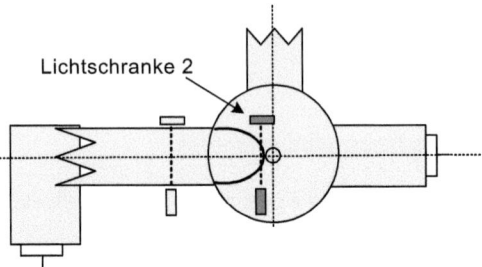

Abb. 6.4: Variante B der Weicheneinheit in Anlehnung an [SLVH09]

In der zweiten Variante, dargestellt in Skizze 6.4, ist die optionale Lichtschranke zur Detektion von Objekten am Ende der Förderstrecke bzw. am Anschlag des Drehtisches ersichtlich. Die weiteren Komponenten sind identisch zu der bereits skizzierten Variante A.

Gemäß der erläuterten Methode (4.3) zur Anwendung des funktionsorientierten Beschreibungsmittels in der Implementierung aus Kapitel 5 beginnt die Modellierung mit dem hierarchischen Aufstellen der Produktfunktionen. Für das vorliegende Beispiel handelt es sich hierbei um die Hauptfunktion Objekte *Objekte sortieren* bzw. *Objekte auswählen*, die in die Unterfunktionen *Transport vornehmen* und *Auswahl vornehmen* heruntergebrochen wird. Der rein lineare Transport durch die Förderstrecke wird dabei durch *Linearbewegung herstellen* und *Aktivierung auslösen* näher bestimmt. Das Vornehmen der Auswahl untergliedert sich erneut in die Funktionen *Transport vornehmen* und *Aktivierung auslösen*, wobei der Transport durch *Drehbewegung herstellen* umgesetzt ist. Die beschriebene Hierarchie ist gemäß des Konzepts durch sukzessive Aggregationsbeziehungen realisiert. Das Resultat der Modellierung ist der Abbildung 6.5 (Vergrößerung Seite 164) zu entnehmen.

In der oben bezeichneten Abbildung sind weiterhin softwaretechnische sowie physikalische Komponenten, gruppiert in zwei Module bzw. Pakete, beschrieben. Die Komponenten wurden ebenfalls gemäß der Methode aus Kapitel 4.3 iterativ hinzugefügt. Im Einzelnen sind dies das *Fördersystem* und der *Weichen–Drehteller*. Die jeweils bereits eingangs erläuterten Komponenten sind, durch Aggregationsbeziehungen gegliedert, enthalten. Seitens der softwaretechnischen Komponenten sind eine *ereignisgesteuerte Verarbeitung* sowie eine *kontinuierliche Verarbeitung* zu identifizieren. Die *ereignisgesteuerte Verarbeitung* enthält die Berechnung der Entfernung bis Anschlag, während die *kontinuierliche Verarbeitung* sowohl die lineare als auch rotatorische Bewegung steuert und des Weiteren für eine Aktivierung der Förderstrecke verantwortlich ist.

Der abschließende konzeptionelle Schritt besteht in der Vernetzung der interdisziplinären Komponenten mittels der Funktionshierarchie. Eine Möglichkeit der Auslegung dieser Zu-

6.1 Evaluierung anhand des Beispiels Weiche

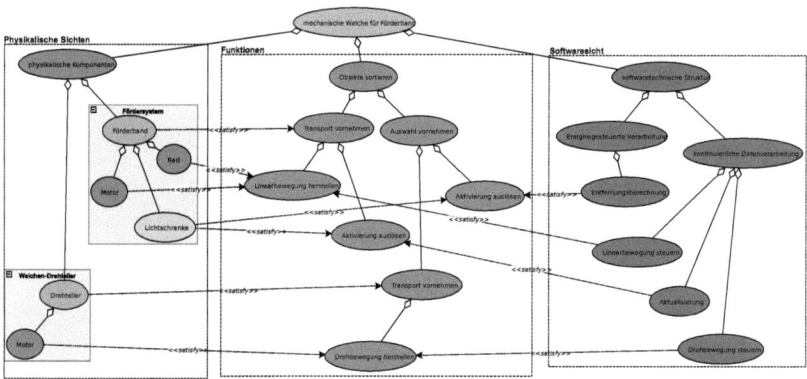

Abb. 6.5: Modell der Weicheneinheit A

ordnung ist ebenfalls der Abbildung 6.5 (Vergrößerung Seite 164) zu entnehmen. Dabei realisieren die physikalischen Komponenten des Fördersystems den linearen Transport und die Herstellung der linearen Bewegung, die durch Komponenten der kontinuierlichen Datenverarbeitung gesteuert wird. Zu erkennen ist weiterhin, dass die Aktivierung des Transports durch die Lichtschranke sowie die Aktualisierungskomponenten der Softwaresicht erfüllt wird. Die Vernetzung der beiden Sichten dieses Beispiels für die Herstellung und Steuerung der Drehbewegung erfolgt analog. Gut ersichtlich ist hierbei, dass die Aktivierung des Drehtisches in der Variante A durch die Lichtschranke der Förderstrecke und die mathematische Berechnung des Abstands umgesetzt ist. Somit wird in der graphischen Darstellung die Wichtigkeit und Abhängigkeit der wesentlichen Funktionalität der Weiche von der Lichtschranke rasch und intuitiv nachvollziehbar.

Für die gezeigt Variante B der besagten Weiche in der Abbildung 6.6 (Vergrößerung Seite 165) ist die zusätzliche Lichtschranke in das Weichen–Drehteller–Modul mit aufgenommen. Entsprechend anschaulich wird die Änderung in der Funktionserbringung darstellbar: Die Aktivierung des Drehtisches erfolgt nun ausschließlich durch die Detektion der zweiten Lichtschranke, die ereignisgesteuerte Positionsberechnung ist entfallen und im Modell nicht mehr enthalten. Das weitere Modell ist, von der Korrektur der Erfüllungsbeziehungen um die erste Lichtschranke abgesehen, soweit identisch.

Die intuitive Erkenntnis hinsichtlich der Funktionserbringung wird im nächsten Abschnitt noch weiter diskutiert werden.

6.1.3 Analyse von Veränderungen und Auswirkungen

Auf der Grundlage des Versionsmanagements aus Kapitel 4.2.3 und der Implementierung einer Auswertungs– und Anzeigeeinheit im Rahmen des Abschnitts 5.2.3 wird die Darstellung

6 Bewertung des Konzepts und der prototypischen Umsetzung

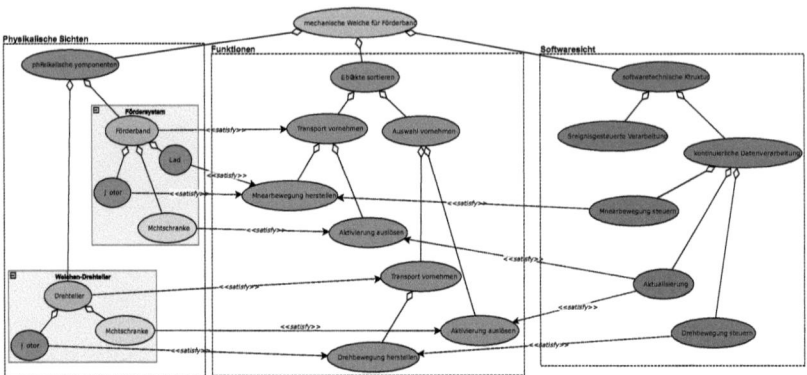

Abb. 6.6: Modell der Weicheneinheit B

der Veränderung und deren Auswirkung noch konkreter, als dies bereits in der reinen Modelldarstellung oben gegeben ist.

Aus Gründen der Anschaulichkeit wird im Rahmen dieses Beispiels lediglich die Veränderung einer Funktionserfüllung bzw. technischen Komponente betrachtet und ausgewertet. Konzeptionell besteht darüber hinaus keinerlei Unterschied, ob, wie hier, zwei Varianten einer Weiche oder aber Versionen zur Analyse herangezogen werden.

In der Darstellung 6.7 (Vergrößerung Seite 166) ist der beschriebene Sachverhalt des Wegfalls der mathematischen Berechnung und somit der Erfüllung des Auslösens durch eben diese Berechnung und die Lichtschranke 1 auf der Basis des rechnergestützten Vergleichs hervorgehoben. Die Betrachtung erfolgt zunächst aus der Sicht $A \rightarrow B$, folglich sind die beiden Erfüllungsbeziehungen sowie die Berechnungskomponente markiert, also in B nicht mehr vorhanden.

Das Umschalten der Sicht auf $A \leftarrow B$ liefert als Resultat die Hervorhebung der neu hinzugefügten Lichtschranke des *Weiche–Drehteller*-Moduls und die mit dieser Komponente verbundene Erfüllungsbeziehung zur Auslösung der Aktivierung sowie die damit verbundene Änderung der Softwaresteuerung. Dieses Ergebnis ist in der Darstellung 6.8 (Vergrößerung Seite 167) abgebildet.

6.1.4 Ergebnisbewertung

Wie die oben stehenden Abbildungen anschaulich belegen, ist es mit dem funktionalen Beschreibungsansatz dieser Arbeit einfach möglich, die gestellte Aufgabenstellung einer Beschreibung der Weicheneinheit erfolgreich zu lösen. Die entstandenen Modelle zeigen bei geringer Komplexität alle relevanten Module der Weiche in einer logischen und hierarchisch strukturierten Darstellung. Sowohl der Aufbau der Einheit als auch das Zusammenspiel

6.1 Evaluierung anhand des Beispiels Weiche

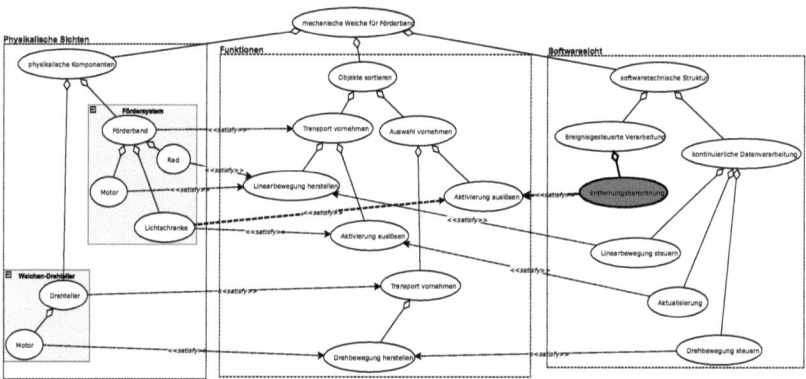

Abb. 6.7: Änderungsauswertung in der Sicht A nach B

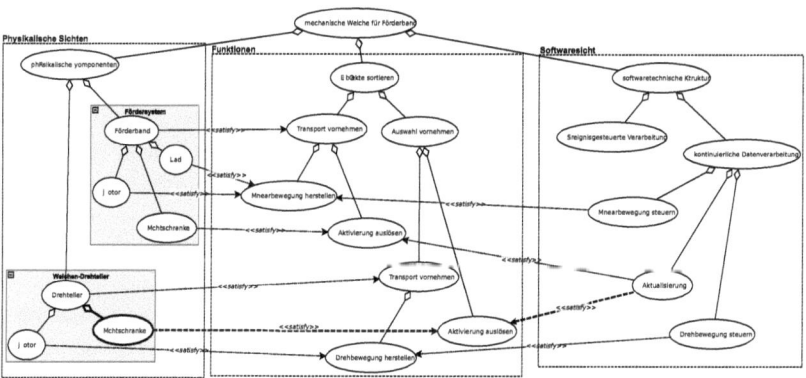

Abb. 6.8: Änderungsauswertung in der Sicht B nach A

der beteiligten Disziplinen sind praktikabel abbildbar und folglich sind die Anforderungen **LA2** (Reduzierung Modellkomplexität) und **LA3** (anschauliche, praktikable Darstellung) vollständig erfüllt.

Die Anwendbarkeit des Modells zur Unterstützung von Problemverständnis und Kommunikation zeigt sich besonders deutlich in der Auswertung der Unterschiede zwischen den beiden Varianten und der resultierenden graphischen Darstellung. Die Möglichkeiten bzw. Unterschiede und damit die bestehenden Abhängigkeiten zur Funktionserbringung wurden am Beispiel der Aktivierung der rotatorischen Bewegung des Tisches intuitiv darstellbar und nachvollziehbar. Die Anforderungen **LA4** (Problemverständnis und Kommunikationsgrundlage) und **LA5** (Tracing der Änderungen) werden dementsprechend komplett abgedeckt. Die Tatsache, dass obige Anforderungen erfüllt werden, belegt weiterhin indirekt **LA1** (effiziente, rechnerverarbeitbare Datenbasis) und **LA6** (Werkzeugunterstützung).

6.2 Evaluierung anhand des Beispiels Smartphone

Um dem gesteckten Rahmen dieser Arbeit gerecht zu werden, erfolgt weiterhin die Auswahl eines Smartphones, also eines modernen Mobiltelefons mit umfangreicher technischer Ausstattung und vielfältigem, erweiterbaren Funktionsumfang als komplexes mechatronisches Produkt bzw. als System mehrerer vernetzter, gekapselter Module unterschiedlicher Hersteller. Die Entscheidung hierzu basiert auf der Überlegung einer guten allgemeinen Nachvollziehbarkeit sowie Verständlichkeit, da mobile Kommunikationsgeräte weit verbreitet[1] und Gegenstände des alltäglichen Lebens geworden sind. Das Anwendungsbeispiel ist somit nicht auf einen Markt, Hersteller oder ein Anwendungsgebiet beschränkt.

Smartphones basieren generell auf einer eingebetteten Rechnerplattform mit leistungsfähiger Zentraleinheit und einem Betriebssystem, das häufig durch installierbare Programme um zusätzliche Funktionen erweitert werden kann. Darüber hinaus sind umfangreiche elektronische und mechanische Komponenten implementiert wie Digitalkameras, berührungsempfindliche Bildschirme, GPS-Empfänger oder zahlreiche Kommunikationstechnologien und Protokolle (WLAN, USB, UMTS, HSDPA, GSM, GPRS, HSCSD). Die interdisziplinär realisierten Funktionen umspannen neben der reinen Telefonie ebenfalls Büroaufgaben (Email, Termine, Datenanzeige), Navigation, Datenaustausch sowie zahlreiche Multimediaanwendungen (Musik- und Videoanzeige bzw. Bearbeitung), sodass ein komplexes Gefüge aus Komponenten und Funktionen, die in wechselseitigen Abhängigkeiten stehen, resultiert.

6.2.1 Beschreibung des Praxisbeispiels

Aufgrund der freien Verfügbarkeit von Konstruktionsunterlagen und Software fiel die Wahl auf ein Gerät des offenen Projekts *Openmoko* [Ope10]. Openmoko basiert auf der eigens entwickelten Plattform *Neo FreeRunner*, die aktuell in der Revision *gta02* verfügbar ist, einem Linux Betriebssystem mit geeigneten Schnittstellenimplementierungen und Anwendungsprogrammen zur Realisierung der Smartphone-Funktionalität. Die Abbildung 6.9 zeigt die aktuelle Entwicklungsrevision auf der linken und die erste Veröffentlichung *gta01* auf der rechten Seite.

Beide Revisionen sind dabei der angestrebten Anwendungsphase des Systementwurfs bereits entwachsen, jedoch bestehen keine Hinderungsgründe, die Ergebnisse dieser Arbeit nicht ebenso rückwirkend als Reverse-Engineering Hilfsmittel, im Rahmen der Dokumentation und Darstellung einzusetzen. Durch die bereits serienreife Entwicklung des Smartphones ist es darüber hinaus möglich, zahlreiche Komponenten und Module in ihrer Erfüllungsbeziehung abzubilden, auch ohne den kreativen Entwurf mit dem Beschreibungsmittel unterstützt zu haben.

---

[1] Gemäß Gartner, Inc. [GP10] wurden allein im 2. Quartal 2010 325 Millionen Geräte weltweit verkauft.

6.2 Evaluierung anhand des Beispiels Smartphone

Abb. 6.9: Geräte-Revisionen des Neo FreeRunner

6.2.2 Anwendung des Beschreibungsmittels

Obgleich die Anzahl der Komponenten und Produktfunktionen um ein Vielfaches größer ist als bei dem gewählten Beispiel des vorherigen Abschnitts, ist das grundlegende Vorgehen der Modellierung und die Methode dazu unverändert anzuwenden. Um die Übersichtlichkeit zu wahren, ist die Darstellung der Beschreibung im Folgenden auf die Baugruppe zur Batteriestromversorgung konzentriert.

Die Abbildung 6.10 (Vergrößerung Seite 162) zeigt das Resultat der Modellierung der freigeschnittenen Produktfunktion *Stromversorgung sicherstellen* mit den Unterfunktionen *Ladefortschritt anzeigen* sowie *Akkubetrieb gewährleisten*.

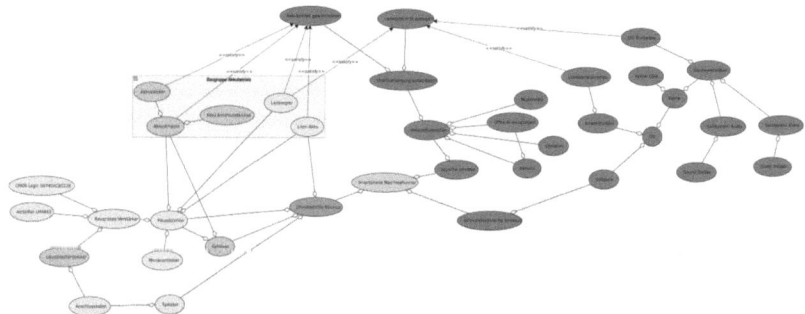

Abb. 6.10: Vereinfachte Darstellung Baugruppe Batteriestromversorgung

Die Realisierung der Funktionen erfolgt durch die mechanischen Komponenten *Akkuschacht*, *Akkustecker* und *Anschlussbuchse* sowie die elektronischen Komponenten *Laderegler* und *Lithiumionen-Akku*. Die Funktion *Ladefortschritt anzeigen* erfordert zusätzlich

6 Bewertung des Konzepts und der prototypischen Umsetzung

die softwaretechnischen Komponenten *I2C–Bustreiber* und *Ladestandsanzeige*. Alle physikalischen Komponenten sind zu einem Modul bzw. Paket gruppiert.

Ein besonderer Mehrwert der Beschreibung des Smartphones anhand des funktionsorientierten Modells entsteht durch die daraus resultierende Möglichkeit der Auswirkungsanalyse (siehe 5.2.4). Für das gezeigte Beispiel stand der Austausch des Ladereglers zur Diskussion. Auf der Basis einer rechnerunterstützten Auswertung der potenziellen Auswirkungen wird intuitiv ersichtlich, welche disziplinübergreifenden Abhängigkeiten daraus entstehen. In der Abbildung 6.11 (Vergrößerung Seite 163) ist die Komponente *Laderegler* durch ein schwarzes Quadrat hervorgehoben, genauso sind die potenziell betroffenen Relationen und Knoten schwarz umrandet.

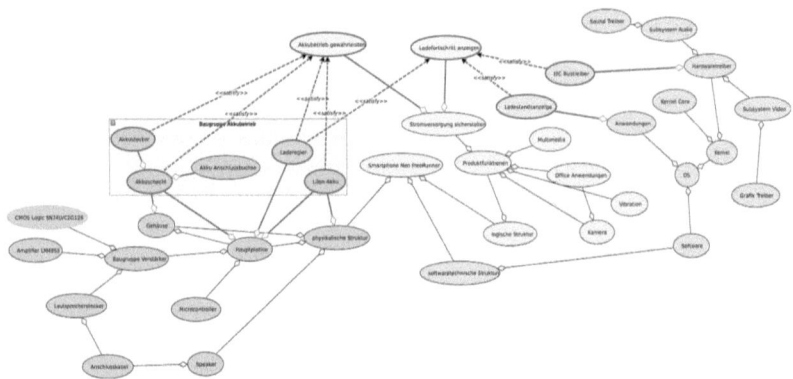

Abb. 6.11: Auswirkungsanalyse für die Komponente *Laderegler*

6.2.3 Ergebnisbewertung

Die erneute Evaluierung von Konzept, Methode und Werkzeug dieser Arbeit im Rahmen der Beschreibung eines komplexen technischen Systems unterstreicht zusätzlich zu der bereits gezeigten Erfüllung aller Forderungen die Anwendbarkeit und Tragfähigkeit der Lösung. Ein hoher Nutzwert, vor allem für **LA4** (Problemverständnis und Kommunikationsgrundlage), ist in der rechnergestützten Auswertung der möglichen Auswirkungen von Eingriffen bzw. Veränderungen zu sehen. Somit wird frühzeitig eine effiziente Diskussion geplanter Veränderungen am Produkt, intuitiv graphisch unterstützt, möglich.

Darüber hinaus zeigt sich anhand der Dokumentation der Aufbaustruktur eines Smartphones, siehe Abbildung ??, dass die Leistungsfähigkeit der Implementierung ausreicht, um komplexe Modelle erzeugen und verarbeiten zu können. Die Anforderungen **LA1** (effiziente, rechnerverarbeitbare Datenbasis) und **LA6** (Werkzeugunterstützung) sind somit belegbar erfüllt. Gerade bei zunehmender Modellgröße bleibt durch die Gruppierung und Kapselung einzelner Module die Übersichtlichkeit gewahrt, sodass die Anforderungen **LA2** (Reduzierung Modellkomplexität) und **LA3** (anschauliche, praktikable Darstellung) als umgesetzt zu betrachten sind.

6.3 Zusammenfassung

Gegenstand dieses Kapitels war die Verdeutlichung der Anwendung der Konzepte, Methoden und prototypischen Implementierung eines Werkzeugs im Rahmen dieser Arbeit. Das Ziel der Evaluierung war die Demonstration der Tragfähigkeit der funktionsorientierten Modellierung und der intuitiven Verständlichkeit der interdisziplinären Vernetzung sowie der Analyse der Veränderungen. Darüber hinaus stand die Erfüllung der gestellten Anforderungen in Frage. Im Ergebnis bleibt bezüglich der Fragestellungen festzuhalten, dass alle formulierten Anforderungen hinsichtlich der beiden Praxisbeispiele erreicht werden konnten.

KAPITEL 7

Zusammenfassung und Ausblick

Aus Problemstellung und Aufgabenstellung der vorliegenden Arbeit ist eine Lösung in Form eines Beschreibungsmittels entstanden, das – flexibel in der Darstellung – den Entwurf komplexer mechatronischer bzw. informationstechnischer Produkte unterstützen kann. Die Tragfähigkeit und Anwendbarkeit wurde in Kapitel 6 einer Evaluierung unterzogen und mittels eines Praxisbeispiels und einer Laboranlage überprüft. Dieses abschließende Kapitel fasst die wesentlichen Elemente der Aufgabenstellung und der daraus entwickelten Lösung kurz zusammen. Ferner wird ein Ausblick auf mögliche Erweiterungs- bzw. Vertiefungsarbeiten gegeben.

7.1 Erreichte Ziele

Unter dem Gesichtspunkt einer bislang zunehmenden statischen und dynamischen Komplexität mechatronischer bzw. informationstechnischer Produkte sowie ihrer Entwicklungsprozesse gewinnen besonders die frühen Phasen der Produktentwicklung an Bedeutung. In der Phase der Ideengenerierung, Anforderungs- und Lösungsdefinition sind Entscheidungen von hoher Tragweite zu treffen, die alle anschließenden Entwicklungsphasen entscheidend beeinflussen. Es besteht Konsens, dass Versäumnisse des Entwurfs später nur mit einem entsprechenden Zeit- und Kostenaufwand zu revidieren sind.

Wie die Analyse zeigt, fehlt es den an einem Entwicklungsvorhaben Beteiligten häufig primär an einem gemeinsamen Problem- bzw. Produktverständnis (siehe Kapitel 2.2). Ein integratives Kommunikationshilfsmittel bzw. Beschreibungsmittel für den interdisziplinären Entwurf in der Informationstechnik stellt ein Konzept zur Lösung dieser Herausforderung dar.

Zu diesem Zweck entstand im Rahmen dieser Arbeit ein interdisziplinäres Entwurfsmodell auf der Basis einer gemeinsamen Metaebene für alle Disziplinen und einem Bindeglied, das für alle Disziplinen verständlich und intuitiv nachvollziehbar ist: den aus den Anforderungen abzuleitenden Produktfunktionen. Innerhalb der Disziplinen (Sichten) wurden die Abhängigkeiten zwischen den Elementen auf abstrakte Ganzes–Teil Hierarchien eingeschränkt, die einen intuitiven Zugang zu Struktur und Aufbau gestatten. Übergreifend erfolgt die Verbindung der Disziplinen nur durch die gemeinschaftlich in Abhängigkeit voneinander erbrachte Funktionsstruktur. Die Abhängigkeitsstruktur zwischen den Disziplinen wurde somit auf eine einzelne Relation reduziert, wodurch die graphische Darstellung an Übersichtlichkeit gewinnt und das intuitive Verständnis der Beteiligten unterstützt. Die vorgestellte Modellbildung leistet einen Beitrag zur Harmonisierung disziplinspezifischer Modelle durch das Zurückführen der theoretisch möglichen Relationen auf eine Beziehung zwischen jeweils einer technologischen und funktionalen Sicht.

Im Fokus der Entwicklung stand zu jeder Zeit die Anwendungsnähe des Modells, sodass neben der Herleitung des Modells auch die Methode des Einsatzes und eine mögliche Umsetzung in Software beschrieben wurde. Das Resultat erzeugt eine Diskussionsgrundlage für die frühen Phasen der Produktentwicklung in der Informationstechnik und stellt eine logische Erweiterung des Ansatzes nach Frank [Fra06] dar, der bereits die prinzipielle Möglichkeit einer Erfüllung der Systemfunktionen durch Systemkomponenten aufzeigt. Eine neue Herangehensweise stellt das Konzept dar, nicht die Funktionsstruktur sukzessive durch realisierende Produktkomponenten zu ersetzen, sondern sowohl technische als auch logische und funktionsorientierte Sichten in ein Modell für den Systementwurf zu integrieren. Darüber hinaus wird auf eine flussorientierte Betrachtung der funktionalen Abhängigkeiten verzichtet, da diese Informationen für den Modellzweck nicht erforderlich und ebenfalls nicht hilfreich sind (fehlende Lösungsneutralität). Das erarbeitete Beschreibungsmittel versteht sich dabei als neutrales Hilfsmittel, als Basis, um das Verstehen zu motivieren und zwischen unterschiedlichen Denkweisen eine Verbindung herzustellen, also zu vermitteln.

Die entstandene, intuitive Gesamtsicht adressiert die Eingebundenheit aller Disziplinen und veranschaulicht dabei den Zusammenhang zwischen Mechanik, Elektronik und Software bei der Erfüllung der Funktionen. Aus diesem Grund setzt das Modell explizit auf eine abstrakte, informationsreduzierte Gesamtsicht, da eine Vielzahl an Informationen für das Prinzipverständnis in den frühen Phasen nicht erforderlich ist. Die Komplexität der Darstellung wurde hierdurch zweckangepasst reduziert. Für die nachfolgende detaillierte Entwicklung auf der Basis einer erfolgreichen Entwurfsphase existiert eine große Zahl an disziplinspezifischen, etablierten Beschreibungs- und Hilfsmitteln, die nach Bedarf und Möglichkeit eingesetzt werden können. Durch die semi-formale Basis des funktionsorientierten Konzepts ist hierbei eine Weiterverwendung der modellierten Komponenten- und Funktionsstruktur möglich.

Im Rahmen dieser Arbeit wurde eine Möglichkeit zur Visualisierung der Komplexität eines mechatronischen Produkts entwickelt. Mehrere technologische Sichten sind in einem Modell darstellbar, dessen Auslegung auf eine Interpretierbarkeit sowohl durch Mensch als auch Rechner abzielt. Die Möglichkeit, durchgeführte Veränderungen darzustellen, oder mögliche Auswirkungen bzw. Beeinflussungen weiterer Komponenten bei einer geplanten Änderung vorab anzuzeigen, befreit von wiederkehrenden Routineaufgaben. Die Planbarkeit von Innovationen kann durch die frühzeitige Auswirkungsanalyse verbessert werden. Insbesondere hinsichtlich des Umgangs mit Änderungen bieten sich entscheidende Vorteile, da die potenziellen Auswirkungen auf Komponenten und erfüllte Funktionen intuitiv graphisch nachvollzogen und analysiert werden kann. Durch das Analysieren und Abbilden der Änderungen an zwei oder mehr diskreten Modellversionen wird zum einen das Nachvollziehen der Entwicklung als auch zum anderen deren Auswirkungen und Abhängigkeiten auf weitere Komponenten ermöglicht. Die Notation als Graph unterstützt das Verständnis der modellierten Strukturen besonders hinsichtlich des Erkennens von Verbindungen zwischen Knoten und des Weiteren des Erkennens von existierenden Verbindungen [GFC04], [War00]

Sowohl Abhängigkeiten zwischen Komponenten als auch Funktionen sind durch die vorgenommene Kopplung präsentier- und kommunizierbar. Gemeinhin besteht Konsens dahingehend, dass eine Kosten- und Zeitersparnis durch den Einsatz eines Beschreibungsmittels für den Entwurf resultiert, da überhaupt eine einfache interdisziplinäre Auseinandersetzung und pragmatische Modellierung erfolgt (siehe auch Kapitel 2.4.1). Durch das Vorsehen von generischen Schnittstellen werden die entstehenden Modelle prinzipiell in modellgetriebene Entwicklungsprozesse einbindbar, eine durchgängige Weiterverwendung der Daten kann gewährleistet werden.

Durch das umgesetzte Versionierungskonzept dieser Arbeit entsteht die Option, ein Versions- bzw. Variantenmanagement in die frühen Phasen der Entwicklung zu übertragen und auf die Ideengenerierung und den Lösungsentwurf anzuwenden. Somit wird eine Grundlage für den späteren Einsatz von Versionsverwaltungs- und Konfigurationssystemen sowie bereits während der grundlegenden Konzeption eine Basis für eine anschließende komponentenorientierte Variantenmodellierung geschaffen.

7.2 Weiterführende Arbeiten

Der folgende Abschnitt widmet sich als Ausblick vertiefenden Arbeiten bzw. Verbesserungen, die im Rahmen der Konzeptentwicklung, prototypischen Implementierung eines Softwarewerkzeugs und späteren Evaluierung nicht berücksichtigt werden konnten.

7.2.1 Evaluierung der Benutzerfreundlichkeit und Anwendbarkeit

Die Evaluierung von Konzept und Prototyp im Rahmen des 6 basiert auf einer experimentellen Laboranlage und einem komplexen Einzelprodukt. Die objektive Auseinandersetzung mit der Anwendbarkeit und der Tragfähigkeit der Konzepte dieser Arbeit unter Einbindung potenzieller Anwender, insbesondere also die Anforderung **LA4** (Problemverständnis und Kommunikationsgrundlage), stellt somit eine sinnvolle Erweiterung der bisherigen Bewertung dar. Hierdurch sind Allgemeingültigkeit bzw. Verallgemeinerbarkeit (externe Validität) [Pat08] der aktuellen Evaluierungsergebnisse abzusichern. Moody et al. [MSB+03] beschreiben die Verständlichkeit als pragmatisches Qualitätsmerkmal für konzeptionelle Modelle bzw. Metamodelle. Dies umfasst die Einfachheit der Anwendung, also den notwendigen Aufwand zur Modellierung, und in der Folge die erforderliche Anstrengung zur Interpretation der

Modelle. Interpretation bedeutet an dieser Stelle die Identifikation einer Verbindung bzw. eines Zusammenhangs und anschließendes gedankliches Verknüpfen mit einer Bedeutung [MSB+03]. Zusammengefasst resultieren hieraus Bewertungsoptionen für die beiden Kriterien Anwendbarkeit und Verständlichkeit, die für die Validierung durch Anwenderversuche die Grundlage darstellen.

Durch den Einsatz eines prototypischen Werkzeugs können potenziell Störeinflüsse entstehen [VH10], falls Anwender Funktionen vermissen, die ihren Arbeitsablauf unterstützen würden, oder das Werkzeug nicht stabil alle notwendigen Funktionen anbietet. Dies ist im Vorfeld der Evaluierung abzusichern.

7.2.2 Schnittstelle Produktanforderungen

Wie in Kapitel 4 erläutert wurde, sind die Produktfunktionen aus den Anforderungen ableitbar. Für die Dokumentation und Formalisierung der Anforderungen bis zur abgeschlossenen Anforderungsspezifikation existieren zahlreiche Ansätze und Softwarewerkzeuge. Dementsprechend finden in der Praxis unterschiedliche Lösungen für einen Datenaustausch und die Kommunikation zwischen den Werkzeugen [Rup04] Verwendung. Ein bekanntes Format hierbei ist das *Requirements Interchange Format (RIF)* [HIS07], das auf der XML–Technologie aufsetzt. Da zum einen die textuelle Notation dieser Arbeit ebenfalls einen XML–Dialekt darstellt und zum anderen der Prototyp zur Unterstützung Schnittstellen zur Datenein–/Datenausgabe und Transformation bietet, ist eine automatisierte Übernahme bzw. das Erzeugen der funktionsorientierten Sicht aus den Bestandsdaten der Anforderungsspezifikation leicht umsetzbar.

7.2.3 Versionierung und Differenzanzeige

Der gewählte Ansatz dieser Arbeit zur Identifikation bzw. Berechnung von Differenzen zwischen zwei diskreten Modellversionen (siehe 4.2.3) ist zwar als praktikabel anzusehen, ist aber dennoch fehleranfällig in dem Sinn, dass Modellelemente potenziell als korrespondierend angenommen werden könnten, obwohl keinerlei Beziehung oder Ähnlichkeit besteht. Insofern setzt der Algorithmus prinzipiell auf ein Wohlverhalten des Anwenders. Im Rahmen der Konzepterläuterung und der Umsetzung eines Prototypen ist dies als akzeptabel einzuschätzen. Für einen Praxiseinsatz des Beschreibungsmittels erscheint eine stärkere Absicherung gegen Fehlannahmen ausgesprochen zielführend. Zur Lösung bietet es sich an, auf die Berechnung von Prüfsummen (engl. Hashes) zu setzen, wie sie im Abschnitt 4.2.3 bereits diskutiert wurden.

Hinsichtlich der Präsentation der Vergleichsergebnisse und der weitergehenden Auswertung dieser über die reine Darstellung hinaus, wie z. B. Konfliktmanagement bei Widersprüchen oder Vereinigung von unterschiedlichen Modellinstanzen, existieren nutzbare Alternativansätze – beispielsweise beschrieben von Ohst [Ohs04a], [Ohs04b]. Diese Aspekte gehen jedoch über die Entwicklung eines Entwurfsmodells hinaus und wurden hier nicht vertiefend diskutiert.

7.2.4 Layout des Graphen

Die intuitive Anwendbarkeit der graphbasierten Produktbeschreibung steht und fällt mit der Werkzeugunterstützung. Eine adäquate Unterstützung wird zwar bei allen Beschreibungsmitteln notwendig, wie Ghoniem et al. [GFC04] darstellen, erfordern jedoch gerade graphbasierte Beschreibungsmittel gezielt eingesetzte Hilfsmittel. Dies ist der schnell zunehmenden Unübersichtlichkeit bei steigender Anzahl Knoten und möglichen Verbindungsüberschneidungen in der Darstellung geschuldet [GFC04]. Die präsentierte prototypische Werkzeugunterstützung des funktionsorientierten Ansatzes dieser Arbeit setzt zur Unterstützung deshalb bereits die Kapselung von Knoten in der Form von Gruppen um und bietet einfache Layout-Mechanismen. Für einen produktiven Einsatz sind die Algorithmen jedoch nicht ausreichend effektiv und effizient, sodass der Nutzer derzeit stark in die Verantwortung genommen wird, diszipliniert bei der Modellierung vorzugehen und selbst den Überblick zu wahren. Für das Layout eines umfangreicheren Graphen schlagen Li et al. [LGC09] einen Lösungsansatz vor, der auf einer Sortierung der Matrixdarstellung (Cuthill-McKee Sortierung) des Graphen aufsetzt und damit mit Algorithmen der linearen Algebra effizient umsetzbar ist. Vogel-Heuser [VH10] bestätigt die Nachfrage nach Autoplatzierung und dementsprechend automatischem und ansprechendem Layout im Rahmen der Evaluierung von Beschreibungsmitteln und Notationen.

Anhang A – Abbildungen

Auf den folgenden Seiten finden sich die Vergrößerungen der relevanten Abbildungen des Kapitels 6.

Anhang A – Abbildungen

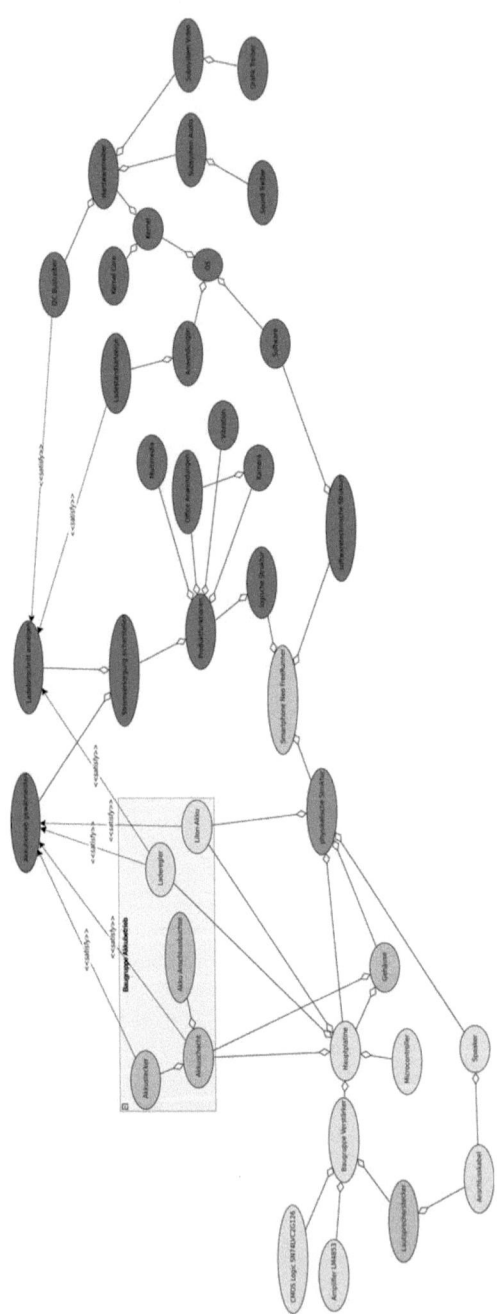

Abb. 7.1: Vereinfachte Darstellung Baugruppe Batteriestromversorgung

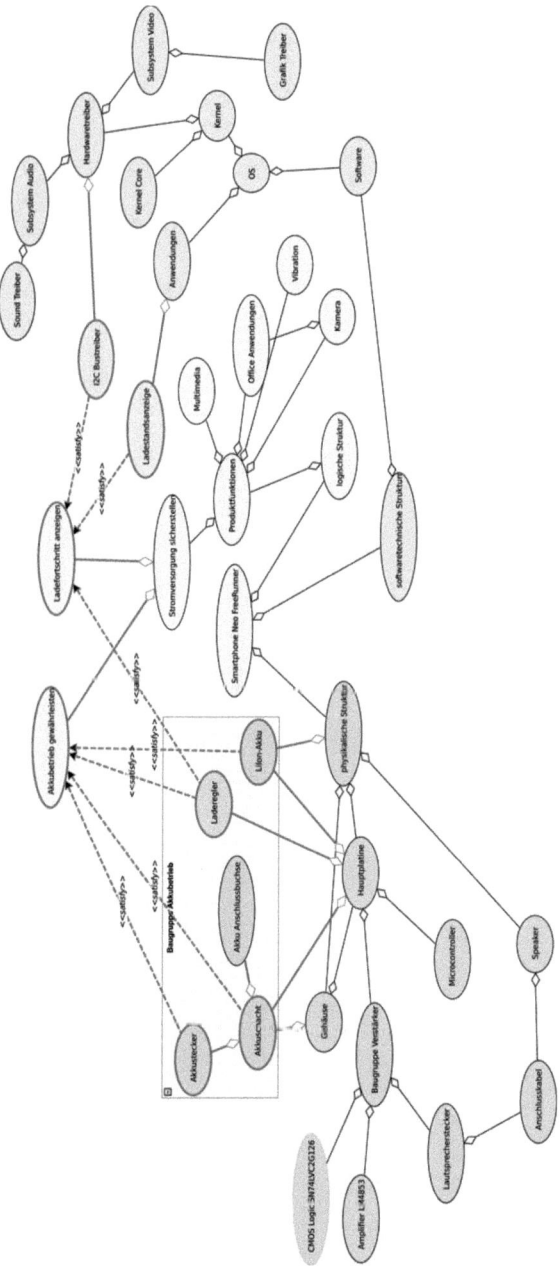

Abb. 7.2: Auswirkungsanalyse für die Komponente *Laderegler*

Anhang A – Abbildungen

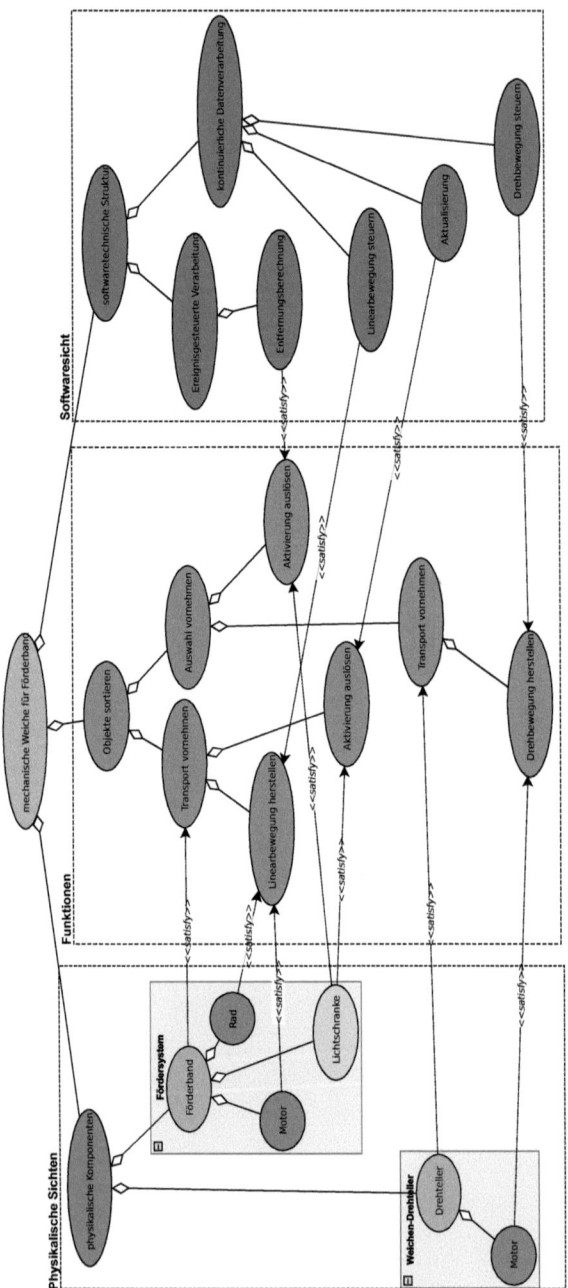

Abb. 7.3: Modell der Weicheneinheit A

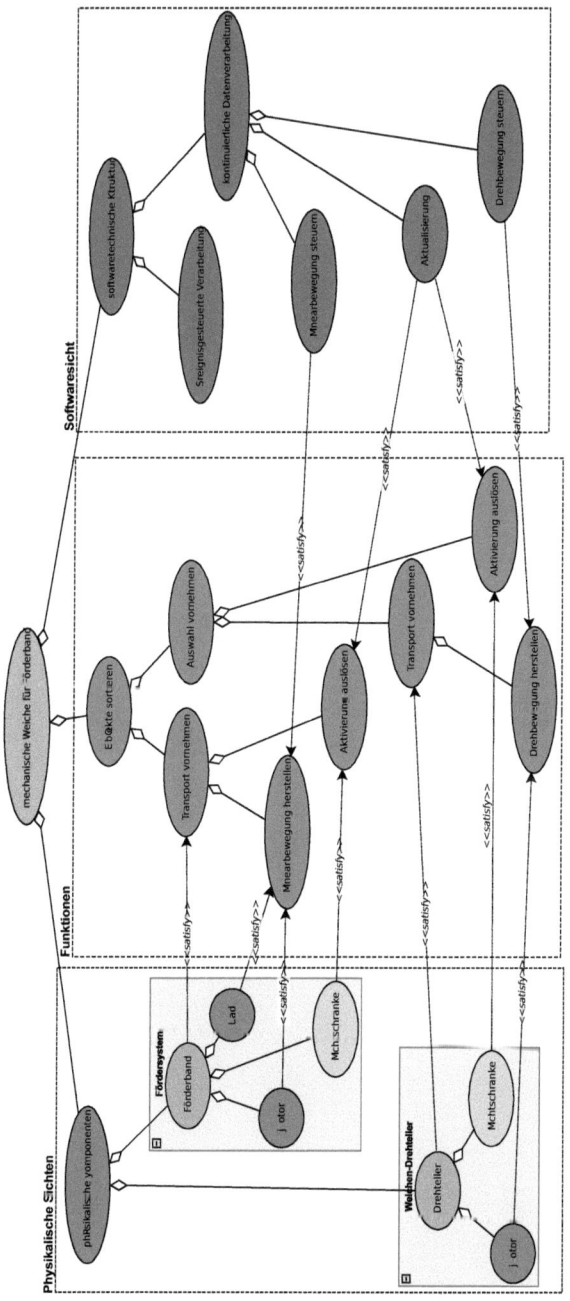

Abb. 7.4: Modell der Weicheneinheit B

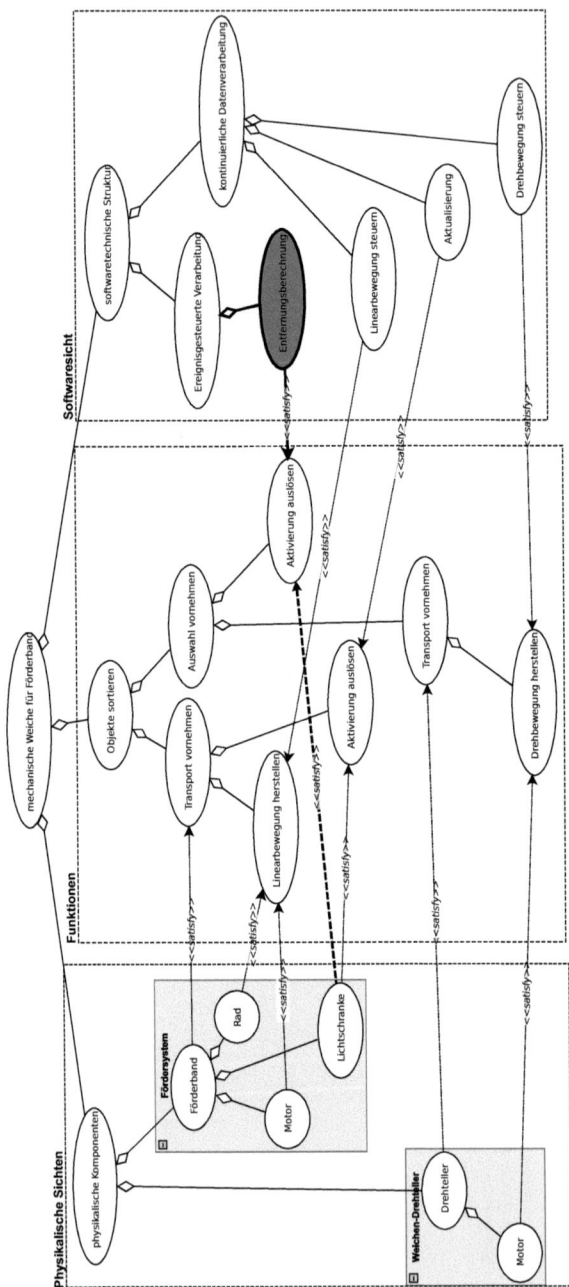

Abb. 7.5: Änderungsauswertung in der Sicht A nach B

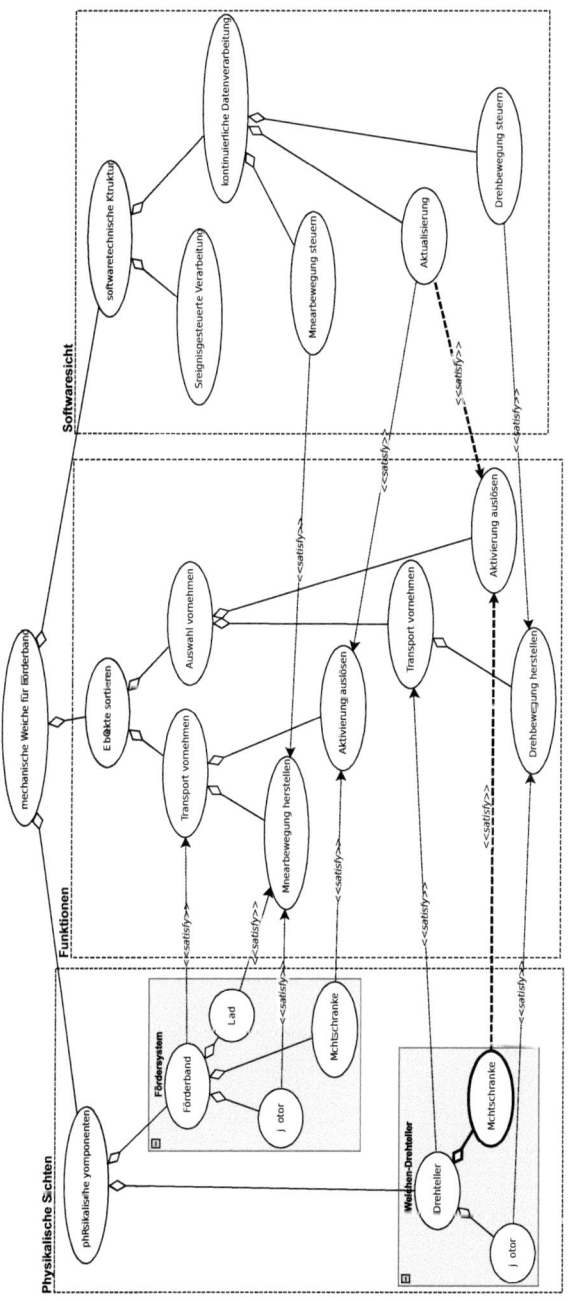

Abb. 7.6: Änderungsauswertung in der Sicht B nach A

Literaturverzeichnis

[ADEK05] ARNOLD, V.; DETTMERING, H.; ENGEL, T. ; KARCHER, A.: *Product Lifecycle Management beherrschen. Ein Anwenderhandbuch für den Mittelstand.* Springer Verlag, Heidelberg, 2005 (Zitiert auf Seiten 75, 80, 87 und 89)

[AK97] AHLEMEYER, H.-W.; KOENIGSWIESER, R.: *Komplexität Managen - Strategien, Konzepte und Fallbeispiele.* Betriebswirtschaftlicher Verlag Gabler, Wiesbaden, 1997 (Zitiert auf Seiten 3 und 18)

[AKRS06] AMELUNXEN, C.; KONIGS, A.; ROTSCHKE, T. ; SCHÜRR, A.: MOFLON: A standard-compliant metamodeling framework with graph transformations. In: *Lecture Notes In Computer Science* 4066 (2006), S. 361 (Zitiert auf Seiten 68 und 69)

[AL01] ANTON, O.; LERCHER, B.: Mechatronik: Integrator von CAx- und PDM-Tools? In: *it 10/2001* (2001) (Zitiert auf Seite 49)

[AP03] ALANEN, M.; PORRES, I.: Difference and union of models. In: *UML 2003 - The unified modeling language: Modeling languages and applications: 6th international Conference, San Francisco, CA, USA, October 20-24, 2003* Springer Verlag, 2003, S. 2 (Zitiert auf Seiten 116 und 118)

[ARS05] AMELUNXEN, C.; RÖTSCHKE, T. ; SCHÜRR, A.: Graph Transformations with MOF 2.0. In: *Fujaba Days* (2005) (Zitiert auf Seite 69)

[ATAF+09] ANABY-TAVOR, A.; AMID, D.; FISHER, A.; OSSHER, H.; BELLAMY, R.; CALLERY, M.; DESMOND, M.; KRASIKOV, S.; ROTH, T.; SIMMONDS, I. u. a.: An Empirical Study of Enterprise Conceptual Modeling. In: *Conceptual Modeling-ER 2009* (2009), S. 55–69 (Zitiert auf Seiten 68, 71 und 73)

[Bae05] BAERISCH, S.: Versionskontrollsysteme in der Softwareentwicklung / GESIS. Informationszentrum Sozialwissenschaften der Arbeitsgemeinschaft Sozialwissenschaftlicher Institute e.V. (ASI). IZ-Arbeitsbericht Nr. 36. 2005. – Forschungsbericht (Zitiert auf Seite 115)

[Bal96] BALZERT, Helmut: *Lehrbuch der Software-Technik: Software Entwicklung.* Heidelberg, Berlin, Oxford : Spektrum Akademischer Verlag, 1996 (Lehrbücher der Informatik) (Zitiert auf Seite 11)

[Bal98] BALZERT, H.: *Lehrbuch der Software-Technik: Software Management, Software-Qualitätssicherung,Unternehmensmodellierung.* Heidelberg, Berlin : Spektrum Akademischer Verlag, 1998 (Lehrbücher der Informatik) (Zitiert auf Seite 11)

[Bar08] BARTELT, C.: An Optimistic Three-way Merge Based on a Meta-Model Independent Modularization of Models to Support Concurrent Evolution. In: *MODSE '08: Proceedings of the 2nd Workshop on Model-Driven Software Evolution.* IEEE (Zitiert auf Seite 72)

Literaturverzeichnis

[Bar09] BARTELT, C.: Inconsistency Analysis at Integration of Evolving Domain Specific Models based on OWL. In: *Proceedings of Workshop Models and Evolution (ModSE-MCCM 2009) at 12th International Conference on Model Driven Engineering Languages and Systems (MODELS'09)* (Zitiert auf Seite 69)

[Bas95] BASTIDE, R.: Approaches in unifying Petri nets and the object-oriented approach. In: *Proceedings of the 1st Workshop on Object-Oriented Programming and Models of Concurrency* Citeseer, 1995 (Zitiert auf Seite 39)

[BCVH+03] BILLINGTON, J.; CHRISTENSEN, S.; VAN HEE, K.; KINDLER, E.; KUMMER, O.; PETRUCCI, L.; POST, R.; STEHNO, C. ; WEBER, M.: The Petri net markup language: Concepts, technology, and tools. In: *Applications and Theory of Petri Nets 2003: 24th International Conference, ICATPN 2003, Eindhoven, The Netherlands, June 23-27, 2003. Proceedings* Springer, 2003, S. 1023-1024 (Zitiert auf Seite 39)

[BD09] BRUEGGE, B.; DUTOIT, A.H.: *Object-oriented software engineering: using UML, patterns, and Java*. Prentice Hall, 2009 (Zitiert auf Seiten 34, 81 und 82)

[BDK+05] BENDER, K.; DOMINKA, S.; KOÇ, A.; PÖSCHL, M.; RUSS, M. ; STÜTZEL, B.: *Embedded Systems – qualitätsorientierte Entwicklung*. 1. Auflage. Berlin; Heidelberg; New York : Springer, 2005 (Zitiert auf Seiten ix, x, xi, 1, 2, 8, 9, 11, 12, 14, 77, 125 und 183)

[BEH+02] BRANDES, U.; EIGLSPERGER, M.; HERMAN, I.; HIMSOLT, M. ; MARSHALL, M.S.: GraphML progress report: Structural layer proposal. In: *Lecture notes in computer science* 2265 (2002), S. 501-512 (Zitiert auf Seiten 109, 110 und 111)

[BEL10] BRANDES, U.; EIGLSPERGER, M. ; LERNER, J.: *The GraphML Primer*. http://graphml.graphdrawing.org/primer/graphml-primer.html. Version: Juli 2010 (Zitiert auf Seiten 109, 110 und 111)

[BFF98] BLANCHARD, B.S.; FABRYCKY, W.J. ; FABRYCKY, W.J.: Systems engineering and analysis. (1998) (Zitiert auf Seite 67)

[BFK+06] BIRBAUMER, N.; FREY, D.; KUHL, J.; ZIMOLONG, B. ; KONRADT, U.: *Enzyklopädie der Psychologie: Ingenieurpsychologie, Themenbereich D, Serie III: Wirtschafts-, Organisations- und Arbeitspsychologie,Band 2*. Hogrefe & Huber, Hogrefe-Verlag, Göttingen, 1. Aufl. (Juli 2006), 2006 (Zitiert auf Seite 73)

[BG09] BRÜCKMANN, T.; GRUHN, V.: Modellierung und Qualitätssicherung von UML-Modellen der Geschäftslogik von Informationssystemen. In: *Gesellschaft für Informatik (GI)* (2009), S. 75 (Zitiert auf Seite 70)

[BGH+98] BREU, R.; GROSU, R.; HUBER, F.; RUMPE, B. ; SCHWERIN, W.: Systems, views and models of UML. In: *The Unified Modeling Language, Technical Aspects and Applications* (1998), S. 93-109 (Zitiert auf Seiten 34, 70 und 105)

[BH06] BARTELT, C.; HEROLD, S.: Modellorientiertes Variantenmanagement. In: *Mayr, H. C. und Breu, R. (Herausgeber): Modellierung* (2006), S. 172-182 (Zitiert auf Seite 116)

[Bis02] BISHOP, R. H.: *The mechatronics handbook*. CRC Press, 2002 (Zitiert auf Seiten 8, 14 und 15)

[Bis06] BISHOP, R. H.: *Mechatronics: an introduction*. CRC Press, 2006 (Zitiert auf Seiten 8, 14 und 15)

Literaturverzeichnis

[BKH05] BORN, M.; KATH, O. ; HOLZ, E.: *Softwareentwicklung mit UML 2: Die "neuen" Entwurfstechniken UML 2, MOF 2 und MDA*. Pearson Education, 2005 (Zitiert auf Seite 34)

[BKL01] BAUMANN, R.; KAUFMANN, U. ; LEEMHUIS, H.: Funktionsorientiertes Entwerfen / Innovative Gestaltungswerkzeuge. iViP Fortschrittsbericht. April 2001. 2001. – Forschungsbericht (Zitiert auf Seiten 57, 58 und 183)

[BLP04] BÜHNE, S.; LAUENROTH, K. ; POHL, K.: Why is it not sufficient to model requirements variability with feature models? In: *Proceedings of Workshop: Automotive Requirements Engineering (AURE04)*. IEEE Computer Society Press, Los Alamitos, CA, USA Citeseer, 2004 (Zitiert auf Seiten 60, 61 und 183)

[BLP05] BÜHNE, S.; LAUENROTH, K. ; POHL, K.: Modelling requirements variability across product lines. In: *13th IEEE International Conference on Requirements Engineering, 2005. Proceedings*, 2005, S. 41–50 (Zitiert auf Seite 60)

[BMA89] BUUR, J.; MYRUP ANDREASEN, M.: Design models in mechatronic product development. In: *Design Studies* 10 (1989), Nr. 3, S. 155–162 (Zitiert auf Seite 46)

[BME+07] BOOCH, G.; MAKSIMCHUK, R.; ENGLE, M.; YOUNG, B.; CONALLEN, J. ; HOUSTON, K.: *Object-oriented analysis and design with applications*. Addison-Wesley Professional, 2007 (Zitiert auf Seiten x, 34, 80, 81 und 82)

[Bre01] BRETZ, E. A.: By-wire cars turn the corner. In: *IEEE Spectrum* 38 (2001), Nr. 4, S. 68–73 (Zitiert auf Seite 10)

[Bro98] BRODBECK, K. H.: *Die fragwürdigen Grundlagen der Ökonomie*. Wissenschaftliche Buchgesellschaft, 1998 (Zitiert auf Seite 2)

[BRS95] BECKER, J.; ROSEMANN, M. ; SCHÜTTE, R.: Grundsätze ordnungsgemäßer Modellierung. In: *Wirtschaftsinformatik* 37 (1995), Nr. 5, S. 435–445 (Zitiert auf Seite 70)

[BSP09] BOTTERWECK, G.; SCHNEEWEISS, D. ; PLEUSS, A.: Interactive techniques to support the configuration of complex feature models. In: *MDPLE'2009. 1st International Workshop on Model-Driven Product Line Engineering. CTIT PROCEEDINGS* Citeseer, 2009, S. 1 (Zitiert auf Seite 60)

[BTG04] BURMESTER, S.; TICHY, M. ; GIESE, H.: Modeling Reconfigurable Mechatronic Systems with Mechatronic UML. In: *Proc. of Model Driven Architecture: Foundations and Applications. MDAFA 2004* Citeseer, 2004 (Zitiert auf Seite 34)

[Buu90] BUUR, J.: *A theoretical approach to mechatronics design*. Institute for Engineering Design, Technical University of Denmark, 1990 (Zitiert auf Seiten 46, 47 und 183)

[CA05] CZARNECKI, K.; ANTKIEWICZ, M.: Mapping features to models: A template approach based on superimposed variants. In: *Generative Programming and Component Engineering* Springer, 2005, S. 422–437 (Zitiert auf Seite 60)

[CAM02] COBÉNA, G.; ABITEBOUL, S. ; MARIAN, A.: Detecting changes in XML documents. In: *icde* Published by the IEEE Computer Society, 2002, S. 0041 (Zitiert auf Seite 118)

[Cap86] CAPURRO, R.: *Hermeneutik der Fachinformation*. Verlag K. Alber, Freiburg, München, 1986 (Zitiert auf Seite 72)

[CE93]   CLAUS, V.; ENGESSER, H.: *Duden: Informatik: Ein Fachlexikon für Studium und Praxis.*
           Dudenverlag, Mannheim, 1993 (Zitiert auf Seiten xi und 13)

[CNP+08]   CAWLEY, C.; NESTOR, D.; PREUßNER, A.; BOTTERWECK, G. ; THIEL, S.: Interactive visualisation to
           support product configuration in software product lines. In: *Proc. of the Second International
           Workshop on Variability Modeling of Software-Intensive Systems, Essen, Germany, ICB-Research
           Report*, 2008, S. 7–16 (Zitiert auf Seite 60)

[Con05]   CONRAD, K.J.: *Grundlagen der Konstruktionslehre.* Hanser, 2005 (Zitiert auf Seite 77)

[CRGMW96] CHAWATHE, S. S.; RAJARAMAN, A.; GARCIA-MOLINA, H. ; WIDOM, J.: Change detection in
           hierarchically structured information. In: *Proceedings of the 1996 ACM SIGMOD international
           conference on Management of Data* ACM, 1996, S. 493–504 (Zitiert auf Seite 118)

[Czi07]   CZICHOS, H.: *Mechatronik: Grundlagen und Anwendungen technischer Systeme.* Vieweg Friedr.+
           Sohn Ver, 2007 (Zitiert auf Seiten 10 und 183)

[DB07]   DANILOVIC, M.; BROWNING, T.R.: Managing complex product development projects with design
           structure matrices and domain mapping matrices. In: *International Journal of Project
           Management* 25 (2007), Nr. 3, S. 300–314 (Zitiert auf Seiten 18 und 40)

[DBDK04]   DICKINSON, P.J.; BUNKE, H.; DADEJ, A. ; KRAETZL, M.: Matching graphs with unique node labels.
           In: *Pattern Analysis & Applications* 7 (2004), Nr. 3, S. 243–254 (Zitiert auf Seite 116)

[Det07]   DETTMERING, J. H.: *Disziplinübergreifendes Datenmanagement im automobilen
           Entwicklungsprozess*, TU München, Diss., 2007 (Zitiert auf Seiten 19, 21, 22, 23 und 79)

[DH02]   DAENZER, W.F.; HUBER, F.: *Systems–Engineering: Methodik und Praxis.* Verlag Industrielle
           Organisation, Zürich, 2002 (Zitiert auf Seiten 13 und 80)

[DI04]   DEUTSCHE INDUSTRIEBANK, AG: *Märkte im Fokus: Maschinenbau in Deutschland –
           Traditionsbranche mit hoher Innovationskraft.* IKB Report, 2004 (Zitiert auf Seite 1)

[Die06]   DIESTEL, R.: *Graphentheorie.* Springer, Heidelberg, 2006
           (Zitiert auf Seiten ix, x, xi, 98, 99 und 100)

[DIN54]   DIN: DIN 19226-1: Regelungstechnik, Benennungen, Begriffe / Deutsches Institut für Normung
           (DIN). Beuth-Verlag,Berlin. 1954. – Forschungsbericht (Zitiert auf Seiten xi, xii und 13)

[DIN77]   DIN: DIN199/2. DIN 199: Begriffe im Zeichnungs- und Stücklistenwesen: Teil 2 Stücklisten /
           Deutsches Institut für Normung (DIN). Beuth-Verlag,Berlin. 1977. – Forschungsbericht
           (Zitiert auf Seite 87)

[DIN04]   DIN: DIN ISO 10007 / Deutsches Institut für Normung (DIN). Beuth Verlag, Berlin. 2004. –
           Forschungsbericht (Zitiert auf Seite 79)

[DUD88]   DUDEN: *Duden: Informatik.* Dudenverlag, Mannheim, 1988 (Zitiert auf Seiten x und 72)

[Due05]   DUECHTING, C.: *Aufbau eines freigabe- und kommunikationsbasierten Assistenzsystems im
           Produktentstehungsprozess*, Universität Dortmund, Diss., 2005 (Zitiert auf Seite 18)

[Dut94]   DUTKE, S.: *Mentale Modelle: Konstrukte des Wissens und Verstehens.* Verlag für angewandte
           Psychologie, 1994 (Zitiert auf Seite 73)

Literaturverzeichnis

[EGK+02] ELLSON, J.; GANSNER, E.; KOUTSOFIOS, L.; NORTH, S. ; WOODHULL, G.: Graphviz – open source graph drawing tools. In: *Graph Drawing* Springer, 2002, S. 594–597 (Zitiert auf Seite 109)

[Ehr07] EHRLENSPIEL, K.: *Integrierte Produktentwicklung: Denkabläufe, Methodeneinsatz, Zusammenarbeit*. Hanser Verlag, 2007 (Zitiert auf Seite 2)

[EJN97] ESSER, R.; JANNECK, J.W. ; NAEDELE, M.: Applying an object-oriented petri net language to heterogeneous systems design. In: *IN PROCEEDINGS OF WORKSHOP PNSE'97, PETRI NETS IN SYSTEM ENGINEERING* Citeseer, 1997 (Zitiert auf Seite 38)

[EMPL06] EICHINGER, M.; MAURER, M.; PULM, U. ; LINDEMANN, U.: Extending Design Structure Matrices and Domain Mapping Matrices by Multiple Design Structure Matrices. In: *Proceedings of ESDA*, 2006 (Zitiert auf Seite 78)

[FKM+00] FLATH, M.; KESPOHL, H. D.; MÖHRINGER, S.; OBERSCHELP, O. ; GAUSEMEIER, J.; LÜCKEL, J. (Hrsg.): *HNI-Verlagsschriftenreihe, Paderborn*. Bd. 80: *Entwicklungsumgebungen Mechatronik – Methoden und Werkzeuge zur Entwicklung mechatronischer Systeme*. Paderborn, 2000 (Zitiert auf Seiten 34 und 41)

[FMS08] FRIEDENTHAL, S.; MOORE, A. ; STEINER, R.: *A Practical Guide to SysML: Systems Model Language*. Morgan Kaufmann, 2008 (Zitiert auf Seite 82)

[FNSC10] FRIEDRICH, M.; NAß, A. ; SCHMIDT-COLINET, J.: Funktionsorientierte Modellierung von Wirkzusammenhängen zur Beherrschung von Veränderungen mechatronischer Produkte. In: *U. Jumar (Hrsg): EKA 2010. 11. Fachtagung Entwurf komplexer Automatisierungssysteme, Magdeburg, Deutschland, 25. - 27. Mai 2010* (2010) (Zitiert auf Seiten 4 und 15)

[Fra06] FRANK, U.: *Spezifikationstechnik zur Beschreibung der Prinziplösung selbstoptimierender Systeme*, Universität Paderborn, Heinz Nixdorf Institut, Diss., 2006 (Zitiert auf Seiten 2, 3, 4, 34, 41, 50, 52, 53, 54, 66, 67, 68, 69, 81, 85, 156 und 180)

[Fue04] FUEST, V.: "Alle reden von Interdisziplinarität, aber keiner tut es". Anspruch und Wirklichkeit interdisziplinären Arbeitens in Umweltforschungsprojekten. UNIVERSITASonline, 2004. – Forschungsbericht (Zitiert auf Seiten 2 und 19)

[FW95] FRÖHLICH, M.; WERNER, M.: Demonstration of the interactive graph visualization system da Vinci. In: *Graph Drawing* Springer, 1995, S. 266–269 (Zitiert auf Seite 109)

[Gau06] GAUSEMAIER, Dr.-Ing. J.: Domänenübergreifende Vorgehensmodelle. In: *TransMechatronic.de* (2006) (Zitiert auf Seite 12)

[Geh05] GEHRKE, M.: *Entwurf mechatronischer Systeme auf Basis von Funktionshierarchien und Systemstrukturen*, Universität Paderborn, Diss., 2005 (Zitiert auf Seiten 58, 59, 83 und 183)

[GF06] GAUSEMEIER, J.; FELDMANN, K.: *Integrative Entwicklung räumlicher elektronischer Baugruppen*. Hanser Verlag, 2006 (Zitiert auf Seiten 34 und 41)

[GFC04] GHONIEM, M.; FEKETE, J. ; CASTAGLIOLA, P.: A comparison of the readability of graphs using node-link and matrix-based representations.(InfoVis' 04). In: *Proceedings of the IEEE* (2004), S. 17–24 (Zitiert auf Seiten 100, 157 und 159)

[GFG+05] GAUSEMEIER, J.; FRANK, U.; GIESE, H.; KLEIN, F.; SCHMIDT, A.; STEFFEN, D. , TICHY, M.: A Design Methodology for Self-Optimizing Systems. In: *Automation, Assistance and Embedded Real Time Platforms for Transportation (AAET2005)* 16 (2005), S. 17 (Zitiert auf Seite 52)

Literaturverzeichnis

[GFSS06] GAUSEMEIER, J.; FRANK, U.; SCHMIDT, A. ; STEFFEN, D.: Towards a Design Methodology for Self-Optimizing Systems. In: *Advances in Design* (2006), S. 61–71 (Zitiert auf Seite 52)

[GH05] GOSLING, J.; HOLMES, D.: *The Java programming language*. Addison-Wesley Reading, MA, 2005 (Zitiert auf Seite 129)

[GHJV09] GAMMA, E.; HELM, R.; JOHNSON, R. ; VLISSIDES, J.: *Entwurfsmuster: Elemente wiederverwendbarer objektorientierter Software*. Pearson Education, 2009 (Zitiert auf Seite 131)

[GHS07] GRÜN, C.; HOLUPIREK, A. ; SCHOLL, M. H.: Visually Exploring and Querying XML with BaseX. In: *Proc. of the 12th BTW Conference, Demo Tracks*, 2007, S. 629–632 (Zitiert auf Seite 130)

[GJS07] GEHRKE, M.; J., Meyer ; SCHÄFER, W.: Modellierung von Softwarekomponenten für mechatronische Systeme in UML auf Basis von Systemstrukturen. In: *5. Paderborner Workshop "Entwurf mechatronischer Systeme"* Bd. 210 HNI-Verlagsschriftenreihe Heinz Nixdorf Institut, Paderborn, 2007, S. S. 145–156 (Zitiert auf Seiten 12 und 58)

[GM] GAUSEMEIER, J.; MÖHRINGER, S.: Die neue Richtlinie VDI 2206: Entwicklungsmethodik für mechatronische Systeme. In: *VDI-Berichte*, S. 43–67 (Zitiert auf Seite 68)

[GM06] GÖTZ, A.; MAIER, T.: Design for Humans - Differenzierung und Integration von Konstruktion und Technischem Design in der Produktentwicklung. In: *In: 17: Symposium "Design for X". Erlangen: Lehrstuhl für Konstruktionstechnik, Friedrich-Alexander-Universität Erlangen*, 2006 (Zitiert auf Seite 77)

[GMS03] GRANDI, F.; MANDREOLI, F. ; SCALAS, M. R.: A formal model for temporal schema versioning in object-oriented databases. In: *Data and Knowledge Engineering* 46 (2003), Nr. 2, S. 123–168 (Zitiert auf Seite 116)

[GP10] GOASDUFF, L.; PETTEY, C.: *Gartner Says Worldwide Mobile Device Sales Grew 13.8 Percent in Second Quarter of 2010, But Competition Drove Prices Down*. http://www.gartner.com/it/page.jsp?id=1421013. Version: September 2010 (Zitiert auf Seite 150)

[Gra08] GRAF, P.: *Entwurf eingebetteter Systeme: Ausführbare Modelle und Fehlersuche*, Universität Fridericiana Karlsruhe Fakultät für Elektrotechnik und Informationstechnik, Diss., 2008 (Zitiert auf Seiten 71 und 92)

[GS04] GEISBERGER, E.; SCHMIDT, R.: *Abschlussbericht des Projekts ProMiS. Projektmanagement für interdisziplinäre Systementwicklungen. im Rahmen des Forschungsvorhabens des BMBF "Forschung für die Produktion von Morgen"*. VDMA Fachverband Software, Methoden und Verfahren, 2004 (Zitiert auf Seite 13)

[GV03] GIRAULT, C.; VALK, R.: *Petri nets for systems engineering*. Springer, 2003 (Zitiert auf Seiten 37, 38, 39 und 183)

[Hau04] HAUSCHILDT, J.: *Innovationsmanagement, 2., völlig überarbeitete und erweiterteAuflage*. 2004 (Zitiert auf Seite x)

[Her06] HERCZEG, M.: *Interaktionsdesign: Gestaltung interaktiver und multimedialer Systeme*. Oldenbourg Wissenschaftsverlag, 2006 (Zitiert auf Seiten 78, 80 und 183)

[HG02] HUANG, M.; GRABOWSKI, H.: *Funktionsmodellierung und Lösungsfindung mechatronischer Produkte*. Shaker Verlag, 2002 (Zitiert auf Seite 45)

[HGP98] HEIMANN, B.; GERTH, W. ; POPP, K.: *Mechatronik: Komponenten–Methoden–Beispiele*. München; Wien : Hanser, 1998 (Zitiert auf Seiten xi und 10)

[HGS09] HOLUPIREK, A.; GRÜN, C. ; SCHOLL, M. H.: BaseX & DeepFS joint storage for filesystem and database. In: *Proceedings of the 12th International Conference on Extending Database Technology: Advances in Database Technology* ACM, 2009, S. 1108–1111 (Zitiert auf Seite 130)

[Him96] HIMSOLT, M.: *GML—Graph Modelling Language*. 1996 (Zitiert auf Seite 109)

[HIS07] HIS: Requirements Interchange Format (RIF). Version 1.1a. Specification / Herstellerinitiative Software (HIS). 2007. – Forschungsbericht (Zitiert auf Seite 158)

[HM01] HERMAN, I.; MARSHALL, M.: GraphXML - An XML-based graph description format. In: *Graph Drawing* Springer, 2001, S. 33–66 (Zitiert auf Seite 109)

[Hol03] HOLLAENDER, K.: *Interdisziplinäre Forschung. Merkmale, Einflussfaktoren und Effekte*, Universität Köln. Philosophische Fakultät, Diss., 2003 (Zitiert auf Seite 24)

[HP98] HAREL, D.; POLITI, M.: *Modeling reactive systems with statecharts: the STATEMATE approach*. McGraw-Hill, Inc. New York, NY, USA, 1998 (Zitiert auf Seiten 41, 42 und 183)

[HR00] HAREL, D.; RUMPE, B.: Modeling languages: Syntax, semantics and all that stuff – part I: The basic stuff / Citeseer. 2000. – Forschungsbericht (Zitiert auf Seiten 32, 91 und 102)

[HSH09] HELMS, B.; SHEA, K. ; HOISL, F.: A Framework for Computational Design Synthesis Based on Graph-Grammars and Function-Behavior-Structure. In: *ASME IDETC* (2009) (Zitiert auf Seiten 53, 54, 55, 69, 85 und 183)

[Hua01] HUANG, M.: *Funktionsmodellierung und Lösungsfindung mechatronischer Produkte*, Universität Karlsruhe, Fakultät für Maschinenbau, Diss., 2001 (Zitiert auf Seiten 45, 46 und 183)

[Hub84] HUBKA, V.: *Theorie Technischer Systeme: Grundlagen einer wissenschaftlichen Konstruktionslehre*. Springer, 1984 (Zitiert auf Seiten x und 82)

[HW07] HEIDENREICH, F.; WENDE, C.: Bridging the gap between features and models. In: *2nd Workshop on Aspect-Oriented Product Line Engineering (AOPLE'07) co-located with the 6th International Conference on Generative Programming and Component Engineering (GPCE'07). Online Proceedings* Citeseer, 2007 (Zitiert auf Seite 60)

[Ise05] ISERMANN, Rolf: *Mechatronic Systems – Fundamentals*. Berlin; Heidelberg; New York : Springer, 2005 (Zitiert auf Seite 3)

[Ise07] ISERMANN, Rolf: *Mechatronische Systeme – Grundlagen*. Berlin; Heidelberg; New York : Springer, 2007 (Zitiert auf Seiten 8, 9, 10 und 183)

[ISO04] ISO: ISO 8601:2004 - Data elements and interchange formats - Information interchange - Representation of dates and times / International Standardizaton Organizatio, ISO/TC 154 - Prozesse, Datenelemente und Dokumente in Wirtschaft, Industrie und Verwaltung. 2004. – Forschungsbericht (Zitiert auf Seite 117)

[Jan09] JANSCHEK, K.: *Systementwurf mechatronischer Systeme*. Springer, 2009 (Zitiert auf Seiten x, 74, 75, 82, 83 und 124)

[JB08] JANOTA, M.; BOTTERWECK, G.: Formal approach to integrating feature and architecture models. In: *Lecture Notes in Computer Science* 4961 (2008), S. 31 (Zitiert auf Seiten 19 und 84)

175

[JDE08] JUHRISCH, M.; DIETZ, G. ; ESSWEIN, W.: Generische Einschränkung der Modellierungsfreiheit in fachkonzeptuellen Modellen. In: *MobIS 2008* (2008), S. 95 (Zitiert auf Seite 70)

[JLB91] JOHNSON-LAIRD, P.N.; BYRNE, R.M.J.: *Deduction*. Erlbaum Hillsdale, NJ, 1991 (Zitiert auf Seite 73)

[Joc01] JOCHEM, R.: *Integrierte Unternehmensplanung auf der Basis von Unternehmensmodellen*, Institut für Werkzeugmaschinen und Fabrikbetrieb. Technische Universität Berlin. Fraunhofer-Institut für Produktionsanlagen und Konstruktionstechnik, IPK Berlin., Diss., 2001 (Zitiert auf Seite 14)

[K+97] KAISER, J. u. a.: Integrated Computer Aided Project Engineering. In: *World Congress for Railway Research*, 1997 (Zitiert auf Seite 84)

[Kal98] KALLMEYER, F.: *Eine Methode zur Modellierung prinzipieller Lösungen mechatronischer Systeme*, Universität Paderborn, Fakultät für Maschinenbau, Diss., 1998 (Zitiert auf Seiten 49, 50, 52, 58, 124 und 183)

[KE06] KEMPER, A.; EICKLER, A.: *Datenbanksysteme: Eine Einführung*. Oldenbourg Wissenschaftsverlag, 2006 (Zitiert auf Seiten 36, 72, 90 und 183)

[Kel07] KELTER, U.: Begriffliche Grundlagen von Modelldifferenzen. In: *Vergleich und Versionierung von UML-Modellen (VVUM'07)* (2007) (Zitiert auf Seite 88)

[KK02] KARAGIANNIS, D.; KÜHN, H.: Metamodelling platforms. In: *Lecture Notes in Computer Science* (2002), S. 182–182 (Zitiert auf Seiten 90, 91, 92, 103, 122, 123 und 184)

[KMP06] KOKKOLARAS, M.; MOURELATOS, Z.P. ; PAPALAMBROS, P.Y.: Design optimization of hierarchically decomposed multilevel systems under uncertainty. In: *Journal of Mechanical Design* 128 (2006), S. 503 (Zitiert auf Seiten 18 und 80)

[KR08] KLEPPE, A.; RENSINK, A.: A Graph-Based Semantics for UML Class and Object Diagrams. In: *Proceedings of the 7th International Workshop on Graph Transformation and Visual Modelling Techniques (GT-VMT'08)*, 2008 (Zitiert auf Seite 105)

[KS86] KUNG, C. H.; SOLVBERG, A.: Activity modeling and behavior modeling of information systems'. In: *Olle, TW, Sol, HG and Verrijn-Stuart, A. A.(eds), Information Systems Design Methodologies: Improving the Practice, Amsterdam: North-Holland* (1986), S. 145–71 (Zitiert auf Seite 73)

[KWN05] KELTER, U.; WEHREN, J. ; NIERE, J.: A generic difference algorithm for UML models. In: *Software Engineering* (2005) (Zitiert auf Seiten 88, 118 und 119)

[L+07] LINDEMANN, U. u. a.: *Sonderforschungsbereich 768. Zyklenmanagement von Innovationsprozessen. Finanzierungsantrag 2008-2011*. 2007 (Zitiert auf Seiten 2 und 4)

[Lan03] LANZA, M.: Object-Oriented Reverse Engineering. Coarse-grained, Finegrained, and Evolutionary Software Visualization. In: *DNB Literaturverzeichnis, Institut für Informatik und angewandte Mathematik an der Philosophisch-naturwissenschaftlichen Fakultät* (2003) (Zitiert auf Seite 86)

[LGC09] LI, H.; GRINSTEIN, G. ; COSTELLO, L.: A Visual Canonical Adjacency Matrix for Graphs. In: *IEEE Pacific Visualization Symposium 2009, April 20–23, Bejing, China*, 2009 (Zitiert auf Seite 159)

[Lin00] LINDSAY, J.: *Information Systems: Fundamentals and Issues*. Kingston University, School of Information Systems, 2000 (Zitiert auf Seite 72)

[Lip00] LIPPOLD, C.: *Eine domänenübergreifende Konzeptionsumgebung für die Entwicklung mechatronischer Systeme*, Ruhr-Universität Bochum Lehrstuhl für Maschinenelemente und Konstruktionslehre, Diss., 2000 (Zitiert auf Seiten 69, 76 und 183)

[LMB09] LINDEMANN, U.; MAURER, M. ; BRAUN, T.: *Structural Complexity Management*. Springer-Verlag, Berlin, Heidelberg, 2009 (Zitiert auf Seiten 17, 39 und 40)

[LZG04] LIN, Y.; ZHANG, J. ; GRAY, J.: Model comparison: A key challenge for transformation testing and version control in model driven software development. In: *OOPSLA – Object-Oriented Programming, Systems, Languages, and Applications, OOPSLA & GPCE Workshop Best Practices for Model Driven Software Development (MDSD)* (2004) (Zitiert auf Seiten 115, 116, 118 und 120)

[Mar07] MARTI, M.: *Complexity Management: Optimizing Product Architecture of Industrial Products*, University of St. Gallen, Graduate School of Business Administration, Economics, Law and Social Sciences (HSG), Diss., 2007 (Zitiert auf Seite 39)

[MHS05] MERNIK, M; HEERING, J. ; SLOANE, A. M.: When and how to develop domain specific languages. In: *ACM Computing Surveys (CSUR)* 37 (2005), Nr. 4, S. 344 (Zitiert auf Seite 71)

[MM87] MARCA, D.A.; MCGOWAN, C.L.: *SADT: structured analysis and design technique*. McGraw-Hill, Inc. New York, NY, USA, 1987 (Zitiert auf Seite 37)

[Moo09] MOODY, D.L.: The "Physics" of Notations: Toward a Scientific Basis for Constructing Visual Notations in Software Engineering. In: *IEEE Transactions on Software Engineering* (2009), S. 756–779 (Zitiert auf Seiten 69, 102, 103, 104 und 105)

[MSB+03] MOODY, D. L.; SINDRE, G.; BRASETHVIK, T. u. a.: Evaluating the quality of information models: empirical testing of a conceptual model quality framework. (2003) (Zitiert auf Seiten 157 und 158)

[MSW10] MÜLLER, N.; SCHLUND, S. ; WINZER, P.: Modellierung komplexer mechatronischer Systeme anhand des Demand Compliant Design. In: *Jumar, U.; Schnieder, E.; Diedrich, C. (Hrsg.) : Entwurf komplexer Automatisierungssysteme - EKA 2010, ifak Magdeburg*, 2010 (Zitiert auf Seiten 55, 56 und 183)

[Obe04] OBERMAIER, C.: *Mentale Modelle und kognitive Täuschungen*. Arbeitspapier, Universität Koblenz, 2004 (Zitiert auf Seite 24)

[Ohs04a] OHST, D.: *Differenz-und Mischwerkzeuge für UML*. 2004 (Zitiert auf Seiten 88, 89, 114 und 158)

[Ohs04b] OHST, D.: *Versionierungskonzepte mit Unterstützung für Differenz- und Mischwerkzeuge*, Universität Siegen Fachbereich 12, Informatik, Diss., 2004 (Zitiert auf Seiten 88, 89, 117, 118, 119 und 158)

[Oli07] OLIVÉ, A.: *Conceptual modeling of information systems*. Springer-Verlag New York Inc., 2007 (Zitiert auf Seiten ix, 71, 72, 74, 76, 80, 81, 105 und 183)

[OMG05] OMG: Meta Object Facility (MOF) Specification / Object Management Group (OMG). 2005. – Forschungsbericht (Zitiert auf Seiten xi, 91, 92, 93 und 96)

[OMG06] OMG: Meta Object Facility (MOF) Core Specification, Version 2.0 / Object Management Group. 2006. – Forschungsbericht (Zitiert auf Seiten xi, 91, 92, 93, 94, 96 und 184)

[OMG07a] OMG: Meta Object Facility (MOF) Versioning and Development Lifecycle Specification, Version 2.0 / Object Management Group (OMG). 2007. – Forschungsbericht (Zitiert auf Seiten 80, 92, 93, 94, 96 und 184)

[OMG07b] OMG: MOF 2.0/XMI Mapping, Version 2.1.1 / Object Management Group (OMG). 2007. – Forschungsbericht (Zitiert auf Seiten 94, 96 und 184)

[OMG08] OMG: Systems Modeling Language (OMG SysML), Version 1.1 / Object Management Group (OMG). 2008. – Forschungsbericht (Zitiert auf Seiten 35, 80, 81, 82 und 106)

[OMG09a] OMG: OMG Unified Modeling Language TM (OMG UML), Infrastructure, Version 2.2 / Object Management Group, OMG. 2009. – Forschungsbericht (Zitiert auf Seiten 34, 80, 81, 105 und 106)

[OMG09b] OMG: OMG Unified Modeling Language TM (OMG UML), Superstructure, Version 2.2 / Object Management Group, OMG. 2009. – Forschungsbericht (Zitiert auf Seiten 34, 80, 81, 105 und 106)

[Ope10] http://wiki.openmoko.org/wiki/Main_Page (Zitiert auf Seite 150)

[OWK03] OHST, D.; WELLE, M. ; KELTER, U.: Differences between versions of UML diagrams. In: *ACM SIGSOFT Software Engineering Notes* 28 (2003), Nr. 5, S. 236 (Zitiert auf Seiten 115, 118 und 120)

[Ozk06] OZKAYA, I.: Representing requirement relationships. In: *First International Workshop on Requirements Engineering Visualization (REV'06). IEEE Computer Society*, IEEE Computer Society, 2006 (Zitiert auf Seite 82)

[Pat08] PATIG, S.: A practical guide to testing the understandability of notations. In: *Proceedings of the fifth on Asia-Pacific conference on conceptual modelling-Volume 79* Australian Computer Society, Inc. Darlinghurst, Australia, Australia, 2008, S. 49–58 (Zitiert auf Seite 157)

[PBFG97] PAHL, G.; BEITZ, W.; FELDHUSEN, J. ; GROTE, K.H.: *Konstruktionslehre*. Springer, 1997 (Zitiert auf Seiten 11, 77, 79 und 124)

[PBFG05] PAHL, G.; BEITZ, W.; FELDHUSEN, J. ; GROTE, K.H.: *Konstruktionslehre: Grundlagen erfolgreicher Produktentwicklung. Methoden und Anwendung*. Springer, 2005 (Zitiert auf Seiten 2, 4 und 77)

[PCW06] PARNAS, D.L.; CLEMENTS, P.C. ; WEISS, D.M.: The modular structure of complex systems. In: *Software Engineering, IEEE Transactions on* (2006), Nr. 3, S. 259–266 (Zitiert auf Seite 80)

[PK10] PUNIN, J.; KRISHNAMOORTHY, M.: *XGMML (eXtensible Graph Markup and Modeling Language)*. http://www.cs.rpi.edu/~puninj. Version: Juli 2010 (Zitiert auf Seite 109)

[PL08] PONN, J.; LINDEMANN, U.: *Konzeptentwicklung und Gestaltung technischer Produkte. OptimierteProdukte – systematisch von Anforderungen zu Konzepten*. Springer Verlag, 2008 (Zitiert auf Seiten 11 und 83)

[PP05] PILONE, D.; PITMAN, N.: *UML 2.0 in a Nutshell*. O'Reilly Media, Inc., 2005 (Zitiert auf Seite 34)

[PTN+07] PIETREK, G.; TROMPETER, J.; NIEHUES, B.; KAMANN, T.; HOLZER, B.; KLOSS, M.; THOMS, K.; BELTRAN, J. C. F. ; MORK, S.: *Modellgetriebene Softwareentwicklung*. Trompeter, J.. Entwickler. Press, Siegen, 2007 (Zitiert auf Seite 108)

Literaturverzeichnis

[RAL01a] REINHART, G.; ANTON, O. ; LERCHER, B.: Funktionsorientiertes Sichtenmodell für die Entwicklung mechatronischer Systeme. In: *VDI-Z Integrierte Produktion. Düsseldorf* 12/2001 (2001) (Zitiert auf Seiten 49, 51 und 183)

[RAL01b] REINHART, G.; ANTON, O. ; LERCHER, B.: Störungsmodellierung auf Basis eines integrierten Produktmodells. In: *Zeitschrift für wirtschaftlichen Fabrikbetrieb* 11/2001 (2001) (Zitiert auf Seite 49)

[RAL02] REINHART, G.; ANTON, O. ; LERCHER, B.: Sichtenorientierte Störungsmodellierung an Werkzeugmaschinen. In: *Industrie-Manager* 01/2002 (2002) (Zitiert auf Seite 49)

[RGMG04] REICHMANN, C.; GRAF, P. ; MÜLLER-GLASER, K. D.: Automatisierte Modellkopplung heterogener eingebetteter Systeme. In: *Eingebettete Systeme: Fachtagung der GI-fachgruppe Real-time, Echtzeitsysteme und Pearl, Boppard, 25./26. November 2004* (2004), S. 81 (Zitiert auf Seite 69)

[RMG06] ROSADO, L.; MÁRQUEZ, A. ; GONZÁLEZ, J.: Representing versions in xml documents using versionstamp. In: *Advances in Conceptual Modeling-Theory and Practice* (2006), S. 257–267 (Zitiert auf Seite 115)

[RMG07] ROSADO, L. J. A.; MÁRQUEZ, A. P. ; GIL, J. M.: Managing Branch Versioning in Versioned/Temporal XML Documents. In: *Database and XML technologies: 5th International XML Database Symposium, XSym 2007, Vienna, Austria, September 23-24, 2007: proceedings* Springer-Verlag New York Inc, 2007, S. 107 (Zitiert auf Seite 116)

[Ros77] Ross, D.T.: Structured analysis (SA): A language for communicating ideas. In: *IEEE Transactions on software engineering* (1977), S. 16–34 (Zitiert auf Seiten 37, 38 und 183)

[Rup04] RUPP, Chris: *Requirements Engineering und –management*. 3. Auflage. München ; Wien : Hanser, 2004 (Zitiert auf Seite 158)

[Rus07] Russ, M.: *Virtueller Funktions-Prüfstand für softwareintensive mechatronische Produkte*, Technische Universität München, Diss., 2007 (Zitiert auf Seiten xi, xii, 9, 10 und 183)

[Sch99] SCHNIEDER, E.: *Methoden der Automatisierung: Beschreibungsmittel, Modellkonzepte und Werkzeuge für Automatisierungssysteme*. Vieweg Friedrich + Sohn Verlag, 1999 (Zitiert auf Seiten ix, 2, 3, 13, 15, 20, 21, 75 und 124)

[Sch07] SCHMIDT, M.: SiDiff: generische, auf Ähnlichkeiten basierende Berechnung von Modelldifferenzen. In: *Positionspapier für den SE2007-Workshop "Vergleich und Versionierung von UML-Modellen"* Bd. 27, 2007 (Zitiert auf Seiten 69 und 88)

[SCJ98] SCHNIEDER, E.; CHOUIKHA, M. ; JANHSEN, A.: Klassifikation und Bewertung von Beschreibungsmitteln für die Automatisierungstechnik. In: *at–Automatisierungstechnik* 46/98 (12) (1998), S. S. 582 ff. (Zitiert auf Seiten ix, 13, 25, 66, 68, 73, 83, 91, 103 und 122)

[SDB03] SCHOPHAUS, M.; DIENEL, H.L. ; BRAUN, C.F. von: Von Brücken und Einbahnstrassen. Aufgaben für das Kooperationsmanagement interdisziplinärer Forschung / Discussion Paper. 2003. – Forschungsbericht (Zitiert auf Seite 19)

[SFB+00] SCHÄTZ, B.; FAHRMAIR, M.; BEECK, M. von d.; JACK, P.; KESPOHL, H.; KOC, A.; LICCARDI, B.; SCHEERMESER, S. ; ZÜNDORF, A.: Entwicklung, Produktion und Service von Software für eingebettete Systeme in der Produktion / Abschlussbericht der vordringlichen Aktion des Bundesministeriums für Bildung und Forschung. 2000. – Forschungsbericht (Zitiert auf Seiten ix, x, 16, 24 und 25)

Literaturverzeichnis

[SFB07] SFB768: *Sonderforschungsbereich 768 - Zyklenmanagement von Innovationsprozessen. Verzahnte Entwicklung von Leistungsbündeln auf Basis technischer Produkte. Finanzierungsantrag 2008-2011. TU München. 2007.* 2007 (Zitiert auf Seiten xii, 8, 21 und 22)

[SLVH09] SIM, T. Y.; LI, F. ; VOGEL-HEUSER, B.: Benefits of an Interdisciplinary Modular Concept in Automation of Machine and Plant Manufacturing. In: *In: 13th IFAC Symposium on Information Control Problems in Manufacturing (INCOM), Moskau* (2009) (Zitiert auf Seiten 3, 145, 146 und 184)

[SMB09] STEINHEIDER, B.; MENOLD, N. ; BROMME, R.: Entwicklung und Validierung einer Skala zur Erfassung von Wissensintegrationsproblemen in interdisziplinären Projektteams (WIP). In: *Zeitschrift für Arbeits-und Organisationspsychologie A&O* 53 (2009), Nr. 3, S. 121–130 (Zitiert auf Seite 20)

[SNH95] SONI, D.; NORD, R.L. ; HOFMEISTER, C.: Software architecture in industrial applications. In: *Proceedings of the 17th International Conference on Software Engineering (ICSE'95)*, Published by the IEEE Computer Society, 1995 (Zitiert auf Seite 80)

[SR02] STEINHEIDER, B.; REIBAND, N.: Kooperation in interdisziplinären F&E-Teams in der Produktentwicklung. In: *Fraunhofer Institut für Arbeitswirtschaft und Organisation, Stuttgart* (2002) (Zitiert auf Seiten 19, 20, 21 und 24)

[SR07] SCHMITT, R.; RAUCHENBERGER, J.: Qualitätsmanagement bei der Entwicklung software-intensiver technischer Produkte. In: *Masing, W.: Handbuch Qualitätsmanagement. 5., vollständig neu bearb. Aufl.. München: Hanser* 5 (2007), S. 847–940 (Zitiert auf Seite 11)

[SS07] SEDGEWICK, R.; SCHIDLOWSKY, M.: *Algorithms in Java, Third Edition, Graph Algorithmns (Part 5)*. Addison-Wesley, Boston, München, New York, 2007 (Zitiert auf Seiten ix, x, xi, xii, 98, 99 und 100)

[Ste98] STEINMEIER, E.: Realisierung eines systemtechnischen Produktmodells – Einsatz in der Pkw-Entwicklung. In: *Konstruktionstechnik München, Shaker* 28 (1998) (Zitiert auf Seite 18)

[Ste00] STEIMANN, F.: Formale Modellierung mit Rollen. In: *Habilitation, Faculty of Electrical Engineering and Information Technology, University of Hannover (in German)* (2000) (Zitiert auf Seiten 74 und 86)

[Ste05] STEMMER, M.: *Holonbasierte Kongruenz - Ein Konzept zur semantischen und syntaktischen Integration organisatorischer und softwaretechnischer Modellbildung*, Technische Universität Berlin, Fakultät IV, Elektrotechnik und Informatik, Diss., 2005 (Zitiert auf Seiten xi, 72, 75, 91 und 92)

[Suh98] SUH, N. P.: Axiomatic design theory for systems. In: *Research in Engineering Design* 10 (1998), Nr. 4, S. 189–209 (Zitiert auf Seiten 43, 44, 45 und 183)

[Suh01] SUH, N.P.: *Axiomatic design.* Oxford university press, 2001 (Zitiert auf Seiten 43, 44 und 45)

[SW07] SIAU, K.; WANG, Y.: Cognitive evaluation of information modeling methods. In: *Information and Software Technology* 49 (2007), Nr. 5, S. 455–474 (Zitiert auf Seite 19)

[SW10] SCHLUND, S.; WINZER, P.: DeCoDe-Modell zur anforderungsgerechten Produktentwicklung. In: *Bandow, G.; Holzmüller, H.H.(Hrsg.):"Das ist gar kein Modell!": Unterschiedliche Modelle und Modellierungen in Betriebswirtschaftslehreund Ingenieurwissenschaften, Gabler Verlag, Wiesbaden, 2010* (2010) (Zitiert auf Seite 55)

[TBWK07]   TREUDE, C.; BERLIK, S.; WENZEL, S. ; KELTER, U.: Difference computation of large models. In: *Proceedings of the the 6th joint meeting of the European software engineering conference and the ACM SIGSOFT symposium on The foundations of software engineering* ACM, 2007, S. 304 (Zitiert auf Seite 118)

[TG09]   TRETOW, G.; GÖPFERT, J.: Produktbeschreibung METUS Software / ID-Systems GmbH. München. 2009. – Forschungsbericht (Zitiert auf Seite 48)

[Tha09]   THALHEIM, B.: Towards a Theory of Conceptual Modelling. In: *Advances in Conceptual Modeling-Challenging Perspectives* (2009), S. 45–54 (Zitiert auf Seiten xi, 13, 15, 72, 73 und 74)

[VDI93]   VDI: Methodik zum Entwickeln und Konstruieren technischer Systeme und Produkte / VDI-Verlag, Düsseldorf. 1993. – Forschungsbericht. VDI 2221 (Zitiert auf Seiten 11, 57 und 58)

[VDI94]   VDI: VDI Richtlinie 2422 - Entwicklungsmethodik für Geräte mit Steuerung durch Mikroelektronik / VDI-Verlag, Düsseldorf. 1994. – Forschungsbericht. VDI 2422 (Zitiert auf Seite 11)

[VDI97]   VDI: VDI-Richtlinie 2222, Blatt 1, Konstruktionsmethodik - Methodisches Entwickeln von Lösungsprinzipien / VDI-Verlag, Düsseldorf. 1997. – Forschungsbericht (Zitiert auf Seite 77)

[VDI04]   VDI: VDI Richtlinie 2206 - Entwicklungsmethodik für mechatronische Systeme / VDI-Gesellschaft Entwicklung Konstruktion Vertrieb (VDI-EKV). Ausschuss Entwicklungsmethodik für mechatronische Systeme. VDI-Verlag, Düsseldorf. 2004. – Forschungsbericht (Zitiert auf Seiten xi, 2, 4, 9, 10, 11, 12, 13, 15, 16, 17, 19, 21, 23, 24, 34, 41, 58, 66, 68, 75, 77, 80, 83, 125 und 183)

[VDI05]   VDI/VDE: VDI/VDE Richtlinie 3681 - Einordnung und Bewertung von Beschreibungsmitteln aus der Automatisierungstechnik / VDI-Verlag, Düsseldorf. 2005. – Forschungsbericht. VDI 2422 (Zitiert auf Seiten 1, 2, 31, 33, 34 und 41)

[VH03]   VOGEL-HEUSER, B.: *Systems software engineering*. Oldenbourg Industrieverlag, 2003 (Zitiert auf Seite 83)

[VH10]   VOGEL-HEUSER, B.: Usability-Evaluation von modellbasiertem Engineering in der Automatisierungstechnik - Ergebnisse und Kriterien. In: *6. Dagstuhl Workshop (MBEES): Modellbasierte Entwicklung eingebetteter Systeme, Braunschweig*, 2010, S. S. 107–116 (Zitiert auf Seiten 158 und 159)

[VHSK+07]   VOGEL-HEUSER, B.; SIM, T. Y.; KATZKE, U.; WANNAGAT, A. ; JOCHEM, R.: Evaluation und Anwendung von Variantenmodellierung im Maschinen- und Anlagenbau zur Verbesserung der Modulstruktur und Erhöhung der Wiederverwendung / VDI-Berichte Nr. 1980, 2007. 2007. – Forschungsbericht (Zitiert auf Seiten 21, 23 und 60)

[Völ00]   VÖLTER, M.: *Metamodellierung*. 2000 (Zitiert auf Seiten xi, 91 und 92)

[W3C10]   W3C: *XML Schema 1.1*. http://www.w3.org/XML/Schema. Version: Juli 2010 (Zitiert auf Seite 108)

[War00]   WARE, C.: *Information visualization*. Morgan Kaufmann San Francisco, 2000 (Zitiert auf Seiten 100 und 157)

[WDC03]   WANG, Y.; DEWITT, DJ ; CAI, J.Y.: X-Diff: An effective change detection algorithm for XML documents. In: *Data Engineering, 2003. Proceedings. 19th International Conference on*, 2003, S. 519–530 (Zitiert auf Seiten 118 und 119)

[Wei02]   WEINMANN, U.: Anforderungen und Chancen automobilgerechter Software-Entwicklung. In: *3. EUROFORUM-Fachkonferenz, Stuttgart, July 2002* (2002) (Zitiert auf Seiten 9 und 10)

[Wei06]   WEILKIENS, T.: *Systems Engineering mit SysML/UML: Modellierung, Analyse, Design.* dpunkt.Verlag,Heidelberg, 2006 (Zitiert auf Seiten 34, 35, 67, 80, 81, 82 und 106)

[Wei07]   WEIGEND, M.: *Intuitive Modelle der Informatik.* Universitätsverlag Potsdam, 2007 (Zitiert auf Seiten 24 und 73)

[Wen07]   WENZEL, S.: Informationsgewinnung aus Modellhistorien. In: *Vergleich und Versionierung von UML-Modellen (VVUM07) im Rahmen der GI-Fachtagung Software Engineering 2007 Hamburg*, 2007 (Zitiert auf Seite 88)

[WKR02]   WINTER, A.; KULLBACH, B. ; RIEDIGER, V.: An overview of the GXL graph exchange language. In: *Software Visualization* (2002), S. 528–532 (Zitiert auf Seite 109)

[WMRL10]   WOLLSCHLAEGER, M.; MÜHLHAUSE, M.; RUNDE, S. ; LINDEMANN, L.: XML in der Automation - Systematisches Sprachdesign. In: *Tagungsband "Automation 2010"*, S. 477-480, 15-16. Juni 2010, Baden-Baden, 2010 (Zitiert auf Seite 108)

[Wol09]   WOLFE, J.: Software schafft Hardware ab. In: *E&E* 1 (2009), Februar, S. 38–41 (Zitiert auf Seite 2)

[WP07]   WAGNER, K.W.; PATZAK, G.: *Performance excellence: Der Praxisleitfaden zum effektiven Prozessmanagement.* Hanser Verlag, 2007 (Zitiert auf Seiten 3 und 18)

[WS08]   WEISEMOLLER, I.; SCHURR, A.: A comparison of standard compliant ways to define domain specific languages. In: *Lecture Notes In Computer Science* 5002 (2008), S. 47–58 (Zitiert auf Seite 32)

[WS09a]   WANNAGAT, A.; SCHÜTZ, D.: Domänenspezifische Modellierung für automatisierungstechnische Anlagen mit Hilfe der SysML. In: *atp - Automatisierungstechnische Praxis* 3.2009 (2009), S. 54–62 (Zitiert auf Seiten 35, 42, 43, 44 und 183)

[WS09b]   WÖLKL, S.; SHEA, K.: A Computational Product Model for Conceptual Design Using SysML. In: *International Design Engineering* (2009) (Zitiert auf Seiten 82 und 97)

[WW98]   WOLF, M.; WICKSTEED, C.: Date and time formats. In: *W3C NOTE* (1998) (Zitiert auf Seite 117)

[WYA05]   WUWONGSE, V.; YOSHIKAWA, M. ; AMAGASA, T.: Temporal versioning of XML documents. In: *Digital Libraries: International Collaboration and Cross-Fertilization* (2005), S. 315–336 (Zitiert auf Seite 115)

[ZD01]   ZHANG, Q.; DOLL, W. J.: The fuzzy front end and success of new product development: a causal model. In: *European Journal of Innovation Management* 4 (2001), Nr. 2, S. 95–112 (Zitiert auf Seiten 12, 15 und 25)

[Zhu03]   ZHU, N.: Data versioning systems. In: *New York: Experimental Computer Systems Lab* (2003) (Zitiert auf Seite 87)

Abbildungsverzeichnis

1.1 Aufbau der Arbeit 5

2.1 Synergie verschiedener Disziplinen nach [Ise07], [Czi07] und [Rus07] 10
2.2 V-Modell nach VDI2206 [VDI04] 11
2.3 Systementwurf im 3-Ebenen-Modell [BDK+05] 12

3.1 ER-Diagramm einer Universität nach [KE06] 36
3.2 Diagrammhierarchie nach SADT-Ansatz [Ros77] 38
3.3 Beispielnetz und Komposition nach [GV03] 39
3.4 Beispiel der DSM-, DMM- und MDM-Beschreibung 40
3.5 Sichtenvernetzung nach [HP98] 42
3.6 Modellierung von Struktur und Verhalten nach Wannagat und Schütz [WS09a] 44
3.7 Modell der Systemmodule und deren Beziehung [Suh98] 45
3.8 Modell eines Fliehkraftreglers nach Huang [Hua01] 46
3.9 Beschreibung eines Telefons nach Buur [Buu90] 47
3.10 Beschreibung eines Greifers gemäß Kallmeyer [Kal98] nach [Fra06] 50
3.11 Metamodell und Werkzeug des MECHSOFT-Ansatzes nach [RAL01a] 51
3.12 System aus Teilmodellen zur Beschreibung nach Frank [Fra06] 53
3.13 Modellkonstrukte nach Frank [Fra06] 54
3.14 Beispielsynthese eines Antriebssystems nach Helms et al. [HSH09] 55
3.15 DeCoDe-Grundschema nach Müller et al. [MSW10] 56
3.16 Architektur des Werkzeugs nach Baumann et al. [BKL01] 57
3.17 Funktions- und Strukturmodell nach [Geh05] 59
3.18 Beschreibung eines Scheibenwischers für Fahrzeugvarianten nach [BLP04] . 61
3.19 Tabellarische Übersicht der Eignungsbewertung 64

4.1 Aufwendungen und semantische Überdeckung 71
4.2 Schnittmenge Konzept- und Domänenmodell [Oli07] 74
4.3 Ausprägung mechatronischer Disziplinen in Anlehnung an [Lip00] 76
4.4 Schalenmodell mechatronischer Produkte nach [BDK+05] 77
4.5 Zusammenhang zwischen Funktion und Eigenschaften in Anlehnung an [Her06] 78
4.6 Relevante Sichten eines konzeptuellen Entwurfs 79

4.7	Funktionsorientierte Kopplung der Sichten	84
4.8	Übersicht Modellierungsmethodik in Anlehnung an [KK02]	91
4.9	4-Ebenen Architektur in Anlehnung an [OMG07a]	93
4.10	Architektur der MOF nach [OMG06], [OMG07b]	94
4.11	Meta-Metamodell des Datenmodells	95
4.12	Metamodell als Datenmodell	101
4.13	Übersicht Modellierungsmethodik in Anlehnung an [KK02]	103
4.14	Grundlegende symbolhafte Notation eines Graph	104
4.15	Strukturierungsbeziehung zwischen Modellelementen	105
4.16	Erfüllungsbeziehung zwischen Modellelementen	106
4.17	Gruppierung als Paket	107
4.18	Metamodell in graphischer Darstellung nach Notation 4.14 bis 4.16	108
4.19	Einfaches Notationsbeispiel	112
4.20	Vergleichsalgorithmus	121
4.21	Übersicht Modellierungsmethodik in Anlehnung an [KK02]	123
5.1	Architektur des Prototyps	132
5.2	Verwaltung der Attribute	134
5.3	Aufbau eines Modells im Prototyp	137
5.4	Differenzdarstellung zweier Dokumente	139
5.5	Einflussanalyse für eine Knotenänderung	141
6.1	Weicheneinheit der Demonstrationsanlage	144
6.2	CAD-Modell der Weicheneinheit	145
6.3	Variante A der Weicheneinheit in Anlehnung an [SLVH09]	145
6.4	Variante B der Weicheneinheit in Anlehnung an [SLVH09]	146
6.5	Modell der Weicheneinheit A	147
6.6	Modell der Weicheneinheit B	148
6.7	Änderungsauswertung in der Sicht A nach B	149
6.8	Änderungsauswertung in der Sicht B nach A	149
6.9	Geräte-Revisionen des Neo FreeRunner	151
6.10	Vereinfachte Darstellung Baugruppe Batteriestromversorgung	151
6.11	Auswirkungsanalyse für die Komponente *Laderegler*	152
7.1	Vereinfachte Darstellung Baugruppe Batteriestromversorgung	162
7.2	Auswirkungsanalyse für die Komponente *Laderegler*	163
7.3	Modell der Weicheneinheit A	164
7.4	Modell der Weicheneinheit B	165
7.5	Änderungsauswertung in der Sicht A nach B	166
7.6	Änderungsauswertung in der Sicht B nach A	167

Index

Änderungsklassen, 115

Abstraktion, 74
Adjazenz, 100
Axiomatic Design, 44
Beziehung
    Ganzes-Teil, 80
    Satisfy, 81
Constraint, 96
Datenmodell, 90
DeCoDe-Ansatz, 55
DMM, 40
DSL, 70
DSM, 39
DSML, 71

Entwurf, 1
Entwurfsphase, 2
ER, 36

Feature Modeling, 60
Function-Behavior-Structure, 53
Funktion, 82
    funktionsorientierte Kopplung, 82

Geschäftsprozesse, 85
Graph, 98
    Baum, 99
    Darstellung, 99
    Matrix, 99
    schlichter Graph, 98

GraphML, 109

Informationstechnik, 10
Inzidenz, 99

JGo, 133
JUNG, 131

Matrix, 100
MDM, 40
Mechatronik, 9, 14
Metamodell, 100
Methode, 122
Modell, 13
    Detaillierungsgrad, 75
    Differenzen, 88
    Domäne, 72
    Konzeptmodell, 71
    mentales Modell, 73
    Metamodell, 91
    Modellintegration, 68
    Modellkopplung, 68
    Semantik, 69
Modellierung, 14
    Flüsse, 83
    funktionsorientiert, 83
    Meta-Metamodell, 95
    Metamodellierung, 91
    Modellierungssprache, 91
    MOF, 93
    Technik, 90

Notation, 103

Aggregation, 105
Erfüllungsbeziehung, 106
Paket, 106

Petri-Netz, 37
Produkt
　Funktionen, 77
　Komponenten, 77
　Struktur, 79
Produktlebenszyklus, 66
　Entwurfsphase, 66
　Systementwurf, 67
　Veränderung, 70

SADT, 37
Sichten, 75
　Identifikation, 76
Spezifikation
　funktionsorientierte, 45, 47
STATEMATE, 41
Structural Complexity Management, 39
Struktur
　Funktionen, 81

Hierarchie, 80
SysML, 35
Systementwurf, 12
Systems Engineering, 12

Tagging, 117

UML, 34

Variability Modeling, 60
Variante, 87
Veränderung, 86
　Änderungsklassen, 89
Vergleich
　vereinfachter, 120
Version, 87, 119
　Versionsverwaltung, 88
Versionierungstechnik, 115

XML, 108
XMLBeans, 131

Zeitstempel, 117

Die VDM Verlagsservicegesellschaft sucht für wissenschaftliche Verlage abgeschlossene und herausragende

Dissertationen, Habilitationen, Diplomarbeiten, Master Theses, Magisterarbeiten usw.

für die kostenlose Publikation als Fachbuch.

Sie verfügen über eine Arbeit, die hohen inhaltlichen und formalen Ansprüchen genügt, und haben Interesse an einer honorarvergüteten Publikation?

Dann senden Sie bitte erste Informationen über sich und Ihre Arbeit per Email an *info@vdm-vsg.de*.

Sie erhalten kurzfristig unser Feedback!

VDM Verlagsservicegesellschaft mbH
Dudweiler Landstr. 99   Telefon +49 681 3720 174
D - 66123 Saarbrücken   Fax   +49 681 3720 1749
www.vdm-vsg.de

Die VDM Verlagsservicegesellschaft mbH vertritt

MIX
Papier aus verantwortungsvollen Quellen
Paper from responsible sources
FSC® C105338

Printed by Books on Demand GmbH, Norderstedt / Germany